高等教育网络空间安全专业系列教材

密码学引论

曹天杰　　　　　　　主　编
汪楚娇　王保仓　张凤荣　参　编
中国矿业大学网络空间安全系　审　定

机 械 工 业 出 版 社

本书系统地介绍了密码学的基本概念、理论和算法。全书共 11 章，内容包括密码学概述、古典密码学、序列密码、分组密码、杂凑算法、消息鉴别码算法、公钥密码、数字签名、椭圆曲线密码体制、基于标识的密码体制、量子信息科学与密码学。每章均配有思考与练习题。

本书语言精炼，概念准确，内容系统全面，融合了密码学领域的新成果，介绍了我国商用密码算法。本书既介绍算法的设计原理、算法结构，也分析算法的安全性；既介绍密码学的经典算法，也体现密码学领域的新发展；既介绍国际应用广泛的密码算法，也讲述我国商用密码算法。

本书既可作为信息安全、密码科学与技术、网络空间安全、保密技术、信息对抗技术等专业的本科生及研究生教材，又可作为商用密码应用安全性评估从业人员的参考书，还可作为信息安全领域的工程技术人员的参考书。

本书配有授课电子课件，需要的教师可登录 www.cmpedu.com 免费注册，审核通过后下载，或联系编辑索取（微信：13146070618；电话：010-88379739）。

图书在版编目（CIP）数据

密码学引论 / 曹天杰主编 . --北京：机械工业出版社，2025.1. --（高等教育网络空间安全专业系列教材）. -- ISBN 978-7-111-77424-2

Ⅰ. TN918.1

中国国家版本馆 CIP 数据核字第 2025UN4130 号

机械工业出版社（北京市百万庄大街 22 号　邮政编码 100037）
策划编辑：郝建伟　　　　责任编辑：郝建伟　张翠翠
责任校对：龚思文　李小宝　责任印制：刘　媛
唐山楠萍印务有限公司印刷
2025 年 3 月第 1 版第 1 次印刷
184mm×260mm・14.25 印张・360 千字
标准书号：ISBN 978-7-111-77424-2
定价：59.00 元

电话服务　　　　　　　网络服务
客服电话：010-88361066　机　工　官　网：www.cmpbook.com
　　　　　010-88379833　机　工　官　博：weibo.com/cmp1952
　　　　　010-68326294　金　书　网：www.golden-book.com
封底无防伪标均为盗版　机工教育服务网：www.cmpedu.com

高等教育网络空间安全专业系列教材编委会成员名单

名誉主任　沈昌祥　中国工程院院士
主　　任　李建华　上海交通大学
副 主 任（以姓氏拼音为序）
　　　　　崔　勇　清华大学
　　　　　王　军　中国信息安全测评中心
　　　　　吴礼发　南京邮电大学
　　　　　郑崇辉　国家保密教育培训基地
　　　　　朱建明　中央财经大学
委　　员（以姓氏拼音为序）
　　　　　陈　波　南京师范大学
　　　　　贾铁军　上海电机学院
　　　　　李　剑　北京邮电大学
　　　　　梁亚声　31003 部队
　　　　　刘海波　哈尔滨工程大学
　　　　　牛少彰　北京邮电大学
　　　　　潘柱廷　永信至诚科技股份有限公司
　　　　　彭　澎　教育部教育管理信息中心
　　　　　沈苏彬　南京邮电大学
　　　　　王相林　杭州电子科技大学
　　　　　王孝忠　公安部国家专业技术人员继续教育基地
　　　　　王秀利　中央财经大学
　　　　　伍　军　上海交通大学
　　　　　杨　珉　复旦大学
　　　　　俞承杭　浙江传媒学院
　　　　　张　蕾　北京建筑大学
秘 书 长　胡毓坚　机械工业出版社

前　　言

　　密码学在保障信息安全、维护国家安全方面发挥着不可或缺的作用。密码学是一门涉及数学、计算机科学等多个领域的交叉学科，其应用范围广泛，包括数据加密、数字签名、身份认证、通信安全等领域。

　　密码学领域发展迅速，知识更新速度快，新攻击、新热点、新标准不断涌现。本书为中国矿业大学"十四五"规划教材，讲述了密码学基础理论与技术，体系完备。本书取材新颖，不仅介绍现代密码学的基础理论和实用算法，同时也涵盖了近年来密码学领域国内外研究的新成果。本书选取国内外有代表性的密码算法进行介绍。本书不仅介绍算法流程，还阐述算法设计原理及安全性分析。随着量子技术的发展，现有密码算法面临着极大的挑战，本书介绍了后量子密码。移动通信和物联网等技术的发展和应用不断推动高性能轻量级密码的发展，因此本书还介绍了轻量级密码。

　　本书重点介绍国家密码局认定的国产密码算法（简称国密算法）。密码算法是保障信息安全的核心技术。我国的关键信息基础设施长期以来沿用的是 MD5、SHA-256、3DES、AES、RSA 等国外密码算法体系及相关标准。采用国外密码算法，存在着大量的不可控因素及供应链安全问题。为了实现密码技术的自主可控，我国自主研发了国密算法，已经建立起一整套比较完备的国产密码标准体系，并走出国门成为国际标准。目前，国密算法已经公布算法文本的包括 SM2 椭圆曲线公钥密码算法、SM3 密码杂凑算法、SM4 分组密码、SM9 基于标识的密码、ZUC 序列密码等，其中 SM2、SM3、SM9、ZUC 都已经是 ISO/IEC 的国际标准。本书介绍了 SM2、SM3、SM4、SM9、ZUC 密码算法，分组密码工作模式及消息鉴别码等国家标准。

　　本书是一本全面、系统、深入的密码学教材，涵盖了密码学的基本概念、原理和算法等方面的内容。全书共 11 章。第 1 章主要介绍了密码学的基本概念、密码体制、密码分析和密码体制的安全性。第 2 章介绍了古典密码学，包括替换密码体制、置换密码体制、古典密码体制的分析。第 3 章介绍了序列密码的基本概念、原理，以及 ZUC、RC4、Grain 等序列密码算法，还介绍了序列密码的分析方法。第 4 章介绍了分组密码的基本概念，结构，以及 DES、AES、SM4 密码算法，轻量级分组密码，分组密码的工作模式，分组密码分析。第 5 章介绍了杂凑算法，包括杂凑算法概述，MD5、SHA-256、SM3、SHA-3 算法，分析了杂凑算法的安全性。第 6 章介绍了消息鉴别码算法，包括基于分组密码的 MAC 算法、基于专用杂凑函数的 MAC 算法、基于泛杂凑函数的 MAC 算法——UMAC，并分析了 MAC 算法的安全性。第 7 章介绍了公钥密码，包括公钥密码的基本概念，Rabin、RSA、ElGamal 密码体制，Diffie-Hellman 密钥交换协议。第 8 章介绍了数字签名的基本概念和典型的数字签名算法方案，如 RSA 数字签名算法和 DSA 数字签名算法，并对离散对数签名方案等进行了介绍。第 9 章介绍了椭圆曲线加密算法、SM2 加密算法、椭圆曲线数字签名标准 DSS、SM2 签名算法、SM2 密钥交换协议。第 10 章介绍基于标识的密码体制，重点介绍了 SM9 算法。第

11 章介绍量子信息科学与密码学，包括量子计算基础、量子算法、量子密钥分发、后量子密码学。为贴近教学实际，帮助读者掌握和巩固各章重要知识点，每章后面附有相应的思考与练习题。

本书各章编写分工如下。汪楚娇编写第 4 章，王保仓编写第 5 章、第 6 章、第 9 章，张凤荣编写第 3 章、第 11 章，其余章节由曹天杰编写。曹天杰负责全书章节与知识点的安排以及统稿工作。本书编写过程中，王保仓、张凤荣还得到了"陕西高校青年创新团队"的支持。

在本书的编写过程中，编者参考了国内外大量的论文、标准、研究报告，在此对涉及的专家、学者表示诚挚的感谢。另外，研究生杨晓虹、陈敏、唐国尧、张龙征、吴宇航、廖磊也参与了资料收集、整理与校对等工作，在此特别感谢。

由于本书编者水平有限，书中疏漏与错误之处在所难免，恳请广大同行和读者批评指正。本书编者联系方式为 tjcao@ cumt. edu. cn，读者可联系获取课程资料。

编 者

2024 年 11 月

目 录

前言
第1章 密码学概述 1
1.1 密码学的基本概念 1
1.1.1 密码学的基本目标 1
1.1.2 密码学的起源与发展 2
1.1.3 密码编码与密码分析 2
1.2 密码体制 4
1.2.1 密码体制的组成 4
1.2.2 密码体制的分类 4
1.3 密码分析 5
1.3.1 被动攻击与主动攻击 5
1.3.2 攻击密码系统的方法 6
1.3.3 破译密码的类型 7
1.4 密码体制的安全性 8
1.5 思考与练习 10
1.6 拓展阅读：密码法 10

第2章 古典密码学 12
2.1 替换密码体制 12
2.1.1 单表替换密码 12
2.1.2 多表替换密码 15
2.2 置换密码体制 18
2.3 古典密码体制的分析 19
2.3.1 统计特性 19
2.3.2 单表密码体制的统计分析 20
2.4 思考与练习 22
2.5 拓展阅读：中国古代军事密码 22

第3章 序列密码 24
3.1 序列密码的基本概念 24
3.1.1 序列密码的定义 24
3.1.2 密钥流与密钥生成器 25
3.2 线性反馈移位寄存器序列 27
3.3 线性移位寄存器的一元多项式表示 29
3.4 随机性概念与 m 序列的伪随机性 32
3.5 祖冲之序列密码算法 34
3.5.1 ZUC 算法描述 34
3.5.2 ZUC 算法的设计原理 37
3.5.3 ZUC 算法的安全性 37
3.6 RC4 密码算法 40
3.6.1 RC4 密码算法描述 40
3.6.2 RC4 密码算法的设计原理 42
3.6.3 RC4 密码算法的安全性 42
3.7 Grain 密码算法 43
3.7.1 Grain 密码算法描述 44
3.7.2 Grain 密码算法的设计原理 48
3.7.3 Grain 密码算法的安全性 48
3.8 序列密码的分析方法 50
3.9 思考与练习 52
3.10 拓展阅读：密码学家肖国镇 53

第4章 分组密码 54
4.1 分组密码的基本概念 54
4.2 分组密码的结构 55
4.2.1 SP 网络 55
4.2.2 Feistel 网络 57
4.3 DES 57
4.3.1 DES 加密过程 58
4.3.2 DES 解密过程 63
4.3.3 DES 子密钥生成 63
4.3.4 DES 的安全性 64

  4.3.5 三重 DES ………… 65
4.4 AES ……………………… 65
  4.4.1 AES 的加密变换 ……… 66
  4.4.2 AES 的解密变换 ……… 70
  4.4.3 AES 密钥编排 ………… 72
4.5 SM4 密码算法 …………… 73
  4.5.1 算法描述 ……………… 73
  4.5.2 密钥扩展 ……………… 74
4.6 轻量级分组密码 ………… 76
  4.6.1 PRESENT …………… 76
  4.6.2 SPECK ……………… 78
  4.6.3 ASCON ……………… 79
4.7 分组密码的工作模式 …… 80
  4.7.1 ECB 工作模式 ……… 81
  4.7.2 CBC 工作模式 ……… 82
  4.7.3 CFB 工作模式 ……… 83
  4.7.4 OFB 工作模式 ……… 85
  4.7.5 CTR 工作模式 ……… 86
  4.7.6 XTS 工作模式 ……… 87
  4.7.7 HCTR 工作模式 …… 89
  4.7.8 BC 工作模式 ………… 91
  4.7.9 OFBNLF 工作模式 … 92
4.8 分组密码分析 …………… 93
  4.8.1 差分密码分析 ………… 93
  4.8.2 线性密码分析 ………… 97
4.9 思考与练习 …………… 100
4.10 拓展阅读：破解 DES …… 101

第 5 章　杂凑算法 …………… 102
5.1 杂凑算法概述 ………… 102
  5.1.1 杂凑算法的属性 …… 102
  5.1.2 杂凑算法的设计 …… 103
5.2 杂凑算法实例 ………… 104
  5.2.1 MD5 ………………… 104
  5.2.2 SHA-256 …………… 109
  5.2.3 SM3 ………………… 113
  5.2.4 SHA-3 ……………… 116
5.3 杂凑算法的安全性 …… 121
  5.3.1 穷举攻击 …………… 121
  5.3.2 生日攻击 …………… 121

  5.3.3 随机预言机模型 …… 123
5.4 思考与练习 …………… 124
5.5 拓展阅读：密码学家
  王小云 ………………… 124

第 6 章　消息鉴别码算法 …… 125
6.1 基于分组密码的 MAC
  算法 …………………… 125
  6.1.1 MAC 算法 1（CBC-
    MAC） ……………… 126
  6.1.2 MAC 算法 2（EMAC）… 127
6.2 基于专门设计的杂凑函数的
  MAC 算法 ……………… 128
  6.2.1 MAC 算法 1（MDx-
    MAC） ……………… 128
  6.2.2 MAC 算法 2（HMAC）… 129
6.3 基于泛杂凑函数的 MAC 算
  法——UMAC ………… 130
6.4 MAC 算法的安全性 …… 132
6.5 思考与练习 …………… 133
6.6 拓展阅读：消息鉴别码国际
  标准 …………………… 134

第 7 章　公钥密码 …………… 135
7.1 公钥密码的基本概念 … 135
  7.1.1 公钥密码体制的原理 … 135
  7.1.2 公钥密码算法应满足的
    要求 ………………… 136
  7.1.3 对公钥密码的攻击 … 137
7.2 Rabin 密码体制 ………… 137
7.3 RSA 密码体制 ………… 139
  7.3.1 加密算法描述 ……… 139
  7.3.2 RSA 算法中的计算
    问题 ………………… 141
  7.3.3 RSA 加密算法的安
    全性 ………………… 142
  7.3.4 RSAES-OAEP ……… 145
7.4 ElGamal 密码体制 …… 147
  7.4.1 ElGamal 算法描述 …… 147
  7.4.2 ElGamal 公钥密码体制的

　　　　安全性 …………………… 148
7.5　Diffie-Hellman 密钥交换
　　　协议 ………………………… 148
7.6　思考与练习 …………………… 149
7.7　拓展阅读：RSA 整数因子
　　　分解挑战赛 ………………… 149

第 8 章　数字签名 …………………… 151
8.1　数字签名的基本概念 ………… 151
　　8.1.1　数字签名的定义与
　　　　　　分类 ……………………… 151
　　8.1.2　数字签名的攻击模型 …… 152
8.2　RSA 数字签名算法 ……………… 153
　　8.2.1　利用 RSA 算法实现数字
　　　　　　签名 ……………………… 153
　　8.2.2　对 RSA 数字签名的
　　　　　　攻击 ……………………… 153
　　8.2.3　RSASSA-PSS ………………… 155
8.3　DSA 数字签名算法 ……………… 156
8.4　其他数字签名方案 ……………… 158
　　8.4.1　离散对数签名方案 ……… 158
　　8.4.2　ElGamal 签名方案 ………… 159
　　8.4.3　Schnorr 签名方案 ………… 161
　　8.4.4　Nyberg-Rueppel（消息
　　　　　　恢复签名）方案 ……… 161
8.5　思考与练习 …………………… 162
8.6　拓展阅读：电子签名法 ……… 163

第 9 章　椭圆曲线密码体制 ………… 164
9.1　椭圆曲线 ……………………… 164
　　9.1.1　椭圆曲线基本概念 ……… 164
　　9.1.2　椭圆曲线密码体制的
　　　　　　优点 ……………………… 167
9.2　椭圆曲线加密算法 …………… 169
　　9.2.1　椭圆曲线 ElGamal 公钥
　　　　　　加密算法 ………………… 169
　　9.2.2　Menezes-Vanstone 公钥
　　　　　　加密算法 ………………… 169
9.3　SM2 加密算法 ………………… 171
　　9.3.1　参数选取 ………………… 171
　　9.3.2　SM2 算法的加密和解密

　　　　　　算法 ……………………… 172
　　9.3.3　安全性分析 ……………… 174
9.4　椭圆曲线数字签名标
　　　准 DSS ………………………… 175
　　9.4.1　ECDSA 签名算法 …………… 175
　　9.4.2　EdDSA 签名算法 …………… 176
9.5　SM2 签名算法 ………………… 177
　　9.5.1　参数选取 ………………… 178
　　9.5.2　SM2 数字签名的生成算法
　　　　　　与验证算法 ……………… 178
　　9.5.3　安全性分析 ……………… 179
9.6　SM2 密钥交换协议 …………… 180
　　9.6.1　参数选取 ………………… 180
　　9.6.2　协议流程 ………………… 181
9.7　思考与练习 …………………… 182
9.8　拓展阅读：椭圆曲线密码的
　　　高效实现 ……………………… 183

第 10 章　基于标识的密码体制 …… 184
10.1　基于标识的密码学概述 …… 184
10.2　有限域 F_{q^m} 上的椭圆
　　　曲线 ………………………… 185
10.3　SM9 标识密码算法 ………… 188
　　10.3.1　系统参数组与密钥
　　　　　　　生成 …………………… 188
　　10.3.2　辅助函数 ………………… 188
　　10.3.3　加密算法 ………………… 189
　　10.3.4　解密算法 ………………… 190
10.4　SM9 数字签名算法 ………… 192
　　10.4.1　系统参数组与密钥
　　　　　　　生成 …………………… 192
　　10.4.2　辅助函数 ………………… 192
　　10.4.3　签名生成算法 …………… 192
　　10.4.4　签名验证算法 …………… 193
10.5　SM9 密钥交换协议 ………… 194
　　10.5.1　系统参数组与密钥
　　　　　　　生成 …………………… 195
　　10.5.2　协议流程 ………………… 195
10.6　思考与练习 ………………… 196
10.7　拓展阅读：标识密码国际

标准 …………………………… 196
第 11 章　量子信息科学与密码学 …… 197
11.1　量子计算基础 …………………… 197
　　11.1.1　量子力学基本假设 …… 198
　　11.1.2　量子比特 ……………… 198
　　11.1.3　量子逻辑门 …………… 199
　　11.1.4　可逆计算与量子黑盒 … 200
11.2　量子算法 ………………………… 201
　　11.2.1　Grover 算法 …………… 202
　　11.2.2　Shor 算法 ……………… 203
11.3　量子密钥分发 …………………… 205
　　11.3.1　隐私放大与信息协调
　　　　　　技术 ………………… 205

　　11.3.2　量子密钥分发协议
　　　　　　BB84 ………………… 207
　　11.3.3　带纠错码的安全 BB84
　　　　　　协议 ………………… 209
11.4　后量子密码学 …………………… 210
　　11.4.1　基于格的密码 ………… 211
　　11.4.2　基于纠错码的密码 …… 213
　　11.4.3　基于 Hash 函数的数字
　　　　　　签名方案 …………… 214
　　11.4.4　基于多变量的密码 …… 216
11.5　思考与练习 ……………………… 216
11.6　拓展阅读：九章三号 …………… 217
参考文献 ……………………………… 218

第 1 章　密码学概述

密码学（Cryptology）是一门研究如何保护通信和数据安全的学科，它涉及加密、解密、认证和数据完整性等方面的技术和理论。密码学的起源可以追溯到古代，当时人们使用各种方法来保护通信的安全。密码学的基础是数学，它涉及代数、概率论、数论等多个分支领域。密码学的实际应用涵盖了众多信息化社会的重要维度，诸如确保网络通信安全、支撑电子商务交易的信任机制、保障数字货币的安全流通与管理，以及实现有效且可靠的身份验证体系等。随着信息技术的不断发展，密码学也在不断演进和创新，以适应新的安全挑战和需求。

1.1　密码学的基本概念

密码是指采用特定变换的方法对信息等进行加密保护、安全认证的技术、产品和服务。密码是保障网络与信息安全的核心技术和基础支撑。密码学是研究与信息安全相关的数学技术，其核心在于利用数学工具和方法来设计、分析及实现各类密码算法。本节介绍密码学的基本概念。

1.1.1　密码学的基本目标

密码学的基本目标是解决现实生活中的信息安全问题。对于具体应用，经常遇到的安全需求包括机密性、完整性、认证性、非否认性等。密码学解决的各种难题都围绕着这些安全需求。

扫码看视频

1. 机密性

机密性（又称保密性）确保信息在存储、使用、传输过程中不被泄露给未授权的个人、过程或者设备。密码学的核心目标是保护信息机密性，可通过加密使其保持机密状态，避免未经授权的访问或泄露。

2. 完整性

完整性确保信息在存储、使用、传输过程中不被非授权用户篡改，同时还要防止授权用户对系统及信息进行破坏。密码学也旨在保证信息的完整性，即保证信息不被篡改或破坏。

3. 认证性

认证性可验证源的完整性。密码学能够为一个实体声称的特征是正确的而提供保障措施。利用密码学能够保证信息使用者和信息服务者都是真实的声称者，确保收到的信息来自特定的来源并真实有效。

4. 非否认性

非否认性也称作不可抵赖性，是承诺的完整性，是面向通信双方（人、实体或进程）信息真实、同一的安全要求，利用密码学能够保证收、发双方均不可抵赖。

1.1.2 密码学的起源与发展

密码学的起源与发展大致可分为古典密码阶段、近代密码阶段、现代密码阶段。

1. 古典密码阶段

第一个阶段是古典密码阶段，这个阶段从古代到 19 世纪末，算法的安全性主要依赖于对加密和解密算法的保密。该阶段的密码技术也称为手工密码技术，这一阶段的密码学更像一门艺术。密码学家通常凭借直觉设计密码，没有科学的理论基础和推理证明，在密码实现上比较简单，包含置换、替换等简单操作，如滚筒密码、凯撒密码等。这些方法虽然简单，但为后来的密码学发展奠定了基础。

2. 近代密码阶段

近代密码阶段是指从第一次世界大战到 1976 年这段时期密码的发展阶段。20 世纪初到 1949 年，算法的安全性开始依赖于密钥的保密性，而非算法本身。这个阶段的代表性密码包括 Enigma 机和日本海军的 JN-25 密码。这一时期是机械阶段时期，人们使用机械手段来代替手工计算。1949 年，Shannon（香农）发表的《保密系统的信息理论》一文产生了信息论，把密码学推向了基于信息论的科学轨道，形成了密码学学科。

3. 现代密码阶段

现代密码学的发展与计算机技术、电子通信技术密切相关。在这一阶段，密码理论得到了蓬勃发展，密码算法的设计与分析互相促进，出现了大量的加密算法和各种分析方法。除此之外，密码的使用扩展到了各个领域，而且出现了许多通用的加密标准。

20 世纪 70 年代以前，密码学研究进展缓慢。1977 年，数据加密标准（Data Encryption Standard，DES）被美国国家标准局（即后来的美国国家标准与技术研究院）确定为联邦信息处理标准（Federal Information Processing Standards，FIPS），并授权在非密级政府通信中使用。随后该算法在国际上广泛使用。DES 的设计思想也被大多数分组密码采用。

1976 年，Diffie 和 Hellman 发表了《密码学新方向》一文，首次证明了在发送端和接收端进行无密钥传输的保密通信是可能的。自此国际上产生了许多公钥密码体制，如 RSA、ElGamal 等。公钥密码的提出实现了加密密钥和解密密钥之间的独立，解决了对称密码体制中通信双方必须共享密钥的问题，在密码学界具有划时代的意义。随着对可证明安全性的进一步研究，密码学界意识到可证明安全性不但对密码学的理论影响重大，对密码学实践也有重要的意义。目前，可证明安全性已经成为设计密码协议的公认要求。

随着计算能力的不断增强和因子分解算法的不断改进，在 20 世纪 90 年代，Shor 提出一种量子并行算法，可以轻松求解大数因子这种数学难题，以大数因子分解困难性为基础设计的公钥密码安全性渐渐受到威胁。研究者开始关注量子密码。量子密码是一种利用量子力学原理来实现安全通信的密码学技术，它利用量子纠缠和不可克隆性等量子力学特性来实现信息的安全传输。Bennett 和 Brassard 两人在 1984 年提出了第一个量子密钥分配协议，也称为 BB84 协议，标志着量子密码学的诞生。窃听者就算具有足够的时间和计算能力也不能攻破量子密码，量子密码具有无条件安全的特性。之后，许多新的量子密钥分配方案相继出现。后量子密码也称抗量子密码，它是针对可能出现的量子计算机对传统密码学算法的破解威胁而提出的解决方案。当前，格密码等抗量子密码逐步成为研究热点。

1.1.3 密码编码与密码分析

密码学分为密码编码学（Cryptography）和密码分析学（Cryptanalysis）。两者是密码学的两个相互对立的分支。密码编码学是研究密码编码的技术,通过变换使明文变成密文。与密码编码学相对立的是密码分析学,利用得到的信息对加密的信息进行变换,将密文还原成明文。

密码技术的基本原理是隐藏真实信息,使非法者接收到的不是真实信息。隐藏的手段就是对数据进行一组可逆的数学变换。隐藏前的真实数据称为明文,隐藏后的数据称为密文,将明文变成密文的过程称为加密。加密在加密密钥的控制下进行,用于对数据加密的一组数学变换称为加密算法。解密在解密密钥的控制下进行,用于解密的一组数学变换称为解密算法。加密算法和解密算法通常都是在一组密钥的控制下进行的,分别称为加密密钥和解密密钥。图 1.1 是加密和解密的示意图。

图 1.1　加密和解密的示意图

通常,明文用 P（Plaintext）或 M（Message）表示,密文用 C（Ciphertext）表示。加密函数 E 作用于明文 P 得到密文 C,可以表示为:

$$E(P) = C$$

相反,解密函数 D 作用于密文 C,产生明文 P:

$$D(C) = P$$

加密后再解密消息,原始的明文将恢复出来,故有:

$$D(E(P)) = P$$

加密时可以使用一个参数 K,称此参数 K 为加密密钥。K 可以是很多数值里的任意值。密钥 K 值的范围称为密钥空间。如果加密运算和解密运算都使用这个密钥（即运算都依赖于密钥,并用 K 作为下标表示）,那么加/解密函数变成:

$$E_K(P) = C$$
$$D_K(C) = P$$

这些函数具有如下特性: $D_K(E_K(P)) = P$。使用一个密钥的加/解密如图 1.2 所示。

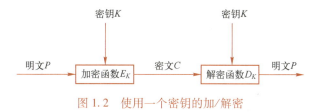

图 1.2　使用一个密钥的加/解密

有些算法使用不同的加密密钥和解密密钥（见图 1.3）,即加密密钥 K_1 与解密密钥 K_2 不同,在这种情况下:

图 1.3　使用两个密钥的加/解密

$$E_{K_1}(P) = C$$
$$D_{K_2}(C) = P$$
$$D_{K_2}(E_{K_1}(P)) = P$$

1.2 密码体制

密码体制（Cryptosystem）通常称为密码系统，是指能完整地解决信息安全中的机密性、完整性、认证性及不可抵赖性等问题中的一个或几个的系统。

1.2.1 密码体制的组成

密码体制由 5 部分组成，如图 1.4 所示。
1) 明文（P）空间，它是全体明文的集合。
2) 密文（C）空间，它是全体密文的集合。
3) 密钥（K）空间，它是全体密钥的集合。其中的每一个密钥 K 均由加密密钥 K_e 和解密密钥 K_d 组成，即 $K = \langle K_e, K_d \rangle$。
4) 加密算法 E，它是一组由 P 到 C 的加密变换。
5) 解密算法 D，它是一组由 C 到 P 的解密变换。

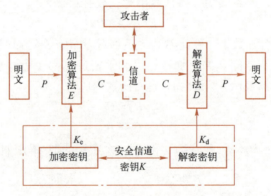

图 1.4　密码体制

对于每一个确定的密钥，加密算法将确定一个具体的加密变换，解密算法将确定一个具体的解密变换，而且解密变换就是加密变换的逆变换。对于明文空间中的每一个明文 P，加密算法 E 在密钥 K_e 的控制下将明文 P 加密成密文 C：

$$C = E(P, K_e)$$

而解密算法 D 在密钥 K_d 的控制下将密文 C 解密出同一明文 P：

$$P = D(C, K_d) = D(E(P, K_e), K_d)$$

1.2.2 密码体制的分类

密码体制的分类方法通常有以下两种。

1. 单钥体制和双钥体制

根据密码算法所用的密钥数量，密码体制可分为单钥体制和双钥体制。如果一个密码体制的加密密钥和解密密钥相同，即 $K_d = K_e$，或由其中一个很容易推出另一个，则这种密码体制称为单钥体制、对称密码体制或传统密码体制。此时系统的保密性取决于密钥的安全性，与算法的保密性无关。如果 K_d 不能由 K_e 推出，那么将 K_e 公开也不会损害 K_d 的安全，于是便可将 K_e 公开，这种密码体制称为双钥体制，也称为公钥密码体制或非对称密码体制。

2. 分组密码体制和序列密码体制

根据对明文和密文的处理方式和密钥的使用方式的不同，可将密码体制分为分组密码体制和序列密码体制。

序列密码又称为流密码，是将明文消息字符串逐位地加密成密文字符。这里以二元加法序列密码为例，设 $p_1, p_2, \cdots, p_k \cdots$ 是明文字符；$z_1, z_2, \cdots, z_k \cdots$ 是密钥流，那么，$c_k = p_k \oplus z_k$ 是加密变换，$\oplus$ 是异或运算；$c_0, c_1, \cdots, c_k \cdots$ 是密文字符序列。

分组密码就是将明文消息序列 $p_1, p_2, \cdots, p_k \cdots$ 分成等长的消息组：$(p_1, \cdots, p_n), (p_{n+1}, \cdots, p_{2n}), \cdots$，在密钥的控制下按固定的加密算法 E_k 一组一组地进行加密。加密后输出等长的密文组：$(c_1, \cdots, c_n), (c_{n+1}, \cdots, c_{2n}), \cdots$。

分组密码和序列密码的本质区别在于其加密方式：序列密码是逐比特加密，而分组密码是按照消息组一组一组地分块加密，每一组加密的变换是相同的。

密码算法分国产密码算法和国外密码算法。需要注意的是，使用国外密码算法可能存在以下潜在风险。

1）安全漏洞：国外密码算法本身可能存在安全漏洞，这些漏洞可能使攻击者能够轻松地破解加密通信，获取敏感信息。

2）供应链安全：不可控的国外密码算法中可能会留有后门，具有未知的安全隐患。使用国外密码算法也可能因政治、外交等因素的影响而受到限制或禁止，这可能会带来额外的成本和风险。

3）合规性问题：使用国外密码算法可能会违反国家密码管理法规，导致不合规问题。

1.3 密码分析

在信息的传输和处理过程中，除了指定的接收者外，还有非授权接收者，他们通过各种办法（如搭线窃听、电磁侦听、网络嗅探等）窃取信息。他们虽然不知道系统所用的密钥，但通过分析，可能从截获的密文中推断出原来的明文，这一过程称为密码分析。密码分析就是破解密码。

1.3.1 被动攻击与主动攻击

按照攻击者对密码系统或数据的干预程度以及其行为特征，可将密码分析分为被动攻击和主动攻击。

1. 被动攻击

通过对从密码系统中截获的密文进行分析的攻击称为被动攻击。攻击者通常截获、窃取通信线路中的信息，但不涉及数据的任何改变，数据的合法用户对这种活动没有觉察，如嗅探网络流量、侧信道攻击、通信信道监听等。被动攻击又分为通信量分析和析出消息内容攻击。

假定我们用某种方法屏蔽了消息内容，即使敌手获取了该信息也无法从消息中提取信息。屏蔽内容的常用技术是加密。如果已经用加密进行了保护，那么对手也许还能观察这些消息的模式。该对手能够测定通信主机的位置和标识，能够观察被交换消息的频率和长度。这些信息对猜测正在发生的通信的性质是有用的。

析出消息内容包括电话交谈、电子邮件消息和传送的文件可能包括的敏感或机密信息，通常通过加密防止对手从这些传输中得知相关内容。

2. 主动攻击

密码系统还可能遭受的另一类攻击是主动攻击。非法入侵者主动干扰系统，采用删除、更改、增添、重放和伪造等方法攻击系统。主动攻击还可进一步划分为4类：伪装攻击、重放攻击、篡改和拒绝服务。

1）伪装攻击：是指一个实体被另一个实体假冒。这种攻击引诱受害者与一个伪装的实体进行通信。

2）重放攻击：是指攻击者会在通信中拦截到合法用户的数据包，并将其重放回网络中，以欺骗服务器或其他合法用户。重放攻击一般用于攻击需要进行认证、授权、加密等安全操作的系统，如金融交易系统、远程登录系统等。攻击者通过重复发送之前的请求或响应数据包，试图绕过系统的安全控制。重放攻击可以导致很多问题，如未经授权的数据访问、恶意数据篡改、信息泄露等。

3）篡改：合法数据的某些部分被改变，如消息被延迟或者改变顺序，以产生有特殊目的的消息。篡改就是未经授权地更改数据，它是针对数据的真实性、完整性和有序性的攻击。

4）拒绝服务：即长时间地阻止服务。拒绝服务攻击是一种通过耗尽系统资源来阻止或削弱对网络、系统或者应用程序的授权使用的行为。例如利用传输协议弱点、系统漏洞、服务漏洞对目标系统发起大规模进攻，利用超出目标处理能力的海量合理请求数据包消耗可用系统资源、带宽资源等，造成程序缓冲区溢出错误，致使其无法处理合法用户的请求，无法提供正常服务，最终致使网络服务瘫痪，甚至系统死机。

1.3.2 攻击密码系统的方法

扫码看视频

早在1883年，柯克霍夫斯（Kerchoffs）在其名著《军事密码学》一书中就建立了下述原则：密码系统中的算法即使为密码分析者所知，也应该无助于推导出明文或密钥，即"秘密必须完全寓于密钥中"，这一原则已被后人广泛接受，取名为柯克霍夫斯原则，并成为密码系统设计的重要原则之一。为什么如此？其原因很多，例如，算法是相对稳定的，在使用过程中难免被密码分析者侦悉。另外，在某个场合使用某类密码可能更为合适，再加上某些设计者可能对某种密码系统有所偏爱等因素，密码分析者往往可以"猜出"密码算法。最重要的是，通常只要经过一些统计试验和其他测试就不难分辨出不同的密码类型，因此，认为密码分析者不知道密码系统的算法是一种很危险的假定。密码分析者攻击密码系统的方法主要有穷举攻击、统计分析攻击、数学分析攻击3种。

1. 穷举攻击

穷举攻击是指密码分析者依次试用密钥空间的所有密钥对所获密文进行尝试解密，直至得到正确的明文；或者在一个确定的密钥情况下，尝试加密所有可能的明文，直至得到所获得的密文。理论上，对于任何实用密码，只要有足够的资源，都可以用穷举攻击将其攻破。穷举攻击是一种基于试错法的密码破解方法，又称为蛮力攻击（或暴力攻击、暴力枚举攻击）。

穷举攻击所花费的时间等于一次解密（加密）所需的时间乘以尝试次数。显然可以通过提高密钥量或解密（加密）算法的复杂性来对抗穷举攻击。提高密钥量使尝试的次数变多，提高解密（加密）算法的复杂性使完成一次解密（加密）所需的时间增加，从而使穷举攻击在实际上不能实现。穷举攻击是最基本的密码分析方法。

2. 统计分析攻击

统计分析攻击就是指密码分析者通过分析密文和明文的统计规律来破译密码。统计分析攻击在历史上为破译密码做出过极大的贡献。许多古典密码都可以通过分析密文字母和字母组的频率及其他统计参数进行破译。对抗统计分析攻击的方法是设法使明文的统计特性不被带入密文。这样，密文不带有明文的痕迹，从而加大统计分析攻击的难度。

3. 数学分析攻击

数学分析攻击是指密码分析者针对加解密算法的数学基础和某些密码学特性，通过数学求解的方法来破译密码。数学分析攻击是基于数学难题的各种公钥密码的主要威胁。为了对抗这种数学分析攻击，应当选用具有坚实数学基础且足够复杂的加解密算法。

对密码系统的攻击，现实世界为攻击者提供了比单纯的密码分析更丰富的攻击选项。通常，更令人担忧的是协议攻击、特洛伊木马、病毒、电磁监听、物理破坏、对密钥持有者的勒索和恐吓、操作系统错误、应用程序错误、硬件错误、用户错误、物理窃听和社会工程攻击等。这些攻击方法可能单独使用，也可能结合使用，以达到破坏密码系统的目的。为了抵御这些攻击，密码系统需要采取多种安全措施，如认证机制、访问控制、数据完整性校验、入侵检测系统、防火墙以及实施主动防御策略等。

1.3.3 破译密码的类型

根据密码分析者可利用的数据资源来分类，可将破译密码的类型分为以下 5 种。

1. 唯密文攻击

唯密文攻击（Ciphertext-only Attack）是指密码分析者除了拥有截获的密文外，没有其他可利用的信息。密码分析者的任务是恢复尽可能多的明文，或者最好能推算出秘密密钥，以便采用相同的密钥解出其他被加密的消息。由于密码分析者所能利用的数据资源仅为密文，因此这是对密码分析者最不利的情况。这种攻击一般采用穷举搜索的方法，经不起这种攻击的密码体制是不安全的。

已知：$C_1=E_k(P_1),C_2=E_k(P_2),\cdots,C_i=E_k(P_i)$。

推导出：$P_1,P_2,\cdots,P_i$，k，或者找出一个算法从 $C_{i+1}=E_k(P_{i+1})$ 推出 P_{i+1}。

2. 已知明文攻击

已知明文攻击（Known-plaintext Attack）是指密码分析者不仅掌握了一定数量的密文，而且能利用一些已知的明文-密文对。密码分析者的任务就是用加密信息推算出用来加密的密钥或导出一个算法，此算法可以对用同一密钥加密的任何新的消息进行解密。

已知：$P_1,C_1=E_k(P_1),P_2,C_2=E_k(P_2),\cdots,P_i,C_i=E_k(P_i)$。

推导出：密钥 k，或从 $C_{i+1}=E_k(P_{i+1})$ 推出 P_{i+1} 的算法。

例如，密码分析者可能知道从用户终端送到计算机的密文数据从一个标准词"LOGIN"开头。又例如，加密成密文的计算机程序文件特别容易受到这种攻击。这是因为诸如"BE-

GIN""END""IF""THEN""ELSE"等词的密文总是会有规律地在密文中出现。

3. 选择明文攻击

选择明文攻击（Chosen-plaintext Attack）是指密码分析者不仅可以得到一些消息的密文和相应的明文，而且可以选择任何明文并得到使用同一未知密钥加密的相应密文，密码分析者能够暂时接触到加密机。这比已知明文攻击更有效。因为密码分析者能选择特定的明文块去加密，那些明文块可能产生更多关于密钥的信息。这是对密码分析者十分有利的情况。密码分析者的任务是推算出用来加密消息的密钥或导出一个算法，此算法可以对用同一密钥加密的任何新的消息进行解密。

已知：$P_1, C_1 = E_k(P_1), P_2, C_2 = E_k(P_2), \cdots, P_i, C_i = E_k(P_i)$，其中 $P_1, P_2, \cdots, P_i$ 是由密码分析者选择的。

推导出：密钥 k，或从 $C_{i+1} = E_k(P_{i+1})$ 推出 P_{i+1} 的算法。

计算机文件系统和数据库系统特别容易受到这种攻击，因为用户可以随意选择明文，并获得相应的密文文件和密文数据库。

4. 自适应选择明文攻击

自适应选择明文攻击（Adaptive-chosen-plaintext Attack）是选择明文攻击的特殊情况。密码分析者不仅能选择被加密的明文，而且可以根据之前加密的结果来调整后续的明文选择策略。

5. 选择密文攻击

选择密文攻击（Chosen-ciphertext Attack）是指密码分析者能够选择不同的密文，并获得相应的明文，密码分析者能够暂时接触到解密机。密码分析者的任务是推导出密钥。

已知：$C_1, P_1 = D_k(C_1), C_2, P_2 = D_k(C_2), \cdots, C_i, P_i = D_k(C_i)$，其中，$C_1, C_2, \cdots, C_i$ 是由密码分析者选择的。

推导出：密钥 k。

1.4 密码体制的安全性

扫码看视频

通常，一个安全的密码体制应该具有如下几条安全性质。
1）从密文恢复明文应该是困难的，即使密码分析者知道明文空间（如明文是英语）。
2）从密文计算出明文的部分信息应该是困难的。
3）从密文探测出简单却有用的事实应该是困难的，如相同的信息被发送了两次。

从密码分析者对密码体制攻击的效果看，密码分析者可能达到以下攻击结果。
1）**完全攻破**：密码分析者找到了相应的密钥，从而可以恢复任意的密文。
2）**部分攻破**：密码分析者没有找到相应的密钥，但对于给定的密文，密码分析者能够获得明文的特定信息。
3）**密文识别**：例如，对于两个给定的不同明文及其中一个明文的密文，密码分析者能够识别出该密文对应于哪个明文，或者能够识别出给定明文的密文和随机字符串。如果一个密码体制使得密码分析者不能识别密文，那么这样的密码体制就实现了语义安全（Semantic Security）。

可以采用不同的方式衡量攻击方法的复杂性。

1) 数据复杂性：攻击所需要输入的数据量。
2) 处理复杂性：完成攻击所需要的时间复杂度。
3) 存储复杂性：进行攻击所需要的存储量。

评价密码体制安全性有不同的角度，包括无条件安全、复杂性理论安全、计算安全、启发式安全、可证明安全。

1. 无条件安全

即使密码分析者具有无限的计算能力，密码体制也不能被攻破，那么这个密码体制就是无条件安全（Unconditional Security）的。例如，只有单个的明文用给定的密钥加密，移位密码和代换密码都是无条件安全的。一次一密密码（One-time Pad Cipher）对于唯密文攻击是无条件安全的，因为密码分析者即使获得很多密文信息、具有无限的计算资源，仍然不能获得明文的任何信息。

一次一密密码由 Gilbert Vernam 在 1917 年发明，加解密使用一次一密乱码本。乱码本是一个大的不重复的真随机密钥字符集，这个密钥字符集被写在几张纸上，并粘在一起。发方用乱码本中的每一个密钥字符加密一个明文字符。加密是明文字符和乱码本密钥字符的模 26 加法，然后销毁乱码本中用过的一页。收方有一个同样的乱码本，并依次使用乱码本上的每个密钥去解密密文的每个字符。收方在解密消息后销毁乱码本中用过的一页。新的消息则用乱码本的新密钥加密。

例如，令 26 个字母 a~z 分别对应于整数 0~25（见表 1.1）。如果消息是 ONE，而取自乱码本的密钥序列是 GFA，那么密文就是 USE，因为 $(O+G) \bmod 26 = U$，$(N+F) \bmod 26 = S$；$(E+A) \bmod 26 = E$。

表 1.1 字母与数字对应表

字母	a	b	c	d	e	f	g	h	i	j	k	l	m	n	o	p	q	r	s	t	u	v	w	x	y	z
数字	0	1	2	3	4	5	6	7	8	9	10	11	12	13	14	15	16	17	18	19	20	21	22	23	24	25

如果密码分析者不能得到用来加密消息的一次一密乱码本，那么这个方案就是无条件安全的。存在的问题是：密钥必须是随机的，并且绝不能重复使用，密钥序列的长度要等于消息的长度，需要发方和收方同步。

如果一个密码体制对于唯密文攻击是无条件安全的，那么称该密码体制具有完善保密性（Perfect Secrecy）。如果明文空间是自然语言，则只有一次一密密码具有完善保密性，所有其他的密码系统在唯密文攻击中都是可破的，因为只要简单地去尝试每种可能的密钥，并且检查所得明文是否都有意义即可，这种破解方法称为蛮力攻击。

2. 复杂性理论安全

假设密码分析者的计算能力有限，在有限时间内无法完成高复杂度的运算，如密码分析者具有多项式计算能力。复杂性理论安全（Complexity-theoretic Security）致力于分析攻破密码体制所需的资源量，通常对密码算法采用渐近分析和最坏情况分析。

3. 计算安全

密码学更关心在计算上不可破译的密码系统。如果一个密码体制使用现在或将来可得到的资源都不能在足够长的时间内破译，那么这个密码体制被认为是计算安全（Computational Security，Practical Security）的。目前还没有任何一个实用的密码体制被证明是计算安全的，因为我们只知道攻破一个密码体制的当前最好算法，也许还存在尚未发现的更好的攻击算法。实际上，密码体制对某一种类型的攻击（如蛮力攻击）是计算安全的，但对其他类型的攻击可能是计算不安全的。通常，密码分析者可进行蛮力攻击，用可能的密钥来进行尝试，这是一种穷举搜索攻击。平均而言，为取得成功，需要尝试所有密钥的一半。因此，密钥越长，密钥空间就越大，蛮力攻击所需要的时间也就越长，成本越高，密码体制也就越安全。由此可见，一个密码系统要是实际可用的，必须满足穷举密钥搜索是不可行的。可以说，针对蛮力攻击，128 位密钥的 AES 算法目前是计算安全的。

4. 启发式安全

启发式安全（Ad hoc Security，Heuristic Security）是指通过具有一定说服力的、非正式的、即兴的方式解决安全问题，即针对已有的（通常是基于直观或经验构造的）攻击算法，该密码算法是计算安全的。由于将来可能会出现更有效的攻击算法，因此启发式安全的密码算法可能仍然存在不可预知的攻击。

5. 可证明安全

可证明安全（Provable Security）是把密码体制的安全性归结为某个经过深入研究的数学难题（但该难题也许有简单的解决方法，只是目前没找到，也许不是真的难题）。例如，如果给定的密码体制是可以破解的，那么就存在一种有效的方法解决大数的因子分解问题，而大数因子分解问题目前不存在有效的解决方法，于是称该密码体制是可证明安全的，即可证明攻破该密码体制比解决大数因子分解问题更难。可证明安全性只是说明密码体制的安全与一个问题是相关的，并没有证明密码体制是安全的，可证明安全性有时候也被称为归约安全性。

1.5 思考与练习

1. （判断题）1949 年，香农发表了《保密系统的信息理论》一文，为密码系统建立了理论基础，从此密码学成了一门科学。　　　　　　　　　　　　　　　　（　　）
2. （单选题）下列关于一次一密系统的说法不正确的是（　　）。
   A. 密钥要和加密的消息同样长
   B. 密钥由真正随机符号组成
   C. 一次一密系统能提供完整性验证
   D. 密钥只用一次，不能重复使用相同的密钥加密
3. 攻击密码系统的方法有哪些？
4. 根据密码分析的数据来源，可将破译密码的类型分为哪几种？
5. 一个密码体制由哪 5 部分组成？
6. 什么是计算安全、可证明安全？
7. 设明文为 m，密钥是 k，可以使用异或运算 $\oplus$ 对二进制位流进行加密：$c = m \oplus k$。例如：假设消息 m 为二进制形式 0111001101101000，需要一个和 m 长度完全一致的密钥，设密钥 k 为 0110010101101010，则密文 c 是什么？接收方如何恢复出明文？

1.6 拓展阅读：密码法

为了规范密码应用和管理，促进密码事业发展，保障网络与信息安全，维护国家安全和

社会公共利益，保护公民、法人和其他组织的合法权益，我国制定了《中华人民共和国密码法》，该法自 2020 年 1 月 1 日起施行。

《中华人民共和国密码法》规定，中央密码工作领导机构对全国密码工作实行统一领导。国家对密码实行分类管理。密码分为核心密码、普通密码和商用密码。核心密码、普通密码用于保护国家秘密信息，核心密码保护信息的最高密级为绝密级，普通密码保护信息的最高密级为机密级。核心密码、普通密码属于国家秘密。商用密码用于保护不属于国家秘密的信息。

国家密码管理局是国务院直属机构，负责商用密码的管理、检测、评估、认定、安全性评估等工作。新修订的《商用密码管理条例》自 2023 年 7 月 1 日起施行。我们常称的国产密码算法（国密算法）是指国家密码管理局认定的国产商用密码算法。伴随着国产化替换工作的推进，国产密码已经在国内多个行业完成替换。

国家鼓励和支持密码科学技术的研究和应用，依法保护密码领域的知识产权，促进密码科学技术的进步和创新。国家加强密码人才培养和队伍建设，加强密码安全教育，将密码安全教育纳入国民教育体系和公务员教育培训体系，增强公民、法人和其他组织的密码安全意识。

第 2 章 古典密码学

古典密码学是加密技术的基础，它的发展可以追溯到几千年前。在古典密码学阶段，加密方法主要包括替换和置换。这些方法通常基于字符的变换和排列，以达到保密通信的目的。本章介绍几种古典密码体制，这些密码体制现在几乎不再使用，但了解和研究这些密码体制的原理有助于理解、构造和分析现代实用密码。

2.1 替换密码体制

替换密码（又称代换密码、代替密码、替代密码）就是将明文字母表中的每个字符替换为密文字母表中的字符，替换后的各字母保持原来的位置，但结果变成难懂的乱码。这里对应的密文字母可能是一个，也可能是多个。接收者若要进行解密，只需要对密文进行逆向替换。替换密码可以分为单表替换密码和多表替换密码。

2.1.1 单表替换密码

单表替换密码又称为单字母代替，明文字母表中的一个字符对应密文字母表中的一个字符。加密是从明文字母表到密文字母表的一一映射。令 26 个字母 a~z 分别对应于整数 0~25（见表 1.1）。

扫码看视频

1. 加同余密码

加同余密码也称移位代换密码（Shift Substitution Cipher），是最简单的一类代换密码，其加密变换为：

$$E_k(i)=(i+k)\bmod q=j \quad 0\leq i,j<q, K=\{k\,|\,0\leq k<q\}$$

式中，mod q 表示除以 q 得到的余数。密钥空间的元素个数为 q，其中有一恒等变换，即 $k=0$，解密变换为：

$$D_k(j)=E_{q-k}(j)=(j+q-k)\bmod q=(j-k)\bmod q=i$$

例 2.1 当 $k=3$ 时，为凯撒密码。设明文为 cipher，经凯撒密码加密的密文为 FLSKHU。此时的加密变换为 $c=m+3\pmod{26}$，解密变换为 $m=c-3\pmod{26}$。

2. 乘数密码

乘数密码（Multiplicative Cipher）的加密变换为：

$$E_k(i)=ik\bmod q=j \quad 0\leq j<q$$

这种密码又称为采样密码（Decimation Cipher），因为密文字母表是将明文字母表按下标每隔 k 位取出一个字母排列而成（字母表首尾相接）的。当且仅当 $(k,q)=1$，即 k 与 q 互素时，明文字母和密文字母才是一一对应的。

例 2.2 英文字母表 $q=26$，取 $k=9$，则明文和密文字母对应表如表 2.1 所示。

表 2.1 乘数密码明文和密文字母对应表

明文	a	b	c	d	e	f	g	h	i	j	k	l	m	n	o	p	q	r	s	t	u	v	w	x	y	z
密文	A	J	S	B	K	T	C	L	U	D	M	V	E	N	W	F	O	X	G	P	Y	H	Q	Z	I	R

对于明文 multiplicative cipher，密文为 EYVPUFVUSAPUHK SUFLKX。

3. 线性同余密码

线性同余密码是将移位密码和乘数密码进行组合，也称仿射密码（Affine Cipher）。

若选取 k_1、k_2 两个参数，则可以得到英文字母的线性同余加密变换：

$$c = k_1 m + k_2 \pmod{26}$$

其中，$(k_1, 26) = 1$，即 k_1 和 26 互素。若 $k_1 = 1$，则该加密变换就成为 Kaiser 变换。

例 2.3 若 $k_1 = 7$，$k_2 = 3$，则明文 cumt 对应的数字为 2、20、12、19，通过变换 $c = 7m + 3 \pmod{26}$ 可得 17、13、9、6，对应的密文为 RNJG。

由于 $7 \times 15 = 1 \pmod{26}$，故解密函数为 $m = 15(c - 3) \pmod{26} = 15c + 7 \pmod{26}$。

4. 密钥词组代替密码

密钥词组代替密码选用一个词组作为密钥编制密文字母表。首先选择一个词组作为密钥，去掉重复字母，如选择 university 为密钥，去除重复字母 i，成为 universty。其次，字母一共 10 个，密文字母表从第 11 个字母开始，用 universty 按顺序进行填充，然后把其余 17 个字母按自然顺序接在后面。这样，明文字母表 a~z 对应的以 university 为密钥的密文字母表如表 2.2 所示。明文 cumt 对应的密文为 LBIA。

表 2.2 密钥词组代替密码明文和密文字母对应表

明文	a	b	c	d	e	f	g	h	i	j	k	l	m	n	o	p	q	r	s	t	u	v	w	x	y	z
密文	J	K	L	M	O	P	Q	W	X	Z	U	N	I	V	E	R	S	T	Y	A	B	C	D	F	G	H

5. Playfair 密码

Playfair 密码是在第一次世界大战中由英国人提出的，它将明文中的双字母组合作为一个单元对待，并将这些单元转换为密文双字母组合。Playfair 密码的密钥是一个 5×5 矩阵，该矩阵使用一个关键词构造，比如 FIVESTARS。将单词中重复的字母去掉，可以得到 FIVESTAR，作为 5×5 矩阵的起始部分，矩阵的剩余部分则用 26 个字母表中未出现的字母按顺序来填充，其中，I 和 J 作为一个字母来对待。例如下面的矩阵便是由密钥 FIVESTARS 导出的：

```
F I V E S
T A R B C
D G H K L
M N O P Q
U W X Y Z
```

对每一对明文 m_1、m_2，加密方法如下。

1）若 m_1 和 m_2 在同一行，则密文 c_1 和 c_2 分别紧靠 m_1、m_2 右端的字母，其中将第一列看作最后一列的右方。

2）若 m_1 和 m_2 在同一列，则密文 c_1 和 c_2 分别是紧靠 m_1、m_2 下方的字母，这里将第一行看作最后一行的下方。

3) 若 m_1 和 m_2 不在同一行，也不在同一列，则 c_1 和 c_2 是由 m_1、m_2 确定的矩形的其他两角的字母，并且 c_1 和 m_1、c_2 和 m_2 同行。

4) 若 $m_1 = m_2$，则于重复字母之间插入空字母（比如 Q）。

5) 若明文字母数为奇数，则将空字母加在明文的末端。

例 2.4 M = Playfair cipher, 先将明文 M 分解为两个字母一对：pl ay fa ir ci ph er。通过加密可得密文：QK BW IT VA AS OK VB。而要解密，就是上述过程的逆过程。

6. ADFGX 密码

ADFGX 密码是在第一次世界大战中由德国人提出的，过程如下：将字母表中的字母组成 5×5 的矩阵，字母 i 和 j 被认为是同一个字母，矩阵的行和列用字母 A、D、F、G、X 标记，例如，矩阵可能是：

	A	D	F	G	X
A	p	g	c	e	n
D	b	q	o	z	r
F	s	l	a	f	t
G	m	d	v	i	w
X	k	u	y	x	h

每一个明文字母都用它所在行和列的标记代替，如 s 变成了 FA，z 变成了 DG，假设明文是 Kaiser Wilhelm，第一步的结果就是：

XA FF GG FA AG DX GX GG FD XX AG FD GA

此时可以看到，这不过是一种变相的替换密码，下一步的操作将增加它的复杂性。选择一个关键字，比如 Rhein，用关键字中的字母来标记矩阵的列，并将第一步的结果组成如下矩阵：

R	H	E	I	N
X	A	F	F	G
G	F	A	A	G
D	X	G	X	G
G	F	D	X	X
A	G	F	D	G
A				

现在重新调整列，使列的标记按字母表的顺序排列：

E	H	I	N	R
F	A	F	G	X
A	F	A	G	G
G	X	X	G	D
D	F	X	X	G
F	G	D	G	A
				A

最后，通过按列向下读字母（忽略标记），可得到密文：

FAGDFAFXFGFAXXDGGGXGXGDGAA

该密码的解密过程是从关键字的长度和密文的长度来确定列的长度的，然后将密文字母放置到列中,重新安排顺序可以与关键字匹配,最后用初始的矩阵来恢复明文。为了使密码分析更困难,初始矩阵和关键字要经常改变,因为对于任意一次组合,仅有有限数量的密文。

ADFGX 密码之所以选择这 5 个字母作为构造第一个矩阵的元素,是因为这些符号在莫尔斯(Morse)电码(·—,—··,··—,——·,—··—)中是不易混淆的,从而可以避免传输错误,这是早期试图将纠错与密码学结合的标志之一。后来,ADFGX 密码被 ADF-GVX 取代,使用 6×6 的初始矩阵,它允许使用 26 个字母加 10 个数字。

2.1.2 多表替换密码

替换密码的另一种形式是多表替换密码,它与单表替换密码的区别在于使用了多张替换表依次对明文消息的字母进行替换。比如使用 5 个简单替换表的多表替换密码,明文的第一个字母用第一个替换表,第二个字母用第二个替换表,第三个字母用第三个替换表,以此类推,循环使用这 5 张替换表。

令明文字母表为 Z_q,令 $\pi=(\pi_1,\pi_2,\cdots)$ 为替换序列,明文字母序列为 $m=m_1,m_2\cdots$,则相应的密文字母序列为:

$$c=E_k(m)=\pi(m)=\pi_1(m_1)\pi_2(m_2)\cdots$$

一次一密密码是一种特殊的多表替换密码,在它的加密过程中,π 为非周期无限长序列,这类密码对每个明文字母都采用不同的替换表或密钥进行加密,也称相应的密码为非周期多表替换密码。这是一种在理论上绝对安全的密码,该密码的密钥空间无限大,对于明文的特征可实现完全隐蔽,密码分析者无法从密文中得到任何的统计规律。但在实际实现时,由于需要使用的密钥是真正的随机序列,每个密钥只能使用一次,且密钥长度要等于明文消息长度,因此难以广泛使用。

在实际应用中,为了在增加安全性的同时减少密钥量,通常采用周期多表替换密码,即重复使用有限个替换表。第一个密钥加密明文的第一个字母,第二个密钥加密明文的第二个字母,在所有的密钥用完后,密钥又再循环使用,若有 20 个单个字母密钥,那么每隔 20 个字母的明文会被同一密钥加密,这称为密码的周期。此时代换序列:

$$\pi=\pi_1\pi_2\cdots\pi_d\pi_1\pi_2\cdots\pi_d\cdots$$

对应于明文字母序列 m 的密文为:

$$C=E_k(m)=\pi(m)=\pi_1(m_1)\pi_2(m_2)\cdots\pi_d(m_d)\pi_1(m_{d+1})\cdots\pi_d(m_{2d})$$

当 $d=1$ 时,就退化为单表替换。

在经典密码学中,密码的安全性与密码周期正相关,周期越长,密码就越难被破译。随着运算能力的提升,使用现代计算机破译具有长周期的替换密码越来越容易。维吉尼亚(Vigenere)密码是比较有名的多表替换密码。

1. 维吉尼亚密码

1858 年,法国密码学家维吉尼亚提出了一种以移位替换为基础的周期替换密码。首先构造一个维吉尼亚方阵,如表 2.3 所示。

它的基本阵列是 26 行 26 列的方阵。方阵的第一行是 a 到 z 按字母顺序排列的字母表,剩余各行分别由上一行左移一位得到。然后在基本方阵的最上方附加一行,在最左侧附加一列,分别依序写上 a 到 z 共 26 个字母。如果把最上面的附加行看作明文序列,则下面的 26 行就分别构成了左移 0 位、1 位、2 位、……、25 位的 26 个单表替换加同余密码的密文序列。加密时，选择一个词组或者短语作为密钥，按照密钥的指示决定采用哪一个单表。例如密钥是 bupt，加密时，明文的第一个字母用与附加列上字母 b 相对应的密码表进行加密，明文的第二个字母用与附加列的字母 u 相对应的密码表进行加密，以此类推。

表 2.3　维吉尼亚方阵

	a	b	c	d	e	f	g	h	i	j	k	l	m	n	o	p	q	r	s	t	u	v	w	x	y	z
a	A	B	C	D	E	F	G	H	I	J	K	L	M	N	O	P	Q	R	S	T	U	V	W	X	Y	Z
b	B	C	D	E	F	G	H	I	J	K	L	M	N	O	P	Q	R	S	T	U	V	W	X	Y	Z	A
c	C	D	E	F	G	H	I	J	K	L	M	N	O	P	Q	R	S	T	U	V	W	X	Y	Z	A	B
d	D	E	F	G	H	I	J	K	L	M	N	O	P	Q	R	S	T	U	V	W	X	Y	Z	A	B	C
e	E	F	G	H	I	J	K	L	M	N	O	P	Q	R	S	T	U	V	W	X	Y	Z	A	B	C	D
f	F	G	H	I	J	K	L	M	N	O	P	Q	R	S	T	U	V	W	X	Y	Z	A	B	C	D	E
g	G	H	I	J	K	L	M	N	O	P	Q	R	S	T	U	V	W	X	Y	Z	A	B	C	D	E	F
h	H	I	J	K	L	M	N	O	P	Q	R	S	T	U	V	W	X	Y	Z	A	B	C	D	E	F	G
i	I	J	K	L	M	N	O	P	Q	R	S	T	U	V	W	X	Y	Z	A	B	C	D	E	F	G	H
j	J	K	L	M	N	O	P	Q	R	S	T	U	V	W	X	Y	Z	A	B	C	D	E	F	G	H	I
k	K	L	M	N	O	P	Q	R	S	T	U	V	W	X	Y	Z	A	B	C	D	E	F	G	H	I	J
l	L	M	N	O	P	Q	R	S	T	U	V	W	X	Y	Z	A	B	C	D	E	F	G	H	I	J	K
m	M	N	O	P	Q	R	S	T	U	V	W	X	Y	Z	A	B	C	D	E	F	G	H	I	J	K	L
n	N	O	P	Q	R	S	T	U	V	W	X	Y	Z	A	B	C	D	E	F	G	H	I	J	K	L	M
o	O	P	Q	R	S	T	U	V	W	X	Y	Z	A	B	C	D	E	F	G	H	I	J	K	L	M	N
p	P	Q	R	S	T	U	V	W	X	Y	Z	A	B	C	D	E	F	G	H	I	J	K	L	M	N	O
q	Q	R	S	T	U	V	W	X	Y	Z	A	B	C	D	E	F	G	H	I	J	K	L	M	N	O	P
r	R	S	T	U	V	W	X	Y	Z	A	B	C	D	E	F	G	H	I	J	K	L	M	N	O	P	Q
s	S	T	U	V	W	X	Y	Z	A	B	C	D	E	F	G	H	I	J	K	L	M	N	O	P	Q	R
t	T	U	V	W	X	Y	Z	A	B	C	D	E	F	G	H	I	J	K	L	M	N	O	P	Q	R	S
u	U	V	W	X	Y	Z	A	B	C	D	E	F	G	H	I	J	K	L	M	N	O	P	Q	R	S	T
v	V	W	X	Y	Z	A	B	C	D	E	F	G	H	I	J	K	L	M	N	O	P	Q	R	S	T	U
w	W	X	Y	Z	A	B	C	D	E	F	G	H	I	J	K	L	M	N	O	P	Q	R	S	T	U	V
x	X	Y	Z	A	B	C	D	E	F	G	H	I	J	K	L	M	N	O	P	Q	R	S	T	U	V	W
y	Y	Z	A	B	C	D	E	F	G	H	I	J	K	L	M	N	O	P	Q	R	S	T	U	V	W	X
z	Z	A	B	C	D	E	F	G	H	I	J	K	L	M	N	O	P	Q	R	S	T	U	V	W	X	Y

例 2.5　本例用一个实例来说明维吉尼亚密码加密和解密的原理。设加密密钥是 encryption，待加密的明文是 public key distribution。由于密钥比明文短，因此要重复书写密钥以得到与明文等长的密钥序列。

现在按表 2.4 对明文进行加密代换。第一个密钥字母是 e，对第一个明文字母 p 进行加密时，选用左边附加列上的字母 e 对应的那一行作为代替密码表，查出与 p 相对应的密文字母是 T，第二个密钥字母是 n，用附加列上字母 n 所对应的一行作为代替密码表，与明文 u

进行替换，对应的密文是 H。同理，将所有的密文字母替换完毕，就可以得到表 2.4 中所示的密文 THDCGRDMMQMFVIGQNBWBR。

表 2.4 维吉尼亚密码加密和解密举例

密钥	e	n	c	r	y	p	t	i	o	n	e	n	c	r	y	p	t	i	o	n	e
明文	p	u	b	l	i	c	k	e	y	d	i	s	t	r	i	b	u	t	i	o	n
密文	T	H	D	C	G	R	D	M	M	Q	M	F	V	I	G	Q	N	B	W	B	R

由于在上述加密变换中，明文的每个字母都是按照密钥的指示选用不同的加同余密码替换而成的，因此通常情况下，如果同一个字母在明文中的位置不同，那么其对应的密文字母就不同。例如，上例明文中有 4 个 i，但分别对应密文字母 G、M、G、W。同样，密文中的 3 个相同字母 M 分别对应明文中的 3 个不同字母 e、y、i。但是，如果两个相同字母序列的间距正好是密钥长度的倍数，那么也可能产生相同的密文序列。在这种体制中，所用到的单表数目与所用的密钥长度有关，并按密钥长度对这些单表轮流使用，因而可呈现固定的周期性，周期长度就是密钥长度。若要增强密码的安全性，提高破译难度，就需要使用更长的密钥，增加周期。

维吉尼亚密码可以看成是由多个不同偏移量的凯撒密码组成的。令英文字母 a,b,…,z 对应于从 0 到 25 的整数。设长度为 n 的明文序列为 $m=m_1m_2\cdots m_n$，密钥周期性地延伸就给出了明文加密所需的工作密钥 $k=k_1k_2\cdots k_n$。设：

$$E(m)=C=c_1c_2\cdots c_n$$

则 $c_i=m_i+k_i(\bmod 26)$，解密为 $m_i\equiv c_i-k_i(\bmod 26)$，$i=1,2,3,\cdots,n$。

2. Hill 密码

Hill 加密算法的基本思想是将 l 个明文字母通过线性变换转换为 k 个密文字母。解密只要进行一次逆变换。密钥是 Z_{26} 上的 $n\times n$ 可逆矩阵，明文 M 与密文 C 均是 n 维向量。即：

$$M=m_1m_2\cdots m_l$$
$$E_k(M)=c_1c_2\cdots c_l$$

其中：

$$c_1=k_{11}m_1+k_{12}m_2+\cdots+k_{1l}m_l$$
$$c_2=k_{21}m_1+k_{22}m_2+\cdots+k_{2l}m_l$$
$$\cdots$$
$$c_l=k_{l1}m_1+k_{l2}m_2+\cdots+k_{ll}m_l$$

或写成：

$$C=KM \bmod n$$

其中：

$$C=\begin{pmatrix}c_1\\c_2\\\vdots\\c_l\end{pmatrix},M=\begin{pmatrix}m_1\\m_2\\\vdots\\m_l\end{pmatrix}$$

$$K=(k_{ij})_{l\times l}$$

$$M = K^{-1}C \bmod n$$

例 2.6 $l=4$,$n=26$。

$$K = \begin{pmatrix} 8 & 6 & 9 & 5 \\ 6 & 9 & 5 & 10 \\ 5 & 8 & 4 & 9 \\ 10 & 6 & 11 & 4 \end{pmatrix}$$

$$K^{-1} = \begin{pmatrix} 23 & 20 & 5 & 1 \\ 2 & 11 & 18 & 1 \\ 2 & 20 & 6 & 25 \\ 25 & 2 & 22 & 25 \end{pmatrix}$$

不难验证:

$$\begin{pmatrix} 8 & 6 & 9 & 5 \\ 6 & 9 & 5 & 10 \\ 5 & 8 & 4 & 9 \\ 10 & 6 & 11 & 4 \end{pmatrix}\begin{pmatrix} 23 & 20 & 5 & 1 \\ 2 & 11 & 18 & 1 \\ 2 & 20 & 6 & 25 \\ 25 & 2 & 22 & 25 \end{pmatrix} = \begin{pmatrix} 339 & 416 & 312 & 364 \\ 416 & 339 & 442 & 390 \\ 364 & 286 & 391 & 338 \\ 364 & 494 & 312 & 391 \end{pmatrix}$$

$$\equiv \begin{pmatrix} 1 & 0 & 0 & 0 \\ 0 & 1 & 0 & 0 \\ 0 & 0 & 1 & 0 \\ 0 & 0 & 0 & 1 \end{pmatrix} (\bmod 26)$$

若明文 M = Hill,26 个字母从 a~z 的编号为 0~25,M 数字化后为 4 个数字:7、8、11、11,这样:

$c_1 = 8 \times 7 + 6 \times 8 + 9 \times 11 + 5 \times 11 = 258 \equiv 24 (\bmod 26)$

$c_2 = 6 \times 7 + 9 \times 8 + 5 \times 11 + 10 \times 11 = 279 \equiv 19 (\bmod 26)$

$c_3 = 5 \times 7 + 8 \times 8 + 4 \times 11 + 9 \times 11 = 242 \equiv 8 (\bmod 26)$

$c_4 = 10 \times 7 + 6 \times 8 + 11 \times 11 + 4 \times 11 = 283 \equiv 23 (\bmod 26)$

因此 C = YTIX,反之,已知 C = YTIX,C 数字化后为 4 个数字,即 24、19、8、23,则有:

$m_1 = 23 \times 24 + 20 \times 19 + 5 \times 8 + 23 = 995 \equiv 7 (\bmod 26)$

$m_2 = 2 \times 24 + 11 \times 19 + 18 \times 8 + 23 = 424 \equiv 8 (\bmod 26)$

$m_3 = 2 \times 24 + 20 \times 19 + 6 \times 8 + 25 \times 23 = 1051 \equiv 11 (\bmod 26)$

$m_4 = 25 \times 24 + 2 \times 19 + 22 \times 8 + 25 \times 23 = 1389 \equiv 11 (\bmod 26)$

故得 M = Hill。

Hill 密码可以较好地抑制自然语言的统计特性,不再有单字母替换的一一对应关系,在对抗唯密文攻击时有较高的安全性。同时,密钥空间较大,字母和数字的对应还可以改变,使得密码分析难度加大。一般说来,Hill 密码能比较好地抵抗频率法的分析。

2.2 置换密码体制

古希腊城邦之间传递军事信息时,人们使用滚筒密码(也称为斯巴达棒密码)。加密工具是一个圆柱形木棍,其表面覆盖了一层羊皮纸,发送者会将消

扫码看视频

息按照特定宽度沿木棍的长度螺旋状缠绕书写，接收者则需要拥有同样直径和形状的木棍才能正确解密，这是一种置换密码。

置换加密（又称换位密码）是指明文中各个字符的顺序按照一定的规则打乱重排后得到密文的一种密码体制。它的特点就是明文字符集保持不变，但顺序被打乱。

一种典型的置换密码是线路加密法。在线路加密法中，明文的字母按规定的次序排列在矩阵中，然后用另一种次序选出矩阵中的字母，排列成密文。例如在纵行换位密码中，明文以固定的宽度水平地写出，密文按垂直方向读出。

例 2.7 列置换示例。

明文：COMPUTERGRAPHICSMAYBESLOWBUTATLEASTITSEXPENSIVE。

```
C O M P U T E R G R
A P H I C S M A Y B
E S L O W B U T A T
L E A S T I T S E X
P E N S I V E
```

密文：CAELPOPSEEMHLANPIOSSUCWTITSBIVEMUTERATSGYAERBTX。

这种线路的形式很多，矩阵的大小也可变化。

置换密码中最简单的是栅栏技术。在该密码中以对角线顺序写下明文，并以行的顺序读出。例如，为了用深度 2 的栅栏密码加密消息 "meet me after the toga party"，写成如下形式：

```
m e m a t r h t g p r y
 e t e f e t e o a a t
```

则相应的密文是：

MEMATRHTGPRYETEFETEOAAT

置换密码是一种比较简单的密码体制，无论怎么换位置，密文字符与明文字符仍保持相同，对密文字母的统计分析很容易确定字母的准确顺序，进而破解整个置换算法。

2.3 古典密码体制的分析

古典密码体制的分析主要涉及密码的破解和攻击方法的研究。由于古典密码算法大都较简单，因此破解者可以通过分析密文的频率分布、字频统计等方法来猜测明文内容。

2.3.1 统计特性

目前，统计分析方法仍然是密码分析的重要工具之一。当自然语言的统计特征体现在密文中时，密码分析人员可以通过分析明文和密文的统计规律来破解密码。任何自然语言都有其固有的统计特性，因此许多经典的密码可以用统计分析来破解。

如果一篇英文文献的篇幅足够长，统计后就会发现每个字母的相对频率是稳定的，尤其是字母 e 比其他字母出现得更频繁。对比多篇文献后可以发现，只要文献不是特别专业，从不同文献中得到的统计频率大致相同。表 2.5 给出了每个英文字母的出现频率。

表 2.5 英文字母的出现频率

字母	A	B	C	D	E	F	G	H	I	J	K	L	M
频率	8.176	1.492	2.782	4.253	12.703	2.228	2.015	6.094	6.996	0.153	0.772	4.025	2.406
字母	N	O	P	Q	R	S	T	U	V	W	X	Y	Z
频率	6.749	7.507	1.929	0.095	5.987	6.327	9.056	2.758	0.978	2.360	0.150	1.974	0.074

表 2.6 所示为根据每个字母的出现频率将英文字母进行分组的结果。

表 2.6 根据出现频率将英文字母分组的结果

极高频率字母组	E
次高频率字母组	T A O I N S H R
中等频率字母组	D L
低频率字母组	C U M W F G Y P B
甚低高频率字母组	V K J X Q Z

不仅仅是单字母，双字母组（相邻的两个字母）和三字母组（相邻的3个字母）同样以相当稳定的频率出现，这对于破译密码是很有帮助的。出现频率最高的30个双字母组依次是 TH、HE、IN、EB、AN、RE、ED、ON、ES、ST、EN、AT、TO、NT、HA、ND、OU、EA、NG、AS、OR、TI、IS、ET、IT、AR、TE、SE、HI、OF。出现频率最高的19个三字母组依次是 THE、ING、AND、HER、EBE、ENT、THA、NTH、WAS、ETH、FOR、DTH、HAT、SHE、ION、HIS、STH、ERS、VER。

值得注意的是，THE 的频率几乎是排在第二位的 ING 的 3 倍。此外，统计资料还表明：英文单词以 E、S、D、T 为结尾的超过一半；英文单词以 T、A、S、W 为起始字母的约占一半。

2.3.2 单表密码体制的统计分析

以下是几种典型的单表替换密码的分析。加同余密码的密钥 k 只有 $n-1$ 个不同的取值，因此只要采取穷举 k 的可能取值的方法就可破译。例如，明文字母表为英文字母表时，k 只有 25 种可能的取值；明文字母表为 8 位扩展 ASCII 码时，k 有 255 种可能的取值。乘数密码密钥 k 要满足条件 $(n,k)=1$，因此，k 只有少于 $\varphi(n)$ 个（$\varphi(n)$ 为 n 的欧拉函数，表示小于 n 且与 n 互素的整数的个数）不同的取值，再去掉 $k=1$ 这一恒等情况，k 的取值只有 $\varphi(n)-1$ 种，因此比加同余密码更容易破译。当明文字母表为英文字母表时，k 只能取 3、5、7、9、11、15、17、19、21、23、25 共 11 种不同的取值，比加同余密码弱得多。虽然仿射密码的保密性能相对好一些，但可能的密钥也只有 $n\varphi(n)-1$ 种。当明文字母表为英文字母表时，密钥可能只有 $26 \times 12 - 1 = 311$ 种。

设明文字母表含 n 个字母，则会产生 $n!$ 种不同的排列，当明文字母表为英文字母表时，密文字母表可能有 $26! \approx 4 \times 10^{26}$ 情况。从本质上讲，密文字母表实际上是明文字母表的一种排列。由于密钥词组代替密码的密钥词组可以随意地选择，故这 $26!$ 种不同的排列中的大部分被用作密文字母表是完全可能的。即使使用计算机，也不可能尝试用穷举的方法来破译密钥词组代替密码。那么，密钥词组代替密码是不是牢不可破呢？当然不是，穷举并不是破解密码的唯一方法。该密码只能对较短的消息进行保密，当消息足够长时，就可以使用其他统计分析方法快速破解它。

密码学有一个基本的原则：密码系统的安全性应该依赖于密钥的复杂性，而不是依赖于算法的保密性。字母和字母组的统计信息在密码分析中占据重要地位的原因就是：这些数据可以提供很多关于密钥的信息。例如，由于统计后发现字母 E 的出现频率比其他字母高得多，对于简单的替换密码而言，会发现大多数密文都将包含一个频率比其他字母都高的字母，因此很容易就猜到这个字母所对应的明文字母就是 E。对明密文中的不同字母进行统计，且对分布规律进行观察比较，可以确定出密钥，从而攻破单表替换密码。例如，加同余密码的密文字母频率分布实质上就是其明文字母频率分布的一种循环平移，而乘数密码的密文字母频率分布是其明文字母频率分布的某种等间隔抽样。多表替换密码保密性高于单表替换密码的原因在于，多表替换密码的每个明文字母都会被几个不同的密文字母替换，因此其密文字母具有相对均匀的频率分布。然而，密文中的其他统计特征仍为攻破该密码提供了线索。

例 2.8 下面举例说明单表替换密码的统计分析过程。

密文：

YKHLBA JCZ SVIJ JZB TZVHI JCZ VHJ DR IZXKHLBA VSS RDHEI DR YVJV LBXSKYLBA YLALJVS IFZZXC CVI LEFHDNZY EVBTRDSY JCZ FHLEVHT HZVIDB RDH JCLI CVI WZZB JCZ VYNZBJ DR ELXHDZSZXJHDBLXI JCZ XDEFSZQLJT DR JCZ RKBXJLDBI JCVJ XVB BDP WZ FZHRDHEZY WT JCZ EVXCLBZ CVI HLIZB YHVEVJLXVSST VI V HZIKSJ DR JCLI HZXZBJ YZNZSDFEZBJ LB JZXCBDSDAT EVBT DR JCZ XLFCZH ZTIJZEZ JCVJ PZHZ DBXZ XDBILYZHZY IZXKHZ VHZ BDP WHZVMVWSZ

首先统计密文的单字母频率数（见表 2.7），并将字母分组。

表 2.7 单字母频率数

A	B	C	D	E	F	G	H	I	J	K	L	M
5	24	19	23	12	7	0	24	21	29	6	20	1
N	O	P	Q	R	S	T	U	V	W	X	Y	Z
3	0	3	1	11	14	9	0	27	5	17	12	45

字母分组：

极高频率字母组　　　　Z

次高频率字母组　　　　J V B H D I L C

中等频率字母组　　　　X S E Y R

低频率字母组　　　　　T F K A W N P

甚低频率字母组　　　　M Q G O U

由于密文太少，统计结果与明文统计数据并不完全一致，但是破译该密文已经足够了。

在上述分析中，密文字母 Z 的频率最高，而且三字母 JCZ 出现的频率最高，而英语中最常见的三字母是 THE，可以推断出 Z→e，J→t，C→h。字母 A 是英语单词表中唯一的单字母单词，因此猜测 V→a。考察双字母单词 VI，经过分析已经得知 V→a，根据英语知识和上述分析，只可能是 AS 或 AM 两种情况。M 属于低频字母，而 I 属于高频字母，因此 I→s，密文 VI 的明文为 as。考察三字母单词 VSS，已知 V→a，结合英语知识，因此 S→l。对于三字母单词 VHZ，已知 V→a，Z→e，结合英语单词，故 H→r。按照该方法分析三字母单词

JZB，可知 $B \rightarrow n$，JZB 的明文为 TEN；分析四字母单词 JCLI，可知 $L \rightarrow i$；分析四字母单词 WZZB，可知 $W \rightarrow b$。此外，由双字母单词 WT 可知 $T \rightarrow y$，由 HZVIDB 可推出 $D \rightarrow o$。双字母单词 DR 的频率很高，则 $R \rightarrow f$。由三字母组 BDP 可推出 $P \rightarrow w$。在 DBXZ 中，因为已知 D、B、Z 的明文，故可推出 $X \rightarrow c$。从 EVBT 可推出 $E \rightarrow m$。从 IFZZXC 可推出 $F \rightarrow p$。从 FZHRDHEZY 可推出 $Y \rightarrow d$。从 JZXCBDSDAT 可推出 $A \rightarrow g$。同时，注意到三字母词尾 LBA 的频率较高，进一步证明这一推断是正确的。从 YKHLBA 可推出 $K \rightarrow u$。从 LEFHDNZY 可推出 $N \rightarrow v$。最后从 WHZVMVPZHZ 可知 $M \rightarrow k$。至此，整个密文全部译出：

DURING THE LAST TEN YEARS THE ART OF SECURING ALL FORMS OF DATA INCLUDING DIGITAL SPEECH HAS IMPROVED MANYFOLD THE PRIMARY REASON FOR THIS HAS BEEN THE ADVENT OF MICROELECTRONICS THE COMPLEXITY OF THE FUNCTION THAT CAN NOW BE PERFORMED BY THE MACHINE HAS RISEN DRAMATICALLY AS A RESULT OF THIS RECENT DEVELOPMENT IN TECHNOLOGY MANY OF THE CIPHER SYSTEM THAT WERE ONCE CONSIDERED SECURE ARE NOW BREAKABLE

从以上例子可以看出，破译单表代替密码的大致过程如下：首先统计密文的各种统计特征，结合英语中单字母单词的频率进行分析，可以得出对应的密文字母。如果密文数量比较多，则完成这步后便可确定出大部分密文字母；其次分析双字母、三字母密文组，根据英语知识来区分元音和辅音字母；最后对含有更多字母的密文进行分析，在这一过程中大胆使用猜测的方法，如果猜对一个或几个单词，就会大大加快破译过程。

2.4 思考与练习

1. （单选题）凯撒密码体制是一种加法密码，现有凯撒密码表，其密钥为 $k=3$，将明文"zhongguo"加密后密文为（　　）。
   A. ckrqjjxr　　　　B. cdrqjjxr　　　　C. akrqjjxr　　　　D. ckrqiixr
2. （单选题）维吉尼亚密码是古典密码体制比较有代表性的一种密码，其密码体制采用的是（　　）。
   A. 置换密码　　　B. 单表替换密码　　C. 多表替换密码　　D. 序列密码
3. （单选题）字母频率分析法对（　　）算法最有效。
   A. 置换密码　　　B. 单表替换密码　　C. 多表替换密码　　D. 序列密码
4. （单选题）下面（　　）可以抵抗频率分析攻击。
   A. 置换密码　　　B. 仿射密码　　　　C. 多表替换密码　　D. 凯撒密码
5. 设英文字母 A，B，C，…，Z，分别编码为 0，1，2，3，…，25。已知单表加密变换为
$$c = 5m+7 \pmod{26}$$
式中，m 表示明文，c 表示密文。试对明文 HELPME 加密。
6. 设英文字母 A，B，C，…，Z，分别编码为 0，1，2，3，…，25。密钥为 LDY，试用维吉尼亚密码体制对 HELPME 加密。

2.5 拓展阅读：中国古代军事密码

在战争中，密码技术被广泛使用。中国历史上最早使用的军事密码是《六韬》记载的

"阴符"。"主与将有阴符，凡八等：有大胜克敌之符，长一尺；破军擒将之符，长九寸；降城得邑之符，长八寸；却敌报远之符，长七寸；誓众坚守之符，长六寸；请粮益兵之符，长五寸；败军亡将之符，长四寸；失利亡士之符，长三寸。"符以铜版或竹木版制成，面刻花纹，一分为二，以花纹或尺寸长短为秘密通信的符号，使用时双方各执一半，以验真假。

16世纪中叶，明朝抗倭将领戚继光使用汉字的"反切"注音方法构造了福建方言反切码密码，这种方法通过将汉字的发音分为声母和韵母两部分，再将它们组合起来形成一个新的词语来进行加密。戚继光还专门编了两首诗歌，作为"密码本"。一首是声母编成韵句："柳边求气低，波他争日时。莺蒙语出喜，打掌与君知。"其中，前3句代表15个声类，依次编号为1~15。另一首是用36字编成句子，表示韵母："春花香，秋山开，嘉宾欢歌须金杯，孤灯光辉烧银缸。之东郊，过西桥，鸡声催初天，奇梅歪遮沟。"其中，"金"与"宾"、"梅"与"杯"、"遮"与"奇"同，所以实有36个韵母，按顺序编号为1~36。例如，"补"的编码是2~30，对应的字分别是第一首诗的"边"和第二首诗的"初"。

中国古代战争中使用的密码技术多种多样，这些密码技术不仅能够保护情报不被窃取，还能够在战场上起到至关重要的作用。

第 3 章 序 列 密 码

序列密码也称为流密码,它是对称密码算法的一种,而且具有实现简单、速度快、传播错误少等特点,因此序列密码在实际应用中,特别是专用或机密机构中保持着优势,典型的应用领域包括无线通信、外交通信。1949 年,Shannon 已经证明一次一密密码体制在理论上是不可破译的。这一事实使人们意识到,如果能以某种方式仿效一次一密密码系统,则可以得到保密性很高的密码体制。序列密码方案的发展是模仿一次一密系统的尝试,或者说一次一密的密码方案是序列密码的雏形。如果序列密码所使用的是真正随机的、与消息流长度相同的密钥流,则此时的序列密码就是一次一密的密码体制。但在实际情况中,面对大量的明文,需要足够的密钥进行加密,而真正以随机方式产生密钥流存在实施效率问题。若能以一种方式产生随机序列(密钥流),这一序列由密钥所确定,则利用这样的序列就可以进行加密,将密钥、明文表示成连续的符号或二进制,对应地进行加密。加解密时,一次处理明文中的一个或几个比特。

3.1 序列密码的基本概念

序列密码的加密和解密思想比较简单,就是将一个随机序列与明文序列进行叠加来产生密文,用同一个随机序列与密文序列进行叠加来恢复明文。序列密码主要采用具有强密码学意义的伪随机数发生器(Pseudo Random Number Generator,PRNG)来构造。PRNG 也称为确定性随机位发生器(Deterministic Random Bit Generator,DRBG),可生成确定的、可重现的数字序列。

3.1.1 序列密码的定义

序列密码设计的主要思路如下:利用密钥 K,通过密钥流生成器 KG 生成一串密钥流序列 $k = k_0 k_1 k_2 \cdots$。若设明文为 $m = m_0 m_1 m_2 \cdots$,密钥为 $k = k_0 k_1 k_2 \cdots$,加密后的密文为 $c = c_0 c_1 c_2 \cdots$,则加密变换为 $c_i = m_i \oplus k_i$,可获得密文;解密变换为 $m_i = c_i \oplus k_i$,可获得明文(见图 3.1)。其中,m、k、c 是 0、1 随机序列,$\oplus$ 表示模 2 加法运算。

序列密码的加解密只是简单的模 2 加法运算,其安全强度主要依赖于密钥序列的随机性。当密钥序列是均匀分布的离散无记忆信源产生的随机序列时,相应的序列密码就是一次一密密码。不同的是,一次一密使用真正的随机数流,而序列密码使用的是伪随机流。由于在实际应用中保持通信双方的精确同步是关键,这保证了通信双方必须能够产生相同的密钥序列,因此这种密钥序列不可能是真随机序列,只能是伪随机序列。在序列密码中,用于加密和解密的密钥序列是密钥流生成器生成的相同的序列,它依赖于可靠的随机数生成器,具有良好的随机性和不可预测性。图 3.1 是序列密码的加密与解密示意图。

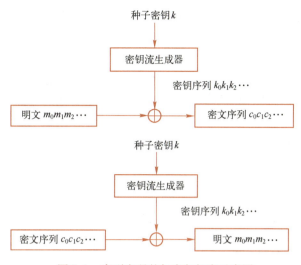

图 3.1 序列密码的加密与解密示意图

如果密钥序列产生算法与明文（密文）消息无关，则所产生的密钥序列也与明文（密文）消息无关，我们称这类序列密码为同步序列密码。对于同步序列密码，只要通信双方的密钥流生成器具有相同的种子密钥和相同的初始状态，就能产生相同的密钥序列。在保密通信过程中，通信双方必须保持精确的同步，接收方才能正确解密。如果不同步，则接收方不能正确解密。例如，如果通信中丢失或增加了一个密文字符，则接收方将一直错误，直到重新同步为止，这是同步序列密码的一个主要缺点。但是同步序列密码对失去同步的敏感性，使我们能够容易检测插入、删除、重播等主动攻击。同步序列密码的一个优点是没有传播错误，当通信中的某些密文字符产生了错误时，只影响相应字符的解密，不影响其他字符。

自同步序列密码是指密钥序列的每一位都是其前面固定数量密文位的函数。这种序列密码具有自同步能力。一个密文的传输错误会影响下面有限个密文的解密。由于解密只取决于先前特定数量的密文字符，因此即使出现删除、插入等非法攻击，收方最终都能够自动重建同步解密，因而收发双方不再需要外部同步。

3.1.2 密钥流与密钥生成器

对于一个破译密码的算法，若计算量大于或等于穷举搜索，则无法被视为一个有效的破译方法。若一个加密算法没有比穷举搜索更好的破译方法，则被认为是不可破译的。如果一个密钥流序列是完全随机的，则没有比穷举搜索更好的方法破译它。

扫码看视频

序列密码的构造与分组密码的 Feistel、SPN、Lai-Massey 等基本构造模式不同，并没有一个标准的模型，而是在设计中采用不同的结构。这些构造结构一般包括布尔函数、线性反馈移位寄存器（Linear Feedback Shift Register，LFSR）、非线性反馈移位寄存器（Nonlinear Feedback Shift Register，NFSR）、带进位的反馈移位寄存器（Feedback with Carry Shift Register，FCSR）、前馈发生器、组合发生器、钟控发生器以及基于神经网络的序列密码。早期国际序列密码研究的重点以线性反馈移位寄存器作为驱动系列，以诸如前馈、组合、钟控等方式来构造非线性序列密码生成器。新世纪伊始，研究人员发现利用前馈、组合和钟控等手段改造 LFSR 都无法根本地掩盖其线性结构，因此开始探索直接快速产生非线性序列的方法。

在实际中使用的密钥序列都是按一定的密钥流生成算法生成的，因而不可能是完全随机的，所以也就不可能是完善保密系统。为了尽可能提高系统的安全强度，必须要求所产生的密钥序列尽可能具有随机序列的某些特征。一般地，序列密码对密钥流有如下要求。

1）极大的周期。由于随机序列是非周期的，而按任何算法产生的序列都是周期的，因此应要求密钥流具有尽可能大的周期。

2）良好的统计特性。随机序列有均匀的游程分布。游程指序列中相同符号的连续段，其前后均为异种符号。连续段的位数称为该游程的长度，如…0 111 0000 1 0…中，3 个段分别为长为 3 的 1 游程、长为 4 的 0 游程、长为 1 的 1 游程。一般对于周期为 2^n 的序列，可要求其在一周期内满足：同样长度的 0 游程和 1 游程的个数相等，或近似相等。

3）不能用级数较小的线性反馈移位寄存器近似代替，即要有很高的线性复杂度。

4）用统计方法由密钥序列 $k_0 k_1 k_2 \cdots k_i$ 提取密钥生成器结构或种子密钥的足够信息在计算上是不可能的。

这些要求对于保证序列密码的安全性是必需的，因为按任何确定性算法产生的序列都是周期性的。若密钥周期 P 很短，则从两组密文 $m_1 \oplus k_1, \cdots, m_L \oplus k_L$ 和 $m_{P+1} \oplus k_{P+1}, \cdots, m_{P+L} \oplus k_{P+L}$，（相加得 $m_1 \oplus m_{P+1}, \cdots, m_L \oplus m_{P+L}$）以及语言冗余度，就可获得一些关于明文的信息，因而长周期是必要的。良好的随机统计特性是为了更好地掩盖明文。高线性复杂度可用于防止从部分密钥序列通过线性关系简单推出整个密钥序列。若知道一些明密文对 (m_i, c_i)，$(m_{i+1}, c_{i+1}), \cdots$，那么便可简单地确定部分密钥序列 $k_i, k_{i+1}, \cdots$。因此，安全的密码系统应能抵抗从部分密钥序列 $k_i, k_{i+1}, \cdots$ 确定整个密钥序列的攻击。

以上要求对保证系统安全性是必要的，但不是充分的。随着对安全问题研究的深入，为确保系统的安全性，对于某种新的攻击方法的出现以及设计密钥流生成器的不同方法，还会提出一些更严格的要求。

上面讨论了序列密码对密钥流的安全性要求。一般地，安全性要求越高，设计越复杂。因此，在密钥流生成器设计中，在考虑安全性要求的前提下还应考虑以下两个因素：密钥 K 易于分配、保管、更换；易于实现、速度快。

为了满足上述要求，目前的密钥流生成器大都是基于移位寄存器的，因为移位寄存器的结构比较简单，易于实现且运行速度快。这种基于移位寄存器的密钥序列称为移位寄存器序列。

通常采用的方法是，由线性反馈移位寄存器和一个非线性组合函数（即布尔函数组合）构成一个密钥流生成器，密钥流生成器如图 3.2 所示。其中，图 3.2a）由一个线性反馈移位寄存器和一个滤波器构成。图 3.2b）由多个线性反馈移位寄存器和一个组合器构成。通常将这类生成器分解成两部分，其中，线性反馈移位寄存器部分称为驱动部分，另一部分称为非线性组合部分。其工作原理都是将驱动部分（即线性反馈移位寄存器）在 j 时刻的状态变量 x 作为一组值输入非线性组合部分的 f，将 $f(x)$ 作为当前时刻的 k_j。驱动部分负责提供非线性组合部分使用的周期大、统计性能好的序列，而非线性组合部分以各时刻移位寄存器的状态组合出密钥序列 j 时刻的值 k_j，驱动部分负责状态转移。

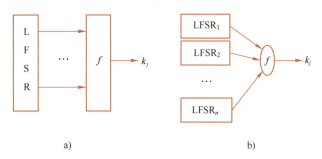

a)   b)

图 3.2 密钥流生成器

3.2 线性反馈移位寄存器序列

移位寄存器是序列密码产生密钥序列的一个主要组成部分，是指若干个寄存器排成一行，每个寄存器中都存储着一个二进制数（0 或 1）。移位寄存器每次把最右端（末端）的数字输出，然后整体向右移动一位。反馈移位寄存器（Feedback Shift Register，FSR）是指移位寄存器整体向右移动一位之后，通过某个反馈函数计算出一个值填入左边空出的寄存器中，如果该反馈函数是线性的函数，那么就称之为线性反馈移位寄存器。

GF(2)上的一个 n 级反馈移位寄存器由 n 个二元存储器与一个反馈函数 $f(a_1,a_2,\cdots,a_n)$ 组成，如图 3.3 所示。寄存器 $(a_1,a_2,a_3,\cdots,a_n)$ 反映了反馈移位寄存器的任一时刻的状态，对应于一个 GF(2)上的 n 维向量，共有 2^n 种可能的状态。每一时刻的状态可用序列 $a_1,a_2,a_3,\cdots,a_n$ 或 n 维行向量 $(a_1,a_2,a_3,\cdots,a_n)$ 表示，其中，a_i 是第 i 级存储器的内容，n 表示反馈移位寄存器的级数。

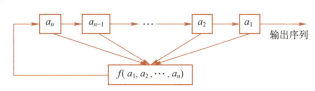

图 3.3 GF(2)上的 n 级反馈移位寄存器

每一级存储器 a_i 都将其内容向下一级 a_{i-1} 传递，并根据存储器当前状态计算 $f(a_1,a_2,\cdots,a_n)$ 作为 a_n 下一个时间的内容。函数 $f(a_1,a_2,\cdots,a_n)$ 称为反馈函数，是 n 元布尔函数，即 n 个变元 $a_1,a_2,a_3,\cdots,a_n$ 可以独立地取 0 和 1 这两个可能的值，对 n 个变元 $a_1,a_2,a_3,\cdots,a_n$ 进行逻辑与、逻辑或、逻辑补等运算，最后的函数值也为 0 或 1。如果当前反馈移位寄存器的状态为：

$$S_t=(a_t,a_{t+1},\cdots,a_{t+n-1})$$

则 $a_{t+n}=f(a_t,a_{t+1},\cdots,a_{t+n-1})$。$a_{t+n}$ 是移位寄存器的输入。在 a_{t+n} 的驱动下，移位寄存器的各个数据向前推移一位，使状态变为：

$$S_{t+1}=(a_{t+1},a_{t+2},\cdots,a_{t+n})$$

同时，整个移位寄存器的输出为 a_t。由此得到一个反馈移位寄存器序列 $a_1,a_2,a_3,\cdots,a_n$。

图 3.4 是一个 3 级反馈移位寄存器，其初始状态为 $(a_1,a_2,a_3)=(1,0,1)$，输出可由

表 3.1 求出，其输出序列为 10111011101…，周期为 4。

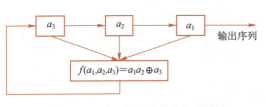

图 3.4 一个 3 级反馈移位寄存器

表 3.1　3 级反馈移位寄存器的输出状态表

状态(a_3,a_2,a_1)			输出
1	0	1	1
1	1	0	0
1	1	1	1
0	1	1	1
1	0	1	1
1	1	0	0
⋮	⋮	⋮	⋮

当反馈函数 $f(a_1,a_2,\cdots,a_n)$ 是 $a_1,a_2,\cdots,a_n$ 的线性函数时，反馈函数 f 可写为：

$$f(a_1,a_2,\cdots,a_n)=c_n a_1 \oplus c_{n-1} a_2 \oplus \cdots \oplus c_1 a_n$$

式中，常数 $c_i=0$ 或 1，$\oplus$ 是模 2 加法。对于二进制而言，$c_i=0$ 或 1 可用开关的断开和闭合来实现。如果 c_i 的值是 0，则表示该位不参与反馈函数运算；值为 1，则表示参与反馈函数运算。GF(2) 上的 n 级线性反馈移位寄存器如图 3.5 所示。输出序列 $\{a_{t+n}\}$ 满足递推关系式：

$$a_{t+n}=c_n a_t \oplus c_{n-1} a_{t+1} \oplus \cdots \oplus c_1 a_{t+n-1}$$

式中，t 为非负正整数。

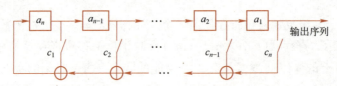

图 3.5　GF(2) 上的 n 级线性反馈移位寄存器

线性反馈移位寄存器因其实现简单、速度快、有较为成熟的理论等优点而成为构造密钥流生成器的最重要的部件之一。

例 3.1　图 3.6 是一个 5 级线性反馈移位寄存器，其初始状态为 $(a_1,a_2,a_3,a_4,a_5)=(1,0,0,1,1)$，可求出输出：

1001101001000010101110110001111100110…

周期为 31。

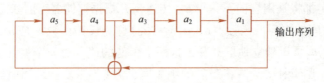

图 3.6　一个 5 级线性反馈移位寄存器

在线性反馈移位寄存器中总是假定 $c_1,c_2,\cdots,c_n$ 中至少有一个不为 0，否则 $f(a_1,a_2,\cdots,a_n)=0$。这样，在 n 个脉冲后状态必然是 00…0，且这个状态必将一直持续下去。若只有一个系数不为 0，设仅有 c_j 不为 0，那么实际上是一种延迟装置。一般对于 n 级线性反馈移位寄存器，总是假定 $c_n=1$。

同大多数密钥流生成器一样，线性反馈移位寄存器也具有周期。n 级线性反馈移位寄存器最多有 2^n 个不同的状态。若其初始状态为 0，则其状态恒为 0。若其初始状态非 0，则其后继状态不会为0。所以一个 n 级线性反馈移位寄存器最多只能遍历 2^n-1 种状态，因此，当线性反馈移位寄存器移位到一定程度时，一定会出现重复的状态。而相同状态生成的反馈函数结果总是相同的，因此，线性反馈移位寄存器会陷入一种循环，即线性反馈移位寄存器存在周期。可以明显看出，线性反馈移位寄存器的周期与其反馈函数有很密切的关系，反馈函数决定了线性反馈移位寄存器的循环序列，其输出序列的周期与状态周期相等。只要选择合适的反馈函数，便可使序列的周期达到最大值 2^n-1，周期达到最大值的序列称为 m 序列。

3.3 线性移位寄存器的一元多项式表示

设 n 级线性移位寄存器的输出序列 $\{a_i\}$ 满足递推关系 $a_{n+k}=c_1a_{n+k-1}\oplus c_2a_{n+k-2}\oplus\cdots\oplus c_na_k$，对任何 $k\geq 1$ 成立。将这种递推关系用一个一元高次多项式

$$p(x) = 1 + c_1 x + \cdots + c_{n-1} x^{n-1} + c_n x^n$$

表示，则称这个多项式为线性移位寄存器的联系多项式或特征多项式。

设一个 n 级线性移位寄存器对应于上面的递推关系，由于 $a_i \in \mathrm{GF}(2)$ ($i=1,2,\cdots,n$)，所以共有 2^n 组初始状态，即有 2^n 个递推序列，其中非恒零的序列有 2^n-1 个，记 2^n-1 个非零序列的全体为 $G(p(x))$。

设取自 $G(p(x))$ 的某一序列 $\{a_i\}$，幂级数

$$A(x) = \sum_{i=1}^{\infty} a_i x^{i-1}$$

称为该序列的生成函数。

定理 3.1 设 $p(x) = 1 + c_1 x + \cdots + c_{n-1} x^{n-1} + c_n x^n$ 是 GF(2) 上的多项式，$G(p(x))$ 中任一序列 $\{a_i\}$ 的生成函数 $A(x)$ 满足：

$$A(x) = \frac{\phi(x)}{p(x)}$$

其中：

$$\phi(x) = \sum_{i=1}^{n} c_{n-i} x^{n-i} \sum_{j=1}^{i} a_j x^{j-1}$$

证明 在等式

$$a_{n+1} = c_1 a_n \oplus c_2 a_{n-1} \oplus \cdots \oplus c_n a_1$$
$$a_{n+2} = c_1 a_{n+1} \oplus c_2 a_n \oplus \cdots \oplus c_n a_2$$
$$\cdots$$

两边分别乘以 $x^n, x^{n+1}, \cdots$，再求和，可得：

$$A(x) - (a_1 + a_2 x + \cdots + a_n x^{n-1})$$
$$= c_1 x [A(x) - (a_1 + a_2 x + \cdots + a_{n-1} x^{n-2})] +$$
$$c_2 x^2 [A(x) - (a_1 + a_2 x + \cdots + a_{n-2} x^{n-3})] + \cdots + c_n x^n A(x)$$

移项整理得：

$$(1 + c_1 x + \cdots + c_{n-1} x^{n-1} + c_n x^n) A(x)$$
$$= (a_1 + a_2 x + \cdots + a_n x^{n-1}) + c_1 x (a_1 + a_2 x + \cdots + a_{n-1} x^{n-2}) +$$
$$c_2 x^2 (a_1 + a_2 x + \cdots + a_{n-2} x^{n-3}) + \cdots + c_{n-1} x^{n-1} a_1$$

即：
$$p(x)A(x) = \sum_{i=1}^{n}\left(c_{n-i}x^{n-i}\sum_{j=1}^{i}a_j x^{j-1}\right) = \phi(x)$$

注意，在 GF(2) 上有 $a+a=0$。

定理 3.2 $p(x)|q(x)$ 的充要条件是 $G(p(x))\subset G(q(x))$。

证明 若 $p(x)|q(x)$，可设 $q(x)=p(x)r(x)$，因此：
$$A(x) = \frac{\phi(x)}{p(x)} = \frac{\phi(x)r(x)}{p(x)r(x)} = \frac{\phi(x)r(x)}{q(x)}$$

所以若 $\{a_i\}\in G(p(x))$，则 $\{a_i\}\in G(q(x))$，即 $G(p(x))\subset G(q(x))$。反之，若 $G(p(x))\subset G(q(x))$，则对于多项式 $\phi(x)$，存在序列 $\{a_i\}\in G(p(x))$ 以
$$A(x) = \frac{\phi(x)}{p(x)}$$

为生成函数。特别地，对于多项式 $\phi(x)=1$，存在序列 $\{a_i\}\in G(p(x))$ 以 $\frac{1}{p(x)}$ 为生成函数。由于 $G(p(x))\subset G(q(x))$，序列 $\{a_i\}\in G(q(x))$，所以存在函数 $r(x)$，使得 $\{a_i\}$ 的生成函数也等于 $\frac{r(x)}{q(x)}$，从而 $\frac{1}{p(x)} = \frac{r(x)}{q(x)}$，即 $q(x)=p(x)r(x)$，所以 $p(x)|q(x)$。

上述定理说明，可用 n 级线性移位寄存器产生的序列，也可用级数更多的线性移位寄存器产生的序列。

设 $p(x)$ 是 GF(2) 上的多项式，使 $p(x)|(x^p-1)$ 的最小 p 称为 $p(x)$ 的周期或阶。

定理 3.3 若序列 $\{a_i\}$ 的特征多项式 $p(x)$ 定义在 GF(2) 上，p 是 $p(x)$ 的周期，则 $\{a_i\}$ 的周期为 $r|p$。

证明 由 $p(x)$ 周期的定义可以得到 $p(x)|(x^p-1)$，因此存在 $q(x)$ 使得 $x^p-1=p(x)q(x)$，又由 $p(x)A(x)=\phi(x)$ 可得 $p(x)q(x)A(x)=\phi(x)q(x)$，所以 $(x^p-1)A(x)=\phi(x)q(x)$。由于 $q(x)$ 的次数为 $p-n$，$\phi(x)$ 的次数不超过 $n-1$，因此 $(x^p-1)A(x)$ 的次数不超过 $(p-n)+(n-1)=p-1$。将 $(x^p-1)A(x)$ 写成 $x^p A(x)-A(x)$，可看出对于任意正整数 i 都有 $a_{i+p}=a_i$。

设 $p=kr+t$，$0\leq t<r$，则 $a_{i+p}=a_{i+kr+t}=a_{i+t}=a_i$，所以 $t=0$，即 $r|p$。

n 级线性移位寄存器的输出序列的周期 r 不依赖于初始条件，而是依赖于特征多项式 $p(x)$。我们感兴趣的是 n 级线性移位寄存器遍历 2^n-1 个非零状态，这时序列的周期达到最大 2^n-1，这种序列就是 m 序列。显然，对于特征多项式也一样，而仅初始条件不同的两个输出序列，一个记为 $\{a_i^{(1)}\}$，另一个记为 $\{a_i^{(2)}\}$，其中一个必是另一个的移位，即存在一个常数 k，使得：
$$a_i^{(1)} = a_{k+i}^{(2)}, \quad i=1,2,\cdots$$

下面讨论特征多项式满足什么条件时 LFSR 的输出序列为 m 序列。

定理 3.4 设 $p(x)$ 是 n 次不可约多项式，周期为 m，序列 $\{a_i\}\in G(p(x))$，则 $\{a_i\}$ 的周期为 m。

证明 设 $\{a_i\}$ 的周期为 r，由前面的定理可知 $r|m$，所以 $r\leq m$。

设 $A(x)$ 为 $\{a_i\}$ 的生成函数，$A(x)=\frac{\phi(x)}{p(x)}$，即 $p(x)A(x)=\phi(x)\neq 0$，$\phi(x)$ 的次数不超过 $n-1$。而

$$A(x) = \sum_{i=1}^{\infty} a_i x^{i-1} = a_1 + a_2 x + \cdots + a_r x^{r-1} + x^r(a_1 + a_2 x + \cdots + a_r x^{r-1}) +$$

$$(x^r)^2 (a_1 + a_2 x + \cdots + a_r x^{r-1}) + \cdots = \frac{a_1 + a_2 x + \cdots + a_r x^{r-1}}{1 - x^r}$$

$$= \frac{a_1 + a_2 x + \cdots + a_r x^{r-1}}{x^r - 1}$$

于是

$$A(x) = \frac{a_1 + a_2 x + \cdots + a_r x^{r-1}}{x^r - 1} = \frac{\phi(x)}{p(x)}$$

即

$$p(x)(a_1 + a_2 x + \cdots + a_r x^{r-1}) = \phi(x)(x^r - 1)$$

因为 $p(x)$ 是不可约的，所以 $\gcd(p(x), \phi(x)) = 1$，$p(x) | (x^r - 1)$，因此 $m \leq r$。

综上，$r = m$。

定理 3.5 n 级 LFSR 产生的序列有最大周期 $2^n - 1$ 的必要条件是其特征多项式为不可约的。

证明 设 n 级 LFSR 产生的序列周期达到最大 $2^n - 1$，除 0 序列外，每一序列的周期都由特征多项式唯一决定，而与初始状态无关。设特征多项式为 $p(x)$，若 $p(x)$ 可约，则可设为 $p(x) = g(x)h(x)$，其中 $g(x)$ 不可约，且次数 $k < n$。由于 $G(g(x)) \subset G(p(x))$，而 $G(g(x))$ 中序列的周期一方面不超过 $2^k - 1$，另一方面又等于 $2^n - 1$，这是矛盾的，所以 $p(x)$ 不可约。

该定理的逆推论不成立，即 LFSR 的特征多项式为不可约多项式时，其输出序列不一定是 m 序列，可以通过下面的例子说明。

例 3.2 $f(x) = x^4 + x^3 + x^2 + x + 1$ 为 GF(2) 上的不可约多项式，这可由 x，$x+1$，x^2+x+1 都不能整除 $f(x)$ 得到。以 $f(x)$ 为特征多项式的 LFSR 的输出序列可由

$$a_k = a_{k-1} \oplus a_{k-2} \oplus a_{k-3} \oplus a_{k-4} \quad (k \geq 4)$$

和给定的初始状态求出，设初始状态为 0001，则输出序列为 0001100011000011…，周期为 5，不是 m 序列。

定义 3.1 若 n 次不可约多项式 $p(x)$ 的阶为 $2^n - 1$，则称 $p(x)$ 是 n 次本原多项式。

定理 3.6 设 $\{a_i\} \in G(p(x))$，$\{a_i\}$ 为 m 序列的充要条件是 $p(x)$ 为本原多项式。

证明 充分性：若 $p(x)$ 是本原多项式，则其阶为 $2^n - 1$，且 $p(x)$ 为不可约多项式，则 $\{a_i\}$ 的周期等于 $2^n - 1$，即 $\{a_i\}$ 为 m 序列。

必要性：反之，若 $\{a_i\}$ 为 m 序列，即其周期等于 $2^n - 1$，可知 $p(x)$ 是不可约的。且 $\{a_i\}$ 的周期 $2^n - 1$ 整除 $p(x)$ 的阶，而 $p(x)$ 的阶不超过 $2^n - 1$，所以 $p(x)$ 的阶为 $2^n - 1$，即 $p(x)$ 是本原多项式。

$\{a_i\}$ 为 m 序列的关键在于 $p(x)$ 为本原多项式，n 次本原多项式的个数为：

$$\frac{\phi(2^n - 1)}{n}$$

式中，ϕ 为欧拉函数。已经证明，对于任意的正整数 n，至少存在一个 n 次本原多项式。所以对于任意的 n 级 LFSR，至少存在一种连接方式使其输出序列为 m 序列。

例 3.3 设 $p(x) = x^4 + x + 1$，由于 $p(x) | (x^{15} - 1)$，但不存在小于 15 的常数 l，使得

$p(x) | (x^l-1)$，所以 $p(x)$ 的阶为 15。$p(x)$ 的不可约性可由 x，$x+1$，x^2+x+1 都不能整除 $p(x)$ 得到，所以 $p(x)$ 是本原多项式。

若 LFSR 以 $p(x)$ 为特征多项式，则输出序列的递推关系为：
$$a_k = a_{k-1} \oplus a_{k-4} \quad (k \geq 4)$$

若初始状态为 1001，则输出为 100100011110101100100011110101…，周期为 $2^4-1=15$，即输出序列为 m 序列。

3.4 随机性概念与 m 序列的伪随机性

流密码的安全性取决于密钥流的安全性，要求密钥流序列有好的随机性，以使密码分析者对它无法预测。也就是说，即使截获其中一段，也无法推测后面是什么。如果密钥流是周期的，那么要完全做到随机性是困难的。严格地说，这样的序列不可能做到随机，只能要求截获比周期短的一段时不会泄露更多信息，这样的序列称为伪随机序列。前面提到，如果一个序列的周期达到最大值 2^n-1，则该序列称为 m 序列。为讨论 m 序列的随机性，我们先讨论随机序列的一般特性。

设 $\{a_i\}=(a_1 a_2 a_3 \cdots)$ 为 0、1 序列，如 00110111，其前两个数字是 00，称为 0 的 2 游程；接着是 11，是 1 的 2 游程；再下来是 0 的 1 游程和 1 的 3 游程。

定义 3.2 GF(2) 上周期为 T 的序列 $\{a_i\}$ 的自相关函数定义为：
$$R(\tau) = \frac{1}{T} \sum_{k=1}^{T} (-1)^{a_k}(-1)^{a_{k+\tau}}, \quad 0 \leq \tau \leq T-1$$

定义中的和式表示序列 $\{a_i\}$ 与 $\{a_{i+\tau}\}$（序列 $\{a_i\}$ 向后平移 τ 位得到）在一个周期内对应位相同的位数与对应位不同的位数之差。当 $\tau=0$ 时，$R(\tau)=1$；当 $\tau \neq 0$ 时，称 $R(\tau)$ 为异相自相关函数。

Golomb 对伪随机周期序列提出了应满足的如下 3 个随机性公设。

1) 在序列的一个周期内，0 与 1 的个数相差至多为 1。

2) 在序列的一个周期内，长为 1 的游程占游程总数的 1/2，长为 2 的游程占游程总数的 $1/2^2$，……，长为 i 的游程占游程总数的 $1/2^i$，且在等长的游程中，0 游程的个数和 1 游程的个数相等。

3) 异相自相关函数是一个常数。

公设 1) 说明 $\{a_i\}$ 中 0 与 1 出现的概率基本上相同。

公设 2) 说明 0 与 1 在序列中每个位置上出现的概率相同。

公设 3) 意味着通过对序列与其平移后的序列做比较，不能给出其他任何信息。

从密码系统的角度看，一个伪随机序列还应满足下面的条件。

1) $\{a_i\}$ 的周期相当大。

2) $\{a_i\}$ 的确定在计算上是容易的。

3) 由密文及相应明文的部分信息不能确定整个 $\{a_i\}$。

定理 3.7 说明，m 序列满足 Golomb 的 3 个随机性公设。

定理 3.7 GF(2) 上的 n 长 m 序列 $\{a_i\}$ 具有如下性质。

1) 在一个周期内，0、1 出现的次数分别为 $2^{n-1}-1$ 和 2^{n-1}。

2) 在一个周期内，总游程数为 2^{n-1}；对 $1 \leq i \leq n-2$，长为 i 的游程有 2^{n-i-1} 个，且 0、1

游程各半；长为 $n-1$ 的 0 游程一个，长为 n 的 1 游程一个。

3) $\{a_i\}$ 的自相关函数为：

$$R(\tau) = \begin{cases} 1, & \tau = 0 \\ -\dfrac{1}{2^n-1}, & 0 < \tau \leq 2^n - 2 \end{cases}$$

证明

1) 在 n 长 m 序列的一个周期内，除了全 0 状态外，每个 n 长状态（共有 2^n-1 个）都恰好出现一次，这些状态中有 2^{n-1} 个在 a_1 位是 1，其余 $2^n-1-2^{n-1}=2^{n-1}-1$ 个状态在 a_1 位是 0。

2) 对于 $n=1, 2$，易证结论成立。

对于 $n>2$，当 $1 \leq i \leq n-2$ 时，在 n 长 m 序列的一个周期内，长为 i 的 0 游程数目等于序列中如下形式的状态数目：

$$1 \underbrace{00\cdots0}_{i\text{个}0} 1 * \cdots *$$

其中，$n-i-2$ 个 * 可任取 0 或 1。这种状态共有 2^{n-i-2} 个。同理，可得长为 i 的 1 游程数目也等于 2^{n-i-2}，所以长为 i 的游程总数为 2^{n-i-1}。

由于寄存器中不会出现全 0 状态，因此不会出现 0 的 n 游程，但必有一个 1 的 n 游程，而且 1 游程不会更长，因为若出现 1 的 $n+1$ 游程，就必然有两个相邻的全 1 状态，但这是不可能的。这就证明了 1 的 n 游程必然出现在如下的串中：

$$0 \underbrace{11\cdots1}_{n-1\text{个}1} 0$$

当这 $n+2$ 位通过移位寄存器时，便依次产生以下状态：

$$0\underbrace{11\cdots1}_{n-1\text{个}1}\underbrace{11\cdots1}_{n\text{个}1}\underbrace{11\cdots1}_{n-1\text{个}1}0$$

由于 $0\underbrace{11\cdots1}_{n-1\text{个}1}$、$\underbrace{11\cdots1}_{n-1\text{个}1}0$ 这两个状态只能各出现一次，因此不会有 1 的 $n-1$ 游程。

0 的 $n-1$ 游程有一个：

$$1\underbrace{00\cdots0}_{n-1\text{个}0}1$$

它产生 $1\underbrace{00\cdots0}_{n-1\text{个}0}$ 和 $\underbrace{00\cdots0}_{n-1\text{个}0}1$ 两个状态。

于是在一个周期内，总游程数为：

$$1 + 1 + \sum_{i=1}^{n-2} 2^{n-i-1} = 2^{n-1}$$

3) $\{a_i\}$ 是周期为 2^n-1 的 m 序列，对于任一正整数 $\tau(0<\tau<2^n-1)$，$\{a_i\}+\{a_{i+\tau}\}$ 在一个周期内为 0 的位的数目正好是序列 $\{a_i\}$ 和 $\{a_{i+\tau}\}$ 对应位相同的位的数目。

设序列 $\{a_i\}$ 满足递推关系：

$$a_{h+n} = c_1 a_{h+n-1} \oplus c_2 a_{h+n-2} \oplus \cdots \oplus c_n a_h$$

故：

$$a_{h+n+\tau} = c_1 a_{h+n+\tau-1} \oplus c_2 a_{h+n+\tau-2} \oplus \cdots \oplus c_n a_{h+\tau}$$

$$a_{h+n} \oplus a_{h+n+\tau} = c_1(a_{h+n-1} \oplus a_{h+n+\tau-1}) \oplus c_2(a_{h+n-2} \oplus a_{h+n+\tau-2}) \oplus \cdots \oplus c_n(a_h \oplus a_{h+\tau})$$

令 $b_j = a_j \oplus a_{j+\tau}$，由递推序列 $\{a_i\}$ 可推得递推序列 $\{b_i\}$，$\{b_i\}$ 满足：

$$b_{h+n} = c_1 b_{h+n-1} \oplus c_2 b_{h+n-2} \oplus \cdots \oplus c_n b_h$$

$\{b_i\}$ 也是 m 序列。为了计算 $R(\tau)$，只要用 $\{b_i\}$ 在一个周期中 0 的个数减去 1 的个数，再除

以 2^n-1，即：

$$R(\tau) = \frac{2^{n-1}-1-2^{n-1}}{2^n-1} = -\frac{1}{2^n-1}$$

3.5 祖冲之序列密码算法

祖冲之序列密码算法简称 ZUC 算法，是由中国科学院数据保护与通信安全研究教育中心设计的序列密码算法，包括祖冲之算法、加密算法 128-EEA3 和完整性算法 128-EIA3，其中，祖冲之算法为主算法，加密算法 128-EEA3 和完整性算法 128-EIA3 可以利用祖冲之算法输出的 32 位字密钥序列对信息进行加密解密和完整性认证。2004 年，3GPP（The 3rd Generation Partner Project）启动 LTE（Long Term Evolution）计划。2010 年底，LTE 被指定为第 4 代移动通信标准，简称 4G 通信标准。2011 年 9 月，以祖冲之算法为核心的保密性算法 128-EEA3 和 128-EIA3 被 3GPP LTE 采纳为国际加密标准（标准号为 TS 35.221），即第 4 代移动通信加密标准，这是我国自主研制的密码算法第一次参与国际间的密码标准竞争。2012 年 3 月被发布为国家密码行业标准（标准号为 GM/T 0001—2012），后被发布为国家标准（标准号为 GB/T 33133）。

3.5.1 ZUC 算法描述

祖冲之算法是一个面向字设计的序列密码算法，其在 128 位种子密钥和 128 位初始向量的输入控制下会输出 32 位字的密钥序列。祖冲之算法采用过滤生成器结构设计，在线性驱动部分首次采用素域 $GF(2^{31}-1)$ 上的 m 序列作为源序列，具有周期大、随机统计特性好等特点，且在二元域上是非线性的，可以提高抵抗二元域上密码分析的能力；过滤部分采用有限状态机设计，内部包含记忆单元，使用分组密码中扩散和混淆特性好的线性变换和 S 盒。祖冲之算法受益于其结构特点，现有分析结果表明其具有非常高的安全性。

ZUC 算法的结构分为 3 层，如图 3.7 所示。上层是 16 级线性反馈移位寄存器（LFSR），中层是比特重组（BR），下层是非线性函数 F。

下面对 ZUC 算法的运行过程展开描述。

1. 线性反馈移位寄存器（LFSR）

LFSR 包括 16 个 31 位寄存器单元 $s_0, s_1, s_2, \cdots, s_{15}$，其运行模式有两种：初始化模式和工作模式。初始化模式结束后进入工作模式。一旦算法开始运行，在初始化模式下，工作模式关闭；在工作模式下，初始化模式停止。

（1）初始化模式

在初始化模式下，LFSR 会接收一个 31 位字 u，这由非线性函数 F 的 32 位输出字 w 通过舍弃最低位得到。在初始化模式下，LFSR 计算过程如下：

LFSRWithInitialisationMode(u){

$v = 2^{15}s_{15} + 2^{17}s_{13} + 2^{21}s_{10} + 2^{20}s_4 + (1+2^8)s_0 \bmod (2^{31}-1)$；

$s_{16} = (v+u) \bmod (2^{31}-1)$；

如果 $s_{16} = 0$，则置 $s_{16} = 2^{31}-1$；

$(s_1, s_2, s_3, \cdots, s_{16}) \rightarrow (s_0, s_1, s_2, \cdots, s_{15})$

}

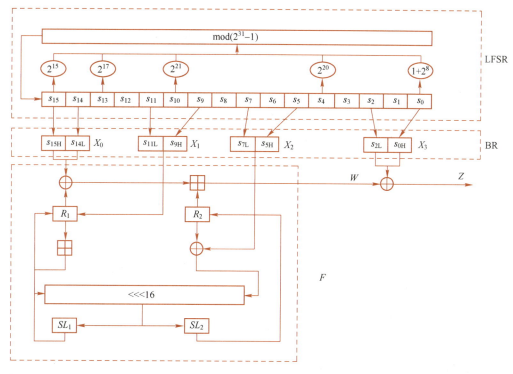

图 3.7 ZUC 算法的结构

（2）工作模式

在工作模式下，LFSR 不接收任何输入变量，其计算过程如下：

LFSRWithWorkMode( ){

$s_{16} = 2^{15}s_{15} + 2^{17}s_{13} + 2^{21}s_{10} + 2^{20}s_4 + (1+2^8)s_0 \mod(2^{31}-1)$；

如果 $s_{16} = 0$，则置 $s_{16} = 2^{31}-1$；

$(s_1, s_2, s_3, \cdots, s_{16}) \rightarrow (s_0, s_1, s_2, \cdots, s_{15})$

}

2. 比特重组（BR）

比特重组为中间过渡层，是分别从 LFSR 的寄存器单元中抽出 128 位组成 4 个 32 位字 X_0, X_1, X_2, X_3，以供下层非线性函数 F 和密钥导出函数使用。BR 的具体计算过程如下：

BitReconstruction( ){

$X_0 = s_{15H} \| s_{14L}$；

$X_1 = s_{11L} \| s_{9H}$；

$X_2 = s_{7L} \| s_{5H}$；

$X_3 = s_{2L} \| s_{0H}$；

}

这里 s_{iH} 和 s_{iL} 分别表示记忆单元变量 s_i 的高 16 位和低 16 位取值，$0 \leq i \leq 15$，$\|$ 为字符串连接符。在初始化模式和工作模式下，比特重组的过程是一致的。

3. 非线性函数 F

非线性函数 F 包含两个 32 位的记忆单元变量 R_1 和 R_2。F 的输入变量分别为 X_0, X_1, X_2 这 3 个比特字，输出变量为一个 32 位的字 W。非线性函数 F 的计算在两种模式下都一样，不同的是存储单元的内容和输出的处理。

在初始化模式下，存储单元 R_1,R_2 全部设置为 0，函数值 W 右移一位，移除的位丢弃，剩下的 31 位作为 LFSR 的输入，不输出密钥。而在工作模式下，F 存储单元的内容的当前值保持不变，函数值 $W=F(X_0,X_1,X_2)$ 不再反馈到 LFSR 的输入端，而是与 X_3 异或，作为输出的密钥流。F 的计算过程如下：

$F(X_0,X_1,X_2)$ {

$W=(X_0 \oplus R_1) \boxplus R_2$;

$W_1 = R_1 \boxplus X_1$;

$W_2 = R_2 \oplus X_2$;

$R_1 = S[L_1(W_{1L} \| W_{2H})]$;

$R_2 = S[L_2(W_{2L} \| W_{1H})]$;

}

其中，$\oplus$ 表示按比特位逐位异或运算，$\boxplus$ 表示模 2^{32} 加法运算，S 为 32 位的 S 盒变换。

L_1 和 L_2 为 32 位线性变换，定义如下。

$L_1(X) = X \oplus (X \lll 2) \oplus (X \lll 10) \oplus (X \lll 18) \oplus (X \lll 24)$

$L_2(X) = X \oplus (X \lll 8) \oplus (X \lll 14) \oplus (X \lll 22) \oplus (X \lll 30)$

其中，$\lll k$ 表示 32 位字左循环 k 位。

4. 密钥装入

密钥装入过程是将 128 位的初始密钥 K 和 128 位的初始化向量 IV 扩展为 16 个 31 位的字作为 LFSR 寄存器单元变量 $s_0,s_1,\cdots,s_{15}$ 的初始状态，设初始密钥 K 和初始化向量 IV 分别为 $k_0 \| k_1 \| \cdots \| k_{15}$ 和 $iv_0 \| iv_1 \| \cdots \| iv_{15}$，$0 \le i \le 15$。密钥装入过程如下。

1) D 为 240 位的常量，按一定方式分为 16 个 15 位的子串 $D = d_0 \| d_1 \| \cdots \| d_{15}$，其中，$d_i(0 \le i \le 15)$ 是确定的。

2) 对于 $0 \le i \le 15$，有 $s_i = k_i \| d_i \| iv_i$。

5. 算法运行

ZUC 算法的运行过程包括两个阶段：初始化阶段与工作阶段。在初始化阶段，首先把 128 位的初始密钥 K 和 128 位的初始向量 IV 按照上述密钥装入方法装入 LFSR 的单元变量 $s_0,s_1,s_2,\cdots,s_{15}$ 中，作为 LFSR 的初始状态，并置 32 位记忆单元变量 R_1 和 R_2 为全 0，然后执行下述操作。

重复执行下述过程 32 次：

1) Bit Reconstruction( )。

2) $W=F(X_0,X_1,X_2)$。

3) 输出 32 位字。

4) LFSRWithIntialisationMode($W \gg 1$)。

在工作阶段，首先执行下列过程一次，并将 F 的输出 W 舍弃。

1) Bit Reconstruction( )。

2) $F(X_0,X_1,X_2)$。

3) LFSRWithWorkMode( )。

在密钥字输出过程中，算法每迭代 1 次以下过程，就输出一个 32 位的密钥字 Z。

1) Bit Reconstruction( )。

2) $Z = F(X_0, X_1, X_2) \oplus X_3$。
3) 输出 32 位密钥字 Z。
4) LFSRWithWorkMode()。

3.5.2 ZUC 算法的设计原理

祖冲之算法的设计以高安全性作为优先目标，同时兼顾高的软硬件实现性能，在整体结构上可以分为上、中、下 3 层，其中：

上层为 LFSR，采用素域 $GF(2^{31}-1)$ 上的 m 序列，主要提供周期大、统计特性好的源序列。素域上的加法在二元域 $GF(2)$ 上是非线性的，素域上的 m 序列可视作二元域 $GF(2)$ 上的非线性序列，其具有权位序列平移等价、大的线性复杂度和好的随机统计特性等特点，并在一定程度上提供好的抵抗现有的基于二元域的密码分析的能力，譬如二元域上的代数分析、相关分析和区分分析等。

中层为比特重组（BR），其主要功能是衔接上层 LFSR 和下层非线性函数 F，将上层的 31 位数据转换为 32 位数据以供下层非线性函数 F 使用。比特重组采用软件实现友好的移位操作和字符串连接操作，其主要目的是打破上层 LFSR 的线性代数结构，并在一定程度上提供抵抗素域 $GF(2^{31}-1)$ 上的密码攻击的能力。

下层为非线性函数 F，其主要借鉴了分组密码的设计思想，采用具有最优差分/线性分支数的线性变换和密码学性质优良的 S 盒来提供好的扩散性和高的非线性性。此外，非线性函数 F 基于 32 位的字设计，采用异或、循环移位、模 2^{32} 加、S 盒等不同代数结构上的运算，彻底打破源序列在素域 $GF(2^{31}-1)$ 上的线性代数结构，进一步提高算法抵抗素域 $GF(2^{31}-1)$ 上的密码分析的能力。

通过上述 3 层的有效结合，祖冲之算法能够抵抗各种已知序列密码分析方法。而且，基于祖冲之算法可以得到加密算法，也可以构造完整性算法。

3.5.3 ZUC 算法的安全性

1. 弱密钥分析

弱密钥分析是一种常见的针对序列密码初始化过程的安全性分析方法。对基于 LFSR 设计的序列密码算法而言，有两种常见的弱密钥：碰撞型弱密钥和弱状态型弱密钥。前者主要是指两个不同的密钥初始向量映射到同一个输出密钥流；后者主要是指 LFSR 在密钥装载并经过初始化过程后的状态为全 0 态。

对祖冲之算法而言，在其早期版本中，非线性函数 F 的输出 W 通过异或 $\oplus$ 参与 LFSR 的反馈更新，由于异或 $\oplus$ 在素域 $GF(p)$ 上是非线性的，其破坏了初始化状态更新函数的单向性，因此存在大量的碰撞型弱密钥。祖冲之算法的最新版本已对此进行了修正，能够确保初始化状态更新是一个置换，从而彻底消除碰撞型弱密钥。

对于弱状态型弱密钥，假设 LFSR 的所有记忆单元取值为 p，其为 LFSR 的全 0 态，非线性函数 F 的两个长度为 32 位的记忆单元 R_1 和 R_2 取任意值，并以此作为祖冲之算法初始化后的内部状态。分析者对此内部状态一步步执行初始化逆过程，逐步退回到密钥装载时的初态，则可以得到 2^{64} 个可能的初态。注意到祖冲之算法在密钥装载时引入了长度为 304 位的常数，其中，LFSR 引入了长度为 240 位的常数 d_i，非线性函数 F 引入了长度为 64 位的全 0 值，因此只有当回退回去得到的"初态"中特定位置的取值恰好等于这些预置的常数时，其才是一个"合法"的初态,此时对应的密钥才是弱密钥。实际校验是否存在弱状态型弱密钥时,其计算复杂度为 2^{64} 次初始化逆过程。由于祖冲之算法的初始化过程是复杂的非线性迭代,如果将其看成一个随机置换,则存在这种类型的弱密钥的概率大约为 $2^{64} \times 2^{-304} = 2^{-240}$,因此可以认为不太可能存在弱状态型弱密钥。

2. 线性区分分析

线性区分分析属于统计分析,其目标是将密钥流序列与随机序列区分开。它的基本原理是对密码算法的非线性部件进行线性逼近,构造具有非零偏差的密钥流关系式,从而可以与随机序列进行统计区分。

对于祖冲之算法,可以首先构造 LFSR 的输出序列与算法输出密钥流之间的非平衡线性关系。下面考察非线性函数 F 的两轮迭代,如图 3.8 所示。

在两个相邻时刻 t 和 $t+1$,有:

$$(X_{0,t} \oplus R_{1,t}) \boxplus R_{2,t} = W_t$$
$$(X_{0,t+1} \oplus R_{1,t+1}) \boxplus R_{2,t+1} = W_{t+1}$$
$$W_1 = R_{1,t} \boxplus X_{1,t}$$
$$W_2 = R_{2,t} \boxplus X_{2,t}$$
$$R_{1,t+1} = S(L_1(W_{1L} \| W_{2H}))$$
$$R_{2,t+1} = S(L_2(W_{2L} \| W_{1H}))$$

在上述公式中,只有 S 盒变换和模 2^{32} 加法运算($\boxplus$)是非线性的,于是对这些非线性运算全部线性化,有:

$$\alpha_1 \cdot (X_{0,t} \oplus R_{1,t}) \oplus \beta_1 \cdot R_{2,t} = \gamma_1 \cdot W_t$$
$$\alpha_2 \cdot (X_{0,t+1} \oplus R_{1,t+1}) \oplus \beta_2 \cdot R_{2,t+1} = \gamma_2 \cdot W_{t+1}$$
$$\gamma_3 \cdot W_1 = \alpha_1 \cdot R_{1,t} \oplus \beta_3 \cdot X_{1,t}$$
$$\alpha_2 \cdot R_{1,t+1} = \alpha_4 \cdot (W_{1L} \| W_{2H})$$
$$\beta_2 \cdot R_{2,t+1} = \alpha_5 \cdot (W_{2L} \| W_{1H})$$

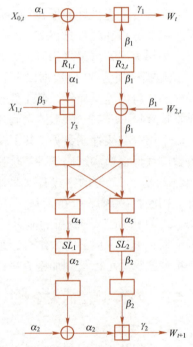

图 3.8 非线性函数 F 的两轮迭代

为了消去非线性函数 F 的记忆单元变量 $R_{1,t}$, $R_{2,t}$, $R_{1,t+1}$, $R_{2,t+1}$ 和中间变量 W_1, W_2,需要线性掩码满足 $\beta_1 = \alpha_{4L} \| \alpha_{5H}$ 和 $\gamma_3 = \alpha_{5L} \| \alpha_{4H}$。此时可得到非线性函数 F 的输出 W_t, W_{t+1},输入 $X_{0,t}$, $X_{0,t+1}$, $X_{1,t}$ 和 $X_{2,t}$ 之间的线性逼近关系。

$$\alpha_1 \cdot X_{0,t} \oplus \alpha_2 \cdot X_{0,t+1} \oplus \beta_3 \cdot X_{1,t} \oplus \beta_1 \cdot X_{2,t} = \gamma_1 \cdot W_t \oplus \gamma_2 \cdot W_{t+1}$$

表 3.2 是对一个活动 S 盒情况搜索时得到的最好的线性逼近的掩码系数的取值。

表 3.2 最好的线性逼近的掩码系数 $\alpha_1, \alpha_2, \beta_1, \beta_2, \gamma_1, \gamma_2$ 的取值

掩码系数	值
α_1	01040405
α_2	00300000
β_1	01010405
β_2	01860607
γ_1	01040607
γ_2	00200000

3. 代数分析

对于祖冲之算法，可以考虑通过引入一系列中间变量来建立其相应的二次方程系统。首先，针对 LFSR 的模 $2^{32}-1$ 加法，可按照如下方法建立其等价的二次方程系统，设：

$$x, y, z \in J$$
$$z \equiv x + y \pmod{p}$$
$$x = x_{30} x_{29} \cdots x_1 x_0$$
$$y = y_{30} y_{29} \cdots y_1 y_0$$
$$z = z_{30} z_{29} \cdots z_1 z_0$$

用 c_{i+1} 表示第 i 位相加的进位，并令 $c_0 = c_{31}$，则有：

$$z_i = x_i \oplus y_i \oplus c_i$$
$$c_{i+1} = x_i y_i \oplus (x_i \oplus y_i) c_i$$

进一步可得：

$$x_{i+1} \oplus y_{i+1} \oplus z_{i+1} = x_i y_i \oplus (x_i \oplus y_i)(x_i \oplus y_i \oplus z_i)$$

上述内容实际是在 x, y, z 相邻位间建立了一个二次代数方程。在该方程的左、右两边同时乘以 x_i 和 y_i，还可以得到另外两个二次代数方程，容易验证这 3 个二次代数方程线性独立。于是，对 $z \equiv x + y \pmod{p}$ 可以建立 93 个线性独立的二次代数方程。对 LFSR 的反馈更新而言，其由 5 个模 p 加法组成，只须引入 4 个中间变量 y_1, y_2, y_3, y_4 将其表示为两两模 p 加法，例如：

$$y_1 \equiv (1 + 2^8) s_0 \pmod{p}$$
$$y_2 \equiv 2^{20} s_4 + y_1 \pmod{p}$$
$$y_3 \equiv 2^{21} s_{10} + y_2 \pmod{p}$$
$$y_4 \equiv 2^{17} s_{13} + y_3 \pmod{p}$$
$$s_{16} \equiv 2^{15} s_{15} + y_4 \pmod{p}$$

便可将整个反馈计算表示成 465 个线性独立的二次代数方程。

其次，对模 2^{32} 加法田，采用类似的方法，可以建立 1 个线性方程和 93 个线性独立的二次方程。最后，关于 S 盒 S_0 和 S_1，在它们的输入和输出变元之间可以分别建立 11 个和 39 个线性独立的二次方程。

此外，注意到在非线性函数 F 中模 2^{32} 加法田和 S 盒串联在一起，为了对整个非线性函数 F 建立二次代数方程系统，还需要引入中间变量 W_1。当分析者截获 18 个子密钥时，该方程系统总共涉及 $16 \times 31 + 2 \times 32 - 1 + 17 \times (5 \times 31 + 3 \times 32 - 2) = 4792$ 个变元和 $93 + 17 \times (93 \times 5 + 2 \times 93 + 39 + 11) = 12010$ 个线性独立的二次代数方程。上述方程系统具体的求解复杂度并不知道，但是利用现有的方法求解似乎是不可能的。

4. 猜测确定分析

猜测确定分析是一种密码分析方法，其基本思想是：通过猜测算法的一部分内部状态，然后结合算法引入的数学关系来导出其他的未确定的内部状态。由于祖冲之算法有 $16 \times 31 + 2 \times 32 = 560$ 位的内部状态，假设在某段时间内，分析者观察这些内部状态，他能够通过猜测其中 r 位的值来确定其他 $560 - r$ 位的取值，则在假设这 560 位的内部状态在某个时刻的取值是独立均匀分布的条件下，分析者至少需要 $(560 - r)/32$ 个密钥字来建立代数方程，才有可能获得剩下的全部未确定位。对一个成功的猜测确定分析来说，需要 $r < 128$。此时，分析者至少需要 14 个密钥字。而通过这些密钥字建立的方程将涉及非线性函数 F 的至少 14 个

时刻记忆单元 R_1 和 R_2 的取值。由于在祖冲之算法中，非线性函数 F 的记忆单元 R_1 和 R_2 之间的更新机制具有复杂的非线性关系，因此要想从当前记忆单元的值推导出下一个时刻的记忆单元的值，就必须知道当前时刻 R_1 和 R_2 以及输入 X_1 和 X_2 的值。如果分析者借助复杂的更新机制来从当前时刻记忆单元的值推导出下一个时刻计算单元的取值，则必须猜测 R_1 和 R_2 以及输入 X_1 和 X_2 的值，共 128 位；如果直接猜测多个时刻记忆单元 R_1 和 R_2 对应的取值，那么猜测的位数 r 也不小于 128。因此无论分析者采取哪种策略，其猜测的位数 r 都不小于 128。

上述讨论仅考虑两个时刻对应的非线性函数 F 的记忆单元 R_1 和 R_2 的取值，实际上，由于实际分析中涉及的密钥字个数会远大于 2，因此分析者猜测的内部状态的位数会远大于 128。其他研究学者的相关研究结果说明，祖冲之算法具有较强的抵抗猜测确定分析的能力。

5. 时间存储数据折中分析

时间存储数据折中分析是计算机科学中的一种基本方法，其基本思想是用增加时间的代价换取空间的减少，或用增加空间的代价换取时间的减少。

设分析者预计算造表的时间复杂度为 P，存储表需要的空间大小为 M。在线分析时，分析者能够获得的数据量为 D，利用这些数据进行时间存储数据折中分析时所需要的时间为 T。下面考虑两种常见的时间存储数据折中分析方法。

1) BG——方法。折中曲线为 $MD \geqslant N$ 且 $P=M$，$T=D$。在 ZUC 算法中，$N=2^{560}$，此时 M 和 D 中至少有一个不低于 2^{280}，预计算的复杂度和存储复杂度均太高，分析不可行。

2) BS——方法。折中曲线为 $TM^2D^2 \geqslant N^2$，$T \geqslant D^2$，$N=PD$。对祖冲之算法而言，$N=2^{560}$，取 $M=D=N^{1/3}=2^{187}$，$T=D^2=2^{374}$。上述分析预计算的时间复杂度、存储复杂度和在线分析的时间复杂度均太高，分析同样不可行。

3.6 RC4 密码算法

RC4（Rivest Cipher 4）密码算法（简称 RC4 算法）具有的良好的抵抗分析能力和随机性，被广泛应用在 WEP 无线局域网标准中进行加密。RC4 密码算法通常被称为 ARC4 或 ARCFOUR，是 RSA Security 的 Ron Rivest 在 1987 年设计的密钥长度可变的流密码算法簇。之所以称其为簇，是由于其核心部分的 S 盒长度可为任意，但一般为 256 字节。该算法的速度可以达到 DES 加密的 10 倍左右，对线性分析以及差分分析有很高的免疫性，并且具有很高级别的非线性。由于其简单、高效的特点，常用于协议中，如有线等效保密（WEP）协议、安全套接字层（SSL）协议以及更高版本的无线网卡协议（WPA-TKIP）、传输层安全（TLS）协议等。随着越来越多的密钥流偏差问题被发现，RC4 密码算法的使用受到一定限制，但是该算法在某些协议中还未被完全废止。

3.6.1 RC4 密码算法描述

RC4 密码算法由密钥调度算法（Key Scheduling Algorithm，KSA）和伪随机数生成算法（Pseudo Random Generation Algorithm，PRGA）组成。通用算法包含一个元素长度为 8 位的 S 盒，即 $\{0,1,\cdots,255\}$ 的排列，一个元素长度为 8 位的种子密钥序列 key，一个公开的参数 i 和一个私有参数 j，在算法中用来表示元素在 S 盒的位置。KSA 由种子密钥初始化 S 盒，种子密钥长度用 l 表示。在 PRGA 中，输出密钥流 Z。这里，明文字节表示为 P，密文字节表示为 C，第 t 个密钥流字节 $Z[t]$ 可以用

Z_t 表示,所以被 RC4 密码算法加密的第 t 个密文字节可以表示为 $C_t = Z_t \oplus P_t$。

虽然 RC4 密码算法最大的亮点是算法的简单性和良好的运行速度,但对于嵌入式系统,该算法仍比较复杂,直接使用 HDL 来实现 IP 核的设计难度非常大,如果使用 C 语言来实现 IP 核的设计,那么将简化设计过程。C 语言和 HDL 相比有其特定的优势,它可以描述一些复杂的算法流程,而且可以非常方便地验证算法的正确性。可以先在计算机上通过软件验证算法的正确性,然后通过相关的工具转换成 HDL 模块,这样可以大大简化 IP 核的设计,并降低在设计过程中出现错误的可能性。

伪随机数生成算法在密码算法的迭代中负责更新 S 盒的状态,并输出最终用于流加密的字节序列。为了使生成的密钥流序列更加随机,PRGA 每生成一个字节的密钥流,就会打乱一次 S 表。在每一次的迭代中,PRGA 都将索引 i 加 1,然后将 S 盒中的第 i 个元素与 j 相加,然后交换 S 盒中的第 i 个元素与第 j 个元素,将两个元素求和,然后将 256 取模后的值作为索引,从 S 盒中取出一个字节作为加密用的密钥流的一个字节。

PRGA 算法的流程结构如图 3.9 所示,伪码表示为:

```
i := 0
j := 0
while GeneratingOutput:
    i := (i + 1) mod 256
    j := (j + S[i]) mod 256
        swap values of S[i] and S[j]
    Z[t] := S[(S[i] + S[j]) mod 256]
        output Z
endwhile
```

重复上述步骤,即可生成多个字节的密钥流序列。

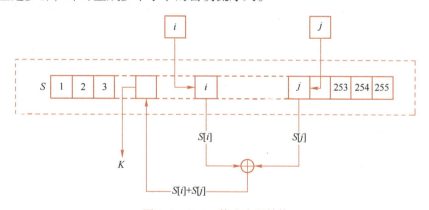

图 3.9　PRGA 算法流程结构

产生的密钥流的字节与消息中对应的字节进行异或运算,就可以产生对应的密文(用于加密时)或者明文(用于解密时)。

密钥调度算法利用原始密钥生成 S 盒。调度算法中的 keylength 定义为以字节为单位的密钥长度,取值范围为:

$$\text{keylength} \in [1, 256]$$

通常，keylength 的取值在 5~16 之间，对应的密钥长度为 40~128 位。S 盒的生成分为初始化和置换两部分。初始化 S 盒的算法和 PRGA 是类似的，即一个 256 次的循环迭代，但是在每一次迭代中都混合一个字节的密钥。置换过程就是根据一定的规则，对 S 盒中的单元交换位置。

伪码表示的 KSA 流程是：

```
for i from 0 to 255
    S[i] := i
endfor
j := 0
for i from 0 to 255
    j := (j + S[i] + key[i mod keylength]) mod 256
    swap values of S[i] and S[j]
endfor
```

3.6.2 RC4 密码算法的设计原理

RC4 密码算法根据密钥生成一系列的伪随机比特流，将该伪随机比特流通过异或运算与明文合并从而实现加密，解密时采用和加密同样的操作（由异或运算的数学特性决定）。RC4 密码算法和 Vernam 密码算法是类似的，不同的是，RC4 密码算法使用的是伪随机比特流，而不是预先准备好的一次性密钥。RC4 密码算法内部维持了一个状态机，用于生成这个伪随机比特流。该状态机包含了两个关键的部件：一个 256 字节的数组（定义为 S 盒）；两个 8 位的数据指针（定义为 i 和 j）。

S 盒通过一个长度可变的密钥来初始化，通常使用 40~256 位的密钥，通过密钥调度算法实现初始化。一旦初始化完毕，就可以通过伪随机数生成算法生成一串用于加密或者解密的字节流。

3.6.3 RC4 密码算法的安全性

RC4 密码算法曾经广泛应用在无线保密通信中，自从发布后，有很多研究者相继对它进行分析与破解，其中常见的分析方法主要有弱密钥分析、区分分析、错误引入分析和猜测确定分析，下面对这 4 种分析方法进行简要介绍。

1. 弱密钥分析

假定分析者已经获得了部分密钥信息，那么就有可能通过部分密钥在输出密钥流序列中表现的某种特性来获取更多的密钥信息。分析者通过找出 RC4 的一类密钥，使在这类密钥下输出的密钥流序列与其他密钥控制下输出的密钥流序列相差很大来进行分析。有两种方法可以获取部分密钥信息：一是检测密钥流序列之间是否存在某种相关性；二是通过比较选取的很多特定的密钥输出密钥流序列与待破译的序列，尝试着找到与密钥相关的信息。

2. 区分分析

2000 年，Fluhrer 和 McGrew 通过证明 RC4 密码算法密钥流的任意连续两个输出字不独立，提出只需 $2^{30.6}$ 字节的分析数据就可以对算法进行区分分析。Mantin 通过大量实验后发现了 RC4 加密算法的弱点，随机取不同的密钥 K 对 RC4 密码算法进行运算，输出不同的密钥流后观察每组的第一、二个密钥字,发现无论如何选择 RC4 的内部状态,算法的第一、二个输出密钥字总能通过一定的概率进行统计,据此设计并提出了 Mantin's 区分分析方法,将区分分析所需的数据降至 $2^{26.5}$ 字节。2004 年,Paul 和 Preneel 提出了更加实用的新型的区分分析方式,将分析所需数据降为 2^{26} 字节。常亚勤通过大量数据分析证明 RC4 密码算法密钥流的第 1 个输出字分布不均匀且等于 186 的概率为 0.0038925,提出了区分优势为 0.84 的改进 RC4 区分分析,分析所需数据降为更低的 2^{24} 字节。

3. 错误引入分析

Hoch 等提出了错误引入分析,为了获得加密信息,分析者在加密过程中引入"暂时随机"的字节错误,使该算法生成错误的加密结果,由此进行分析并找出隐藏在加密设备中的明文消息。错误引入分析又称故障引入分析或差分错误分析,是针对密钥的生成阶段 PRGA 进行分析的一种方式。分析者在 RC4 的运行过程中引入错误,使其进入不可能状态集内,分析者通过对获得的 PRGA 输出序列进行分析可以计算出 RC4 的初始状态,不需要密钥也可以成功破解 RC4 密码算法的加密消息。

伴随着 RC4 密码算法故障引入分析的大量应用,恢复 RC4 密码算法初始状态所需的密钥字和分析次数也越来越低。Hoch 等通过对 RC4 实施故障引入分析提出只需 2^{26} 个密钥字和 2^{16} 次分析即可恢复 RC4 的整个初始状态。Biham 等人通过测试得到了需要 2^{16} 个密钥字和 2^{16} 次分析来恢复初始状态的结果。杜育松等人通过采用改进的故障引入分析,在一轮模拟实验分析后可能找出 3 个 RC4 初始状态的值,给出了至多只要 2^{16} 个密钥字和 2^{16} 次分析就能以大于 1/2 的概率恢复 RC4 的整个初始状态的新型分析方法。

4. 猜测确定分析

Knudse 提出的状态猜测分析是针对 RC4 密码算法中的 PRGA 部分进行的,分析者通过对 RC4 密码算法的内部状态猜测赋值达到分析的目的。在算法的 PRGA 阶段,S 盒中的元素都是被随机选取并进行计算然后置换所在位置的,在经过多次反复的操作后,难免会有部分元素被多次重复选取,这就导致 S 盒的内部状态并不如预期的那么复杂。因此该分析的主要内容是:获得一段足够多的 PRGA 后,分析者对算法的内部状态进行赋值,然后根据已知的信息和输出值对赋值过程进行验证,如果出现矛盾,就重新进行赋值;反之,如果整个赋值过程中没有矛盾,那么分析者赋值成功并得到一个正确的内部状态,根据该正确状态计算出 PRGA 的初始状态,无需密钥即可产生输出值,RC4 密码算法被破解。这类分析的算法复杂度完全依赖于所知的初始状态的值,获取的值越多,复杂度也越低。在完全不知道初始状态中值的情况下,算法的最大复杂度为 2^{779}。

因此在实际使用中,可以通过使用随机的初始化向量、类似 CBC 模式的加密等方法来适当地提高 RC4 密码算法的安全性。在加密时对所使用的密钥进行一定的检验,判断是否是弱密钥。同时,基本上所有针对 RC4 密码算法的破解方法都基于密钥字节和最初输出的密钥字节之间存在着相关性,从而通过输出密钥流推断出密钥字节的信息。对于密钥长度为 m 字节的 RC4 密码算法,如果在应用过程中均抛弃前 m 字节的输出密钥流,那么 RC4 密码算法还是比较安全的。或者使用一些 RC4 密码算法的变体,如 RC4-M1、RC4-M2 及 RC4-M3 等,这些算法仍然是比较安全的。

3.7 Grain 密码算法

为了加大推进序列密码的研究,2004 年,欧洲启动流密码征集项目 eSTREAM 工程,主要目的是收集安全快速的流密码算法。截止至 2005 年 5 月，该项目总共征集了 34 个候选序列密码算法，经过三轮筛选，于 2008 年 4 月最终确定了 4 个面向软件实现和 3 个面向硬件实现的胜选算法。Grain 密码算法是由瑞典学者 M. Hell、W. Meier 和 T. Johansson 于 2007 年提出的面向硬件实现的序列密码算法。该算法主要针对硬件资源。得益于极其轻量的设计，Grain 密码算法成为 eSTREAM 项目中硬件复杂度最低的算法。目前，Grain 密码算法有 3 个版本：Grain v0、Grain v1 和 Grain-128。Grain v1 为 eSTREAM 计划最终入选的 7 个序列密码算法之一，其串联结构模型已经广泛应用于轻量级密码算法的设计中，如轻量级序列密码算法 Sprout、Fruit、LIZARD、Plantlet，以及轻量级 Hash 函数 Quark 系列，均采用了两个寄存器串联的结构作为重要部件。Grain-128 是其密钥增长版本，Grain v0 是其早期版本。

3.7.1 Grain 密码算法描述

Grain 算法主要由 3 个部分组成：一个线性反馈移位寄存器（LFSR）、一个非线性反馈移位寄存器（NFSR）和一个非线性布尔函数 $h(x)$。LFSR 的输出进入 NFSR，从两个器件中各选出几位的状态，经过 $h(x)$ 函数运算，运算的结果作为整个算法的输出（见图 3.10）。算法的周期由 LFSR 和 NFSR 的状态确定，这种结构使用 LFSR 保证最终输出序列的周期和均衡性，使用 NFSR 引入非线性因素，保证输出序列的复杂性。Grain 密码算法的 3 个版本的结构基本相同，其中，Grain v0、Grain v1 的 LFSR 和 NFSR 均为 80 位，内部状态共 160 位；Grain-128 的 LFSR 和 NFSR 均为 128 位，内部状态为 256 位。Grain v0 算法已被证明存在安全漏洞，下面着重介绍 Grain v1 算法和 Grain-128 算法。

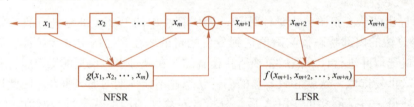

图 3.10 Grain 结构

1. Grain v1

Grain v1 初始密钥的长度是 80 位，初始向量（Initial Vector，IV）为 64 位。主体部分由一组 80 级 NFSR、一组 80 级的 LFSR 和一个非线性过滤函数 $h(x)$ 构成。整个算法的运行过程分成两个阶段：密钥初始化阶段和密钥流生成阶段。设 LFSR 和 NFSR 在 t 时刻的状态分别为 $(s_t, s_{t+1}, \cdots, s_{t+79})$ 和 $(b_t, b_{t+1}, \cdots, b_{t+79})$。

LFSR 的反馈多项式 $f(x)$ 为：

$$f(x) = 1 \oplus x^{18} \oplus x^{29} \oplus x^{42} \oplus x^{57} \oplus x^{67} \oplus x^{80}$$

LFSR 的状态位更新函数为：

$$s_{t+80} = s_{t+60} \oplus s_{t+51} \oplus s_{t+38} \oplus s_{t+23} \oplus s_{t+13} \oplus s_t$$

NFSR 的反馈多项式 $g(x)$ 为：

$$\begin{aligned} g(x) = &\ 1 \oplus x^{18} \oplus x^{20} \oplus x^{28} \oplus x^{35} \oplus x^{43} \oplus x^{47} \oplus x^{52} \oplus x^{59} \oplus x^{66} \\ &\oplus x^{71} \oplus x^{80} \oplus x^{17} x^{20} \oplus x^{43} x^{47} \oplus x^{65} x^{71} \oplus x^{20} x^{28} x^{35} \oplus x^{47} x^{52} x^{59} \\ &\oplus x^{17} x^{35} x^{52} x^{71} \oplus x^{20} x^{28} x^{43} x^{47} \oplus x^{17} x^{20} x^{59} x^{65} \oplus x^{17} x^{20} x^{28} x^{35} x^{43} \\ &\oplus x^{47} x^{52} x^{59} x^{65} x^{71} \oplus x^{28} x^{35} x^{43} x^{47} x^{52} x^{59} \end{aligned}$$

NFSR 的状态位更新函数为：
$$b_{t+80} = s_t \oplus b_{t+62} \oplus b_{t+60} \oplus b_{t+52} \oplus b_{t+45} \oplus b_{t+37} \oplus b_{t+33} \oplus b_{t+28} \oplus$$
$$b_{t+21} \oplus b_{t+14} \oplus b_{t+9} \oplus b_t \oplus b_{t+63}b_{t+60} \oplus b_{t+37}b_{t+33} \oplus b_{t+15}b_{t+9}$$
$$\oplus b_{t+60}b_{t+52}b_{t+45} \oplus b_{t+33}b_{t+28}b_{t+21} \oplus b_{t+63}b_{t+45}b_{t+28}b_{t+9}$$
$$\oplus b_{t+60}b_{t+52}b_{t+37}b_{t+33} \oplus b_{t+63}b_{t+60}b_{t+21}b_{t+15} \oplus b_{t+63}b_{t+60}b_{t+52}b_{t+45}b_{t+37}$$
$$\oplus b_{t+33}b_{t+28}b_{t+21}b_{t+15}b_{t+9} \oplus b_{t+52}b_{t+45}b_{t+37}b_{t+33}b_{t+28}b_{t+21}$$

过滤函数 $h(x)$ 是具有一阶相关免疫度的 5 元 3 次平衡布尔函数，$h(x)$ 的具体定义为：
$$h(x) = x_1 \oplus x_4 \oplus x_1 x_3 \oplus x_2 x_3 \oplus x_3 x_4 \oplus x_0 x_1 x_2 \oplus x_0 x_2 x_3$$
$$\oplus x_0 x_2 x_4 \oplus x_1 x_2 x_4 \oplus x_2 x_3 x_4$$

式中，$x_0 = s_{t+3}$, $x_1 = s_{t+25}$, $x_2 = s_{t+46}$, $x_3 = s_{t+64}$, $x_4 = b_{t+63}$。

在 NFSR 中抽取 7 个内部状态位 $b_{t+1}, b_{t+2}, b_{t+4}, b_{t+10}, b_{t+31}, b_{t+43}, b_{t+56}$ 和过滤函数 $h(x)$ 输出的 1 位，共 8 位，做异或运算后，得到了 1 位的输出密钥流，记为 y_i，输出函数 y_i 定义为：
$$y_i = b_{t+1} \oplus b_{t+2} \oplus b_{t+4} \oplus b_{t+10} \oplus b_{t+31} \oplus b_{t+43} \oplus b_{t+56} \oplus h(x)$$

（1）密钥初始化阶段

记 80 位密钥为 $k_0, k_1, \cdots, k_{79}$，记 64 位 IV 为 $iv_0, iv_1, \cdots, iv_{63}$，用密钥和 IV 初始填充 NFSR 和 LFSR 的状态位，如下式所示：
$$s_{t+i} = iv_i \ (0 \leq i \leq 63)$$
$$s_{t+i} = 1 \ (64 \leq i \leq 79)$$
$$b_{t+i} = k_i \ (0 \leq i \leq 79)$$

这样就完成了初始化阶段的初态预置，得到了初始化阶段 LFSR 的初态和 NFSR 的初态。初态预置完毕后，密钥流生成器按照初始化算法运行 160 次，完成初始化过程。在运行过程中，密钥流 y_i 并不输出，仅参与 NFSR 和 LFSR 的状态更新，即与 NFSR 及 LFSR 的反馈进行异或运算。初始化过程如图 3.11 所示。

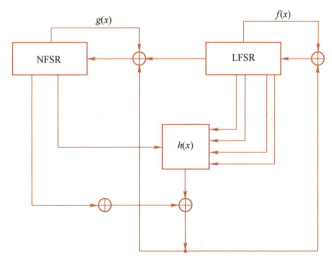

图 3.11　Grain v1 的初始化过程

密钥流生成器按照下列规则运行一步就会生成两个移位寄存器第 $i+1$ 个时钟的状态 B_{i+1} 和 S_{i+1}。

1) 根据输出函数表达式计算第 i 个时钟输出函数的值 z_i。
2) NFSR 反馈移位一次。先根据其 NFSR 状态更新函数和输出函数值 z_i 计算反馈值：

$$b_{i+80} = z_i \oplus s_i \oplus b_i$$
$$\oplus I(b_{i+63}, b_{i+62}, b_{i+60}, b_{i+52}, b_{i+45}, b_{i+37}, b_{i+33}, b_{i+28}, b_{i+21}, b_{i+15}, b_{i+14}, b_{i+9})$$

反馈移位后就是 NFSR 第 $i+1$ 个时钟的状态 $B_{i+1} = (b_{i+1}, b_{i+2}, \cdots, b_{i+80})$。

3) LFSR 反馈移位一次。先根据其 LFSR 状态更新函数和输出函数值 z_i 计算反馈值：

$$s_{i+80} = z_i \oplus s_{i+62} \oplus s_{i+51} \oplus s_{i+38} \oplus s_{i+23} \oplus s_{i+62} \oplus s_i$$
$$\oplus I(b_{i+63}, b_{i+62}, b_{i+60}, b_{i+52}, b_{i+45}, b_{i+37}, b_{i+33}, b_{i+28}, b_{i+21}, b_{i+15}, b_{i+14}, b_{i+9})$$

反馈移位后就是 LFSR 第 $i+1$ 个时钟的状态 $S_{i+1} = (s_{i+1}, s_{i+2}, \cdots, s_{i+80})$。

（2）密钥流生成阶段

初始化阶段完成后，密钥流生成器已经运行了 160 个时钟，此时，NFSR 和 LFSR 的内部状态就是密钥流生成阶段的初态。根据输出函数 z_t 的定义输出数值 z_i。密钥生成阶段的算法结构如图 3.12 所示。

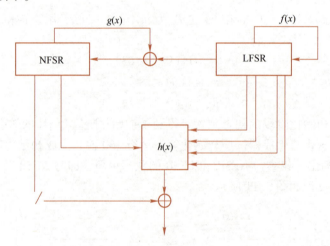

图 3.12 Grain v1 的密钥流生成阶段的算法结构

当 $i = 0, 1, 2, \cdots$ 时，密钥流生成器根据密钥流生成算法输出数值 z_i，并运行一步生成下一个时钟的内部状态 B_{i+1} 和 S_{i+1}，具体运行过程如下。

1) 根据密钥流生成器的内部状态（B_i 和 S_i）及输出函数计算输出函数的值 z_i，作为第 i 个时钟密钥流位。
2) 根据 NFSR 的内部状态 B_i 和 NFSR 状态更新函数计算反馈值 b_{i+80}。反馈移位后就是 NFSR 第 $i+1$ 个时钟的状态 $B_{i+1} = (b_{i+1}, b_{i+2}, \cdots, b_{i+80})$。
3) 根据 LFSR 的内部状态 S_i 和 LFSR 的状态更新函数计算反馈值 s_{i+80}。反馈移位后就是 LFSR 第 $i+1$ 个时钟的状态 $S_{i+1} = (s_{i+1}, s_{i+2}, \cdots, s_{i+80})$。

经过上述 3 步运算后，密钥流生成器输出密钥流位 z_i，同时其内部状态转变为 B_i 和 S_i。

Grain v0 算法与 Grain v1 的结构和初始化过程相同，都要经过 160 个时钟的密钥初始化过程。与 Grain v1 的不同之处在于：Grain v0 的 NFSR 的反馈函数 $g(x)$ 中的变量由 b_{t+62} 变为 b_{t+63}，且密钥流序列为：

$$z_t = b_t + h(s_{t+3}, s_{t+25}, s_{t+46}, s_{t+64}, s_{t+63})$$

2. Grain-128

Grain-128 是 Grain 密码算法的第 3 个版本，目的是满足密钥种子最短为 128 位的要求，且 Grain-128 保持了 Grain v1 算法的优点。Grain-128 与 Grain v1 的结构大致相同：由一个 128 位 LFSR、一个 128 位 NFSR 和一个非线性函数构成，其内部状态分别用 $(s_t, s_{t+1}, \cdots, s_{t+127})$ 和 $(b_t, b_{t+1}, \cdots, b_{t+127})$ 表示。

LFSR 的反馈多项式 $f(x)$ 为：

$$f(x) = 1 \oplus x^{32} \oplus x^{47} \oplus x^{58} \oplus x^{90} \oplus x^{121} \oplus x^{128}$$

LFSR 的状态更新函数为：

$$s_{t+128} = s_t \oplus s_{t+7} \oplus s_{t+38} \oplus s_{t+70} \oplus s_{t+81} \oplus s_{t+96}$$

NFSR 的反馈多项式 $g(x)$ 为：

$$g(x) = 1 \oplus x^{32} \oplus x^{37} \oplus x^{72} \oplus x^{102} \oplus x^{128} \oplus x^{44} x^{60} \oplus x^{61} x^{125}$$
$$\oplus x^{63} x^{67} \oplus x^{69} x^{101} \oplus x^{80} x^{88} \oplus x^{110} x^{111} \oplus x^{115} x^{117}$$

NFSR 的状态更新函数为：

$$b_{t+128} = s_t \oplus b_t \oplus b_{t+26} \oplus b_{t+56} \oplus b_{t+91} \oplus b_{t+96} \oplus b_{t+3} b_{t+67} \oplus b_{t+11} b_{t+13}$$
$$\oplus b_{t+17} b_{t+18} \oplus b_{t+27} b_{t+59} \oplus b_{t+40} b_{t+48} \oplus b_{t+61} b_{t+65} \oplus b_{t+68} b_{t+84}$$

Grain-128 的过滤函数 $h(x)$ 是 3 次布尔函数，选取了 4 个 NFSR 状态和 7 个 LFSR 状态位作为输入变元，$h(x)$ 的具体定义为：

$$h(x) = x_0 x_1 \oplus x_2 x_3 \oplus x_4 x_5 \oplus x_6 x_7 \oplus x_0 x_4 x_8$$

式中，$x_0 = b_{t+12}$，$x_1 = s_{t+8}$，$x_2 = s_{t+13}$，$x_3 = s_{t+20}$，$x_4 = b_{t+95}$，$x_5 = s_{t+42}$，$x_6 = s_{t+60}$，$x_7 = s_{t+79}$，$x_8 = s_{t+95}$。

在 NFSR 中抽取 7 个内部状态位 $b_{t+2}, b_{t+15}, b_{t+63}, b_{t+45}, b_{t+64}, b_{t+73}, b_{t+89}$，过滤函数 $h(x)$ 输出的 1 位，以及 LFSR 中的一个内部状态位 s_{t+93}，共 9 位，做异或运算后，得到了 1 位的输出密钥流，记为 z_t，输出函数 z_t 定义为：

$$z_t = b_{t+2} \oplus b_{t+15} \oplus b_{t+36} \oplus b_{t+45} \oplus b_{t+64} \oplus b_{t+73} \oplus b_{t+89} \oplus h(x) \oplus s_{t+93}$$

（1）密钥初始化阶段

记 128 位密钥为 $k_0, k_1, \cdots, k_{127}$，记 96 位 IV 为 $iv_0, iv_1, \cdots, iv_{95}$。用密钥和 IV 初始填充 NFSR 和 LFSR 的状态位，如下式所示：

$$s_{t+i} = iv_i (0 \leq i \leq 95)$$
$$s_{t+i} = 1 (96 \leq i \leq 127)$$
$$b_{t+i} = k_i (0 \leq i \leq 127)$$

这样就完成了初始化阶段的初态预置，得到了初始化阶段 LFSR 的初态和 NFSR 的初态。初态预置完毕后，密钥流生成器按照初始化算法运行 256 次，完成初始化过程。在运行过程中，密钥流 y_i 并不输出，仅参与 NFSR 和 LFSR 的状态更新，即与移位寄存器 NFSR 及 LFSR 的反馈进行异或运算。Grain-128 的初始化过程如图 3.13 所示。

（2）密钥流生成阶段

初始化阶段完成后，密钥流生成器已经运行了 256 个时钟，此时，NFSR 和 LFSR 的内部状态就是密钥流生成阶段的初态。根据输出函数 z_t 的定义输出数值 z_i。Grain-128 的密钥流生成过程如图 3.14 所示。

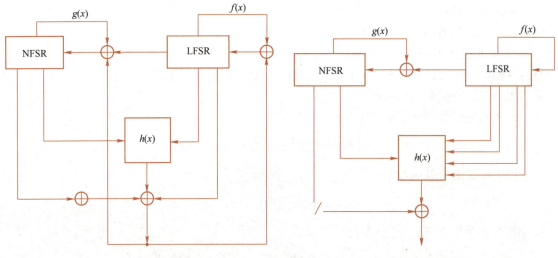

图 3.13　Grain-128 的初始化过程　　　　图 3.14　Grain-128 的密钥流生成过程

3.7.2　Grain 密码算法的设计原理

　　Grain 密码算法采用了一种新型的轻量级序列密码结构，主要由 LFSR、NFSR 和非线性函数构成。因其硬件实现简单、运行速度快、没有明显的安全隐患，以及单位时钟输出的密钥量可以调节等优点而备受关注。Grain 型序列密码采用了相似的设计结构，主体部分由两个串联的同级移位寄存器（产生序列源）和一个非线性过滤函数构成。Grain 系列算法包括 Grain v0、Grain v1 及 Grain-128。这些算法的设计结构与基于状态的序列密码（如 RC4）和基于计数器的序列密码（如 Salsa 20）有所不同。Grain 型序列密码的特点是其使用两个移位寄存器串联，并利用非线性过滤函数对生成的序列进行进一步的混淆和扩散。

3.7.3　Grain 密码算法的安全性

　　在对序列密码进行安全性分析时，分析者往往会利用某种方法获取密钥流生成器某一时刻的内部状态，即密钥流生成过程中密钥流生成器的内部存储单元（如记忆单元、LFSR 及 NFSR 等）某一中间状态的值。分析者用来获取密钥流生成器某一时刻的内部状态的方法有很多种，根据 Grain 族密码算法的结构特征，研究者提出了若干富有创造性的分析思路，如差分错误分析（Fault Attack）、线性分析与代数分析（Algebraic Attack）、条件差分分析、动态立方分析（Cube Attack）、近似碰撞分析及滑动分析等。其中，条件差分分析和动态立方分析属于差分分析方法。除此之外，使用滑动分析、差分错误分析等分析方法对 Grain 系列序列密码算法进行分析也取得了一定的分析结果。研究这些分析方法，不仅对 Grain 系列算法本身的分析进展具有重大意义，还对其他 Grain 型轻量级序列密码算法的设计和分析具有重要指导意义。

1. 差分错误分析

　　差分错误分析属于物理分析，需要通过物理手段翻转内部状态位。其分析思想是通过物理手段获得内部状态的一个低重差分，再通过理论分析由密钥流差分还原内部状态。近年来，学者们给出了一系列关于 Grain 系列算法的差分错误分析，主要研究目标在于减弱分析模型的假设条件。目前关于 Grain v1 的差分错误分析条件可以放松至将错误随机置入 NFSR

的某个位置并引起不超过 8 位翻转，取得了较为理想的分析结果。

2. 线性分析与代数分析

线性分析是一种统计分析方法，其基本原理是对密码算法的非线性部件进行线性逼近，构造具有非零偏差的密钥流关系式，从而可以与随机序列进行统计区分。目前对 Grain v0 有优于穷举分析的分析结果，但对 Grain v1 至今都没有较好的分析结果。

将传统的代数分析应用于基于 NFSR 的序列密码算法上，难以取得较好的分析结果。目前，针对 Grain 系列算法，有学者提出了概率代数分析，能以较高的概率恢复 Grain 系列算法中 LFSR 的内部状态，但无法做到恢复全部内部状态。

3. 条件差分分析

条件差分分析由 S. Knellwolf 等人于 2010 年在亚密会上提出，是一种基于 NFSR 的密码算法的差分分析方法。其思想来源于 Hash 函数分析中的消息修改策略，主要是通过选择公开向量对 NFSR 的内部状态施加条件，控制差分早期扩散，检测输出变量差分的非随机行为。因此，条件差分分析是一种选择明文分析方法。进一步，根据条件中是否只包含公开向量或密钥信息，条件差分分析可进行区分分析或密钥恢复分析。对于序列密码而言，条件差分分析主要研究初始化早期的差分扩散行为，通过选择 IV 对 NFSR 内部状态施加条件控制差分扩散，检测输出比特差分的分布偏差。

条件差分分析已广泛运用于 Grain 系列算法的分析中，并取得了较好的分析结果。S. Knellwolf 等人最早给出了 Grain v1 的条件差分分析，随后学者们在此基础上给出了一系列改进结果，其中，轮数最高的分析结果是由 S. Sarkar 给出的对 106 轮 Grain v1 的区分分析。M. Lehamann 等最早给出了 Grain-128a 的条件差分分析，能够实现对 177 轮 Grain-128a 进行单密钥区分分析及对 189 轮 Grain-128a 进行弱密钥区分分析。不仅如此，条件差分分析还应用于其他基于 NFSR 的密码算法分析中，成为对基于 NFSR 的密码算法的重要分析工具。

4. 动态立方分析

动态立方分析方法由 I. Dinur 和 A. Shamir 在 2011 年的 FSE 上提出，由立方分析和立方测试发展而来。立方分析、立方测试和动态立方分析都是将密码算法的输出看作 key 和 IV 的布尔函数 $f(key,IV)$，但代数正规性未知，通过高阶差分方式获得 $f(key,IV)$ 的部分信息，从而进行区分分析或密钥恢复分析。不同的是，在立方分析中，利用 $f(key,IV)$ 的某些高阶差分函数是关于密钥的线性或二次函数的性质进行密钥恢复分析。在立方测试中，通过检测 $f(key,IV)$ 的某些高阶差分函数的非随机性进行区分分析。动态立方分析的思想则稍微复杂，通过对 IV 施加条件满足与密钥 key 的某些表达式，达到简化 $f(key,IV)$ 代数正规性的目的。那么当 IV 满足条件时，可检测出具有更高轮数输出函数高阶差分的非随机性，此时利用 IV 的条件表达式可以恢复密钥信息。

利用动态立方分析思想，可对 Grain-128 进行全轮密钥恢复分析，分析复杂度优于穷举分析达 2^{32} 的计算量，这直接导致 Grain-128 不再被推荐使用。对于 Grain v1，动态立方分析能以优于穷举分析复杂度 2^{32} 的计算量对 100 轮的减轮版本进行密钥恢复分析。可以看出，由于 Grain v1 的反馈函数和输出函数具有更高的代数次数，因此比 Grain-128 更能抵抗动态立方分析。

5. 近似碰撞分析

近似碰撞分析是由张斌等人在 2013 年的 FSE 上针对 Grain v1 的一个结构特点提出的，即当两个内部状态差分重量很低时，输出的密钥流差分分布不均衡。根据这个特点，分析者可以在离线阶段建立内部状态差分与密钥流差分的对应关系概率表；然后在在线阶段，根据观察的密钥流差分，查表猜测内部状态差分。若内部状态差分猜测正确，则容易恢复某一时刻整个寄存器的状态，从而根据状态转移函数的可逆性恢复密钥。该算法的成功概率不高，对于缩减到 64 位内部状态的 Grain-like 模型，成功率也低于 10%，主要原因是记录内部状态差分与密钥流差分对应关系的表是不完整的。对 Grain v1 实施近似碰撞分析的复杂度进行了理论估计，在线阶段的最小复杂度约 $2^{71.4}$ 次 Grain v1 运算，成功率未知。

6. 滑动分析

滑动分析已成为分析基于 NFSR 序列密码的一个重要方法。通过与相关密钥分析方法结合，相关密钥滑动分析通常能得到较好的分析结果。O. Kucuk 首先指出对 Grain v0 进行滑动分析的可能性，约 1/4 的 (key, IV) 对可以找到 (key', IV') 对，使得它们的密钥流是一位移位关系。2008 年，C. D. Cannierel 等指出 Grain v1 存在具有 n 位移位关系的滑动对（$1 \leqslant n \leqslant 16$），并提到该滑动性可以给出相关密钥分析，但没有详细的描述。到目前为止，利用滑动性对 Grain v1 和 Grain-128 进行密钥恢复分析的最好结果由 Y. Lee 等给出。

3.8　序列密码的分析方法

从主要技术特点的角度对流密码的主要分析方法进行分类研究，将现有的主要流密码分析方法分为基于相关性质的分析方法、基于差分性质的分析方法、基于代数方程组的分析方法和基于时间-存储-数据折中的分析方法 4 种。

1. 基于相关性质的分析方法

基于线性逼近相关性的分析方法主要包括线性区分分析和相关分析两类。线性区分分析与相关分析虽然理论方法不同，但都利用流密码算法有限状态自动机（Finite State Machine，FSW）输入与密钥流之间的线性相关性。这两类方法主要适用于使用 LFSR 构件的流密码算法。

线性区分分析是一种非常有力的数学分析方法，已发展为序列密码的安全性分析的最重要方法之一。1993 年，Matsui 提出线性区分分析，主要用来分析 DES 分组密码算法。线性分析的基本思想是通过寻找输入函数和输出函数之间有效的仿射逼近关系，从而产生一个关于该算法输入、输出及密钥信息的线性关系。当然，线性关系成立的概率都大于随机情形（1/2）。若线性关系成立的概率与 1/2 的偏差较大，那么可以利用该线性关系来恢复一些密钥。

线性区分分析实际是统计分析，其目的是将目标算法生成的伪随机密钥流同真随机序列区分开来。线性区分分析的基本思想是：寻找输出密钥流与 LFSR 序列源之间的相关性，并利用序列源的线性制约关系获得输出密钥流在不同时刻之间的非平衡线性关系，最后依据这种不平衡性构造区分器以将输出密钥流同真随机序列区分开来。

相关分析方法是一种已知密文分析方法，也是分析序列密码的组合生成器最常用和最高效的方法之一。相关分析是一种状态恢复分析，其基本原理是将流密码 LFSR 状态恢复问题转换为译码问题：将 LFSR 部分看作一个线性码，其中，初态视作信息位；将 LFSR 输出序列看作发送的码字；将非线性组合生成器或者带记忆的有限状态自动机看作一个噪声信道。噪声信道一般选取二元对称信道（Binary Symmetric Channel，BSC），流密码输出的密钥流序列则可以看作所收到的码字。该分析方法首先观察输出的密钥流与它的内部状态是否存在某种关联，如果存在，则可观察输出的密钥流来求得内部状态相关信息，一直到破译密钥流生成器。相关分析的一个重要环节是译码阶段。后期，研究者通过编码理论中的迭代译码、线性分组译码方法，提出了快速相关分析、子集相关分析等方法。

2. 基于差分性质的分析方法

基于差分性质的分析方法主要包括碰撞分析和立方分析。这两类方法主要适用于分析流密码算法的初始化过程或者认证流密码算法的认证码生成过程。其中，碰撞分析还可以分为差分分析、滑动分析等，立方分析可以分为传统立方分析和动态立方分析等。

差分分析方法最早是在1991年分析DES算法时提出的，经过多年的发展，差分分析已经成为对序列密码算法分析的一种重要手段。差分分析的主要思想是，选择多对固定差分的输入，观察对应输出对的差分，并利用输出对的差分来研究算法的一些可能存在的弱点。近期，密码学研究之所以提出了条件差分分析，主要是跟踪基于NFSR的密码系统的差分扩散路径，通过指定内部变量之间的条件关系，在非线性更新过程中尽可能阻止差分的扩散。

滑动分析是由A. Biryukov和D. Wagner于1999年针对分组密码轮函数的相似性提出的分析方法。目前，滑动分析已在分组密码、流密码以及杂凑函数中广泛应用。

滑动分析由相关密钥分析理论发展而来。该分析方法主要利用密码的如下缺陷：算法使用相同的轮函数或者几轮轮函数形成一个周期，来寻找满足一定条件的明密文对，进而获得密钥的相关信息。对于序列密码来说，不同的(key, IV)对产生平移等价的密钥流，并称不同的(key, IV)为滑动对。由于NFSR在每个时钟周期内进行一位的反馈更新，其余位平移处理，因此基于NFSR的序列密码算法容易找到滑动对。为了抵抗滑动分析，序列密码算法通常在初始化时采用非对称的填充方式。

立方分析最早由Dinur等人提出，是高阶差分分析的一种扩展，适用于更新函数代数次数较低的流密码算法。立方分析比较特殊，既可以是密钥恢复分析，也可以是区分分析。

立方分析包括预处理阶段和在线阶段。在预处理阶段找到可以得到低次超级多项式的立方，并由此恢复出超级多项式。在在线阶段通过询问加密预言机得到第一比特密钥流z，再通过解低次方程组恢复一些密钥变量。立方分析中有两个重要问题，一是选择合适的立方，二是测试超级多项式的线性或恢复超级多项式。对于后者，当分析者把算法看作一个黑盒多项式时，在预处理阶段，可以使用随机测试法来确定给定的立方集超级多项式是否为线性并恢复超级多项式。立方分析还可以用于区分流密码算法和随机函数，此时一般称为立方检验。立方检验将初始变量分成互补的两部分，即立方变量（CV）和超级多项式变量（SV）。通过选取特定的CV和SV，检验超级多项式的性质，实现区分分析。常见的可用于立方检验的超级多项式具有平衡性、常数函数、低次数、线性变量的存在性和变量退化等性质。

3. 基于代数方程组的分析方法

基于代数方程组的分析方法都是通过求解代数方程组来恢复内部状态的，但求解策略有所不同。一种方式是猜测可能的原象，根据函数值验证正确性，即猜测确定分析；另一种方式是通过数学理论求解方程组得到原象，即代数分析。

假设分析者可以获得一定数量的密钥流序列，以此为依据推测出密钥流序列发生器的初始状态，然后根据得到的初始状态来获得产生的所有密钥流序列，这种分析称为猜测确定分析。猜测确定分析通常是观察内部状态更新函数式与密钥流输出函数式变量之间的关系，先猜测算法的一部分内部状态，再根据已知的密钥流来确定其他内部状态。为了验证猜测，将真正的密钥流序列与根据猜测生成的密钥流序列进行对比，若两者相同，则证明猜测合理，否则再一次进行猜测假定，直至找到正确的猜测值。

代数分析是由 Courtois 和 Meier 提出的一种通用密码分析方法，几乎可用于所有密码体制的安全性分析。其基本思想是将序列密码的一个加密系统表示成代数方程组，然后通过求解超定低阶代数方程来恢复密钥。首先设置初始密钥为未知元，再建立密钥和输出序列之间的超定低阶代数方程，最后利用线性化方法、XL 算法或 Grobner 基方法等来求解密钥。代数分析对基于 LFSR 的序列密码算法构成严重威胁。

4. 基于时间-存储-数据折中的分析方法

1980 年，Hellmanl 在对分组密码 DES 的分析中首次提出了时间-存储-数据折中（TMTO）的分析方法，主要思想是将穷举分析与查表分析结合。随后，Biryukov 等将此方法用于分析序列密码，也称为 BSW 时间-存储-数据折中分析。

TMTO 分析方法一般由两个阶段构成，即预处理阶段及在线分析阶段。令 P 表示预计算复杂度，T 表示在线分析复杂度，M 表示存储复杂度，N 表示密码算法的密钥空间，则该方法的折曲线为 $TM^2 = N^2$ 且 $P = N$。该方法可用于一般的单向函数求逆问题。随后，Babbagel 和 Goli 提出针对序列密码的时间折中分析，称为 BG 折中，用于恢复序列密码算法的内部状态。这种分析的折曲线为 $TM = N, P = M, T = D$，其中，N 表示序列密码算法的状态空间，D 表示分析所需的数据量。在 2000 年的亚密会上，Biryukov、Shamir 和 Wagner 提出了针对序列密码的新的时间-存储-数据折中（TMDTO）分析，称为 BS 折中分析。分析的折曲线为 $TM^2D^2 = N^2$，$P = N/D$。TMDTO 分析成功地破解了一些序列密码算法、包括 GSM 加密标准 A5/1 序列密码算法。此外，TMDTO 也成为序列密码内部状态恢复分析的一个重要手段。设 π 为 n 位内部状态到输出的连续 n 位密钥流的映射，则恢复内部状态的问题可以转换为利用 TMDTO 方法对单向函数 π 求逆的问题。

3.9 思考与练习

1. （单选题）一个同步流密码是否具有很高的密码强度主要取决于（　　）。
   A. 密钥流生成器的设计　　B. 密钥长度　　C. 明文长度　　D. 密钥复杂度
2. （单选题）n 级线性反馈移位寄存器的输出序列时钟周期与其状态周期相等，只要选择合适的反馈函数便可使序列的周期达到最大。其最大值是（　　）。
   A. n　　　　　　　　B. $2n$　　　　　　　C. $2^n - 1$　　　　　D. 不确定
3. 3 级线性反馈移位寄存器在 $c_3 = 1$ 时可有 4 种线性反馈函数，设其初始状态为 $(a_1, a_2, a_3) = (1, 0, 1)$，求各个线性反馈函数的输出序列及周期。
4. 基于 LFSR 的常见密钥生成器有哪几种？它们各自有什么特点？
5. 假设密码分析者得到密文串 1010110110 和相应的明文串 0100010001。假定分析者知道密钥流是使用 3 级线性反馈移位寄存器产生的，试破译该密码系统。
6. 计算 ZUC 算法的 S 盒输出。
   1) $S_0(3A)$
   2) $S_1(86)$
   3) $S_0(C8)$
   4) $S_1(D7)$

3.10　拓展阅读：密码学家肖国镇

肖国镇教授是我国现代密码学研究的主要开拓者之一，他提出了关于组合函数的统计独立性概念，这对于理解和分析流密码中的伪随机性生成至关重要。他进一步提出了组合函数相关免疫性的频谱特征化定理，在国际上称为 Xiao-Massey 定理。该定理在密码学领域具有广泛的影响，特别是在流密码的设计和分析中，这个定理提供了一种量化和度量密码函数性质的方法，为评估和设计具有强抗相关攻击能力的流密码提供了理论基础。通过频谱分析，可以更深入地研究和改进流密码算法的随机性和复杂性，帮助研究人员更好地理解和改进流密码的安全性能。此外，肖国镇也是中国现代密码学研究的主要开拓者和奠基人，他在半个多世纪的教师生涯中，为我国的教育科研事业培养了一大批优秀人才，有些已成为密码学领域的国际知名学者。

第4章 分组密码

在许多密码系统中,分组密码是系统安全的一个重要组成部分。分组密码除了用于数据加密外,还可以用于构造伪随机数生成器、消息鉴别码和杂凑函数等。本章主要介绍分组密码的基本概念、结构、工作模式、线性密码分析与差分密码分析,以及具有代表性的分组密码算法(包括 DES、AES、SM4 和轻量级分组密码)。

4.1 分组密码的基本概念

分组密码是将明文消息划分成长为 n(n 的值通常为 64 或 128)位的分组 $M=(m_0,m_1,m_2,\cdots,m_{n-1})$,各个长为 n 的分组分别在密钥 $K=(k_0,k_1,k_2,\cdots,k_{t-1})$(密钥长为 t)的控制下变换成一组密文分组序列 $C=(c_0,c_1,c_2,\cdots,c_{n-1})$。这组密文分组序列通常与明文分组等长。分组密码的原理如图 4.1 所示。

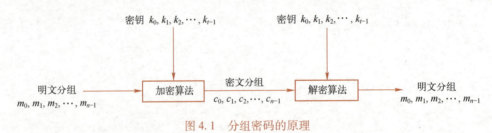

图 4.1 分组密码的原理

这里首先给出置换的概念:设 S 是一个有限集合,f 是从 S 到 S 的一个映射。如果对于任意 u、$v \in S$,当 $u \neq v$ 时,$f(u) \neq f(v)$,则称 f 为 S 上的一个置换。

对于一个分组长度为 n 的分组密码,不同的密钥应该对应不同的加密变换和解密变换。给定密钥 k,对于任意的 u、$v \in S$,如果 $u \neq v$,则一定有 $E_k(u) \neq E_k(v)$,因为如果 $E_k(u) = E_k(v)$,则在解密时将难以准确地恢复出明文。因此,对于给定的密钥 k,加密变换 E_k 是 S 上的一个置换,解密变换 D_k 是 E_k 的逆置换。

分组密码的加密原理是:在密钥的控制下,通过置换将明文分组映射到密文空间的一个分组。本章介绍的数据加密标准(Data Encryption Standard,DES)和高级加密标准(Advanced Encryption Standard,AES)都是典型的分组密码算法。

对于分组密码,安全性的两个设计原则是扩散和混淆。扩散和混淆是 Shannon 提出的设计密码系统的两种基本方法,其目的是抵抗密码分析者对密码体制的统计分析。

扩散原则:设计的密码算法应使明文中的每一位影响密文中的许多位,或者说让密文中的每一位受明文中许多位的影响,这样可以隐蔽明文的统计特性;使得密钥的每一位影响密文的许多位,可以防止对密钥进行逐字段破译。扩散的目的是希望密文中的任一位 C_i 都尽可能地与明文、密钥相关联,或者明文和密钥的任何位上值的改变都会在某种程度上影响到

C_i 的值，以此防止将密钥分解成若干个孤立的小部分，然后各个击破。

混淆原则：设计的密码算法应使得密钥和明文以及密文之间的依赖关系变得尽可能复杂。因为仅仅使每个明文位和每个密钥位与所有的密文位紧密相关还是不够的，还必须要求有相关的数学函数完成混淆功能，使得对手无法利用三者间的依赖关系分析出明文、密文及密钥之间的相互关系、增加对手破译密钥的难度。可以使用复杂的非线性代替变换来达到较好的混淆效果。

4.2 分组密码的结构

分组密码体制基本上都是基于乘积和迭代来构造的。乘积通常由一系列的置换和代换构成。常见的分组密码结构有 Feistel 网络（Feistel Net）和代换 – 置换（Substitution Permutation，SP）网络。DES 和 AES 分别是 Feistel 网络和 SP 网络的典型例子。

4.2.1 SP 网络

扫码看视频

SP 网络广泛应用于分组密码设计。它基于两个基本的密码操作：代换和置换。代换操作根据预定义的替代表将每个输入值替换为相应的输出值，而置换操作根据预定义的置换表按照特定的置换规则重新排列，得到重新排列的输出值。SP 网络通常会进行 R 次迭代，每次迭代都被称为一个轮（Round）。轮数可以根据所需的安全级别和输入数据的块大小而有所不同。一般来说，轮数越多，密码就越安全，但是计算复杂度也会提高。图 4.2 所示为 SP 加密网络示例。算法的输入为 16 位的数据块，进行 4 轮迭代每一轮都包括：1）S 盒置换；2）P 置换；3）密钥混合。

1. S 盒置换

在给出的加密算法中，将 16 位的数据块分成 4 个 4 位的子块。每个子块都形成一个 4×4 的 S 盒（一种置换装置，输入为 4 位，输出也为 4 位）的输入。S 盒可以很容易地用一个由输入的 4 个位进行编号的、包含 16 个 4 位数据的查找表格实现。S 盒的最基本性质是其非线性映射，S 盒的输入不能通过对输入的线性变换而得到。

在图 4.2 所示的加密网络中，对所有的 S 盒都可以使用相同的非线性映射，也可以使用不同的映射（DES 每一轮中的 S 盒都不相同，但每一轮都重复利用这些 S 盒）。表 4.1 所示是 S 置换，是从 DES 的 S 盒中选取的（是第一个 S 盒的第一行）。在该表中，这些十六进制的符号表示图 4.2 的 S 盒的输入与输出。

表 4.1　S 盒置换

输入	0	1	2	3	4	5	6	7	8	9	A	B	C	D	E	F
输出	E	4	D	1	2	F	B	8	3	A	6	C	5	9	0	7

2. P 置换

每一轮的 P 置换都只是简单变换位的位置。图 4.2 中的 P 置换如表 4.2 所示（其中的数字表示位的位置，1 表示最左边的位，16 表示最右边的位）。可以简单地描述 P 置换如下：第 j 个 S 盒的第 i 个输出与第 i 个 S 盒的第 j 个输入相关联。由于在加密的最后一轮使用 P 置换是没有用处的，因此在最后一轮没有使用 P 置换。

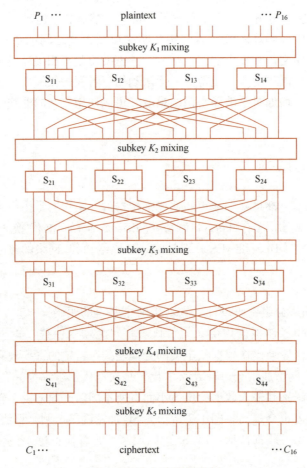

图 4.2 SP 加密网络示例

表 4.2 P 置换

输入	1	2	3	4	5	6	7	8	9	10	11	12	13	14	15	16
输出	1	5	9	13	2	6	10	14	3	7	11	15	4	8	12	16

3. 密钥混合

密钥混合是将每一轮位输入和子密钥进行简单的异或运算。最后一轮也需要一个子密钥进行密钥混合运算，如果没有子密钥混合运算，则密码分析者可以对最后一轮的 S 盒做逆运算，从而忽略最后一轮的加密作用。一般地，一个密码算法中，每一轮的子密钥都是通过主密钥变换产生的。

4. 解密

解密时，数据实际上以与加密相反的方向通过 SP 加密网络。因此，解密的形式和图 4.2 所示的 SP 加密网络的形式相似。但是，解密过程中 S 盒的解密映射应该是加密过程中 S 盒的加密映射的逆映射（例如：输入变成输出，输出变成输入）。也就是说，为了使得一个 SP 网络既可用于加密又可用于解密，所有的 S 盒都必须是双射的，且相同的输入和输出是同一个一对一的映射。同时，为了保证 SP 加密网络可以正确地解密，子密钥必须以与加密相反的次序使用，并且子密钥的使用必须与 P 置换一致，如果与图 4.2 中的 SP 加密网络相似，那么必须注意到最后一轮没有 P 置换，以保证加密和解密的 SP 网络在结构上一致

(如果最后一轮有一个 P 置换,则在解密的第一轮的 S 置换之前需要一个 P 置换)。

4.2.2 Feistel 网络

扫码看视频

Feistel 网络由 Feistel 设计而得名,在数据加密标准(DES)等分组密码中广泛应用。许多轻量级分组密码的设计也使用了 Feistel 结构。

1. 网络结构

Feistel 模型的输入是长度为 $2n$ 位的数据分组和主密钥 K,输出也是长度为 $2n$ 位的数据(见图 4.3)。$2n$ 位的明文分组被分为左半部分和右半部分,分别用 L_0 和 R_0 表示,在每轮子密钥的作用下进行加密,在前 $r-1$ 轮,每轮产生的 L_i 和 R_i 交换位置,然后作为下一轮输入。最后一轮产生的 L_r 和 R_r 不交换,直接输出。

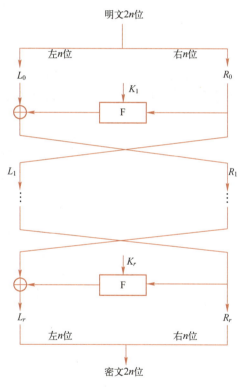

图 4.3 Feistel 结构加密模型

2. 密钥产生算法

每轮的密钥都由主密钥控制,产生每轮的子密钥。

3. 解密

解密过程是加密过程的逆向操作,不同之处在于使用的子密钥顺序相反。

4.3 DES

数据加密标准(DES)是美国国家标准局 NBS 即现在的美国国家标准与技术研究院(National Institute of Standard and Technology,NIST)公开征集的一种用于政府部门及民间进行计算机数据加密的密码算法。NBS 最初于 1973 年 5 月 13 日向社会公开发起征集，IBM 公司提出的一种称为 Lucifer 的加密算法被选为数据加密标准。1977 年 1 月 15 日，DES 被正式批准并作为美国联邦信息处理标准，即 FIPS-46，同年 7 月 15 日生效。1994 年 1 月，NSA（美国国家安全局）对 DES 进行评估后，决定 1998 年 12 月以后不再使用 DES，同时开始征集评估和制定新的加密标准。新的加密标准称为 AES。DES 是一个分组密码算法，它使用 56 位的密钥，以 64 位为单位对数据分组进行加密和解密。DES 加密与解密使用同一密钥，DES 的保密性依赖于密钥。

4.3.1 DES 加密过程

可以将 DES 的加密过程简单描述为 3 个阶段，首先，64 位的明文通过一个初始置换 IP 实现比特重排；其次，16 轮迭代运算具有相同的结构，迭代运算也称为乘积变换；最后，将 16 轮迭代运算后得到的结果进行逆置换 IP^{-1}，得到的就是 64 位的密文结果。DES 加密的过程略图如图 4.4 所示。

1. 初始置换 IP

在迭代运算之前，需要将输入的 64 位明文进行初始置换 IP，DES 的初始置换 IP 如图 4.5 所示。进行初始置换 IP 后，明文的次序被打乱，如原来放在第 58 位的数据置换后放在第 1 位。

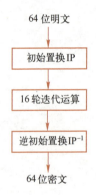

58	50	42	34	26	18	10	2
60	52	44	36	28	20	12	4
62	54	46	38	30	22	14	6
64	56	48	40	32	24	16	8
57	49	41	33	25	17	9	1
59	51	43	35	27	19	11	3
61	53	45	37	29	21	13	5
63	55	47	39	31	23	15	7

图 4.4　DES 加密的过程略图　　　　图 4.5　DES 的初始置换 IP

2. 16 轮迭代运算

图 4.6 所示的是 DES 单轮加密的示意图。在每一轮迭代中，每个 64 位的中间结果都被分成左、右两部分，而且左、右两部分作为相互独立的 32 位数据进行处理。每轮迭代的输入都是上轮的结果 L_{i-1} 和 R_{i-1}。

过程：R_{i-1} 先由 32 位扩展到 48 位，扩展后的 48 位结果与 48 位的密钥 K_i 进行异或，得到的结果经过一个 S 盒置换产生 32 位的输出，然后经过一个 P 盒置换，再将得到的结果与 L_{i-1} 进行简单异或，最后的输出结果作为 R_i，而 L_i 是不经过变换的 R_{i-1} 直接得到的。

可以将 DES 加密算法的 16 轮迭代运算表示为：

$$L_i = R_{i-1}$$
$$R_i = L_{i-1} \oplus F(R_{i-1}, K_i)$$

式中，$i=1,2,3,\cdots,16$。L_i 和 R_i 表示迭代运算的左、右两部分，其长度都是 32 位，F 是一个非线性加密函数，K_i 是由密钥 K 产生的一个 48 位的子密钥。函数 F 包括 4 个变换，分别是

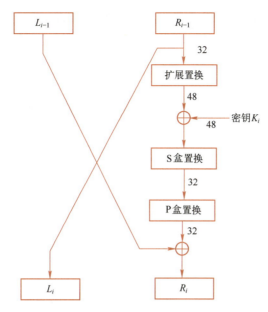

图 4.6 DES 单轮加密的示意图

扩展置换、与子密钥异或、S 盒置换、P 盒置换。F 的输入为 32 位，产生 48 位的中间结果，并最终产生 32 位的输出。图 4.7 所示为加密函数 F 的过程。

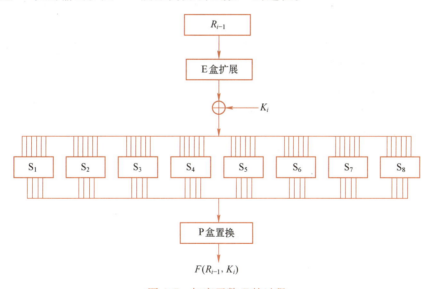

图 4.7 加密函数 F 的过程

下面分别介绍 F 函数变换中的 4 个变换：扩展置换、与子密钥异或、S 盒置换以及 P 盒置换。

（1）扩展置换

扩展置换将前一轮迭代的结果 R_{i-1} 作为输入，根据扩展函数 E 将 32 位的输入扩展为 48 位。扩展函数 E 将 32 位的明文每 4 位分成一组，共有 8 组。每个分组由 4 位扩展为 6 位，扩展方法为：每个分组的 4 位作为 6 位输出分组的中间 4 位，6 位输出分组中的第 1 位和第 6 位分别由相邻的两个 4 位小分组的最外面两位扩散进入本分组产生，其中，第 1 个小分组的左侧相邻分组为最后一个小分组。图 4.8 所示为 E 盒扩展置换的过程。

可以将 8 个小分组扩展后的结果列成一张表，就构成了 E 盒扩展置换表，如图 4.9 所示。

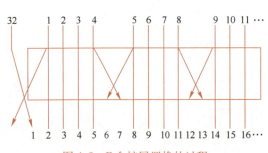

图 4.8 E 盒扩展置换的过程

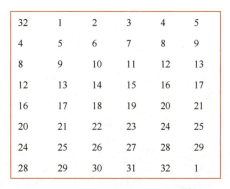

图 4.9 E 盒扩展置换表

（2）与子密钥异或

将经过 E 盒扩展置换得到的 48 位输出与子密钥 K_i 进行异或（按位模 2 加）运算。

（3）S 盒置换

S 盒置换是将第（2）步与子密钥异或得到的结果作为 S 盒置换的输入，经过置换得到 32 位的输出。DES 加密函数中共有 8 个 S 盒，每个 S 盒都有 4 行 16 列，如表 4.3 所示。

表 4.3 DES 的 S 盒

	0	1	2	3	4	5	6	7	8	9	10	11	12	13	14	15	
0	14	4	13	1	2	15	11	8	3	10	6	12	5	9	0	7	
1	0	15	7	4	14	2	13	1	10	6	12	11	9	5	3	8	S_1
2	4	1	14	8	13	6	2	11	15	12	9	7	3	10	5	0	
3	15	12	8	2	4	9	1	7	5	11	3	14	10	0	6	13	
0	15	1	8	14	6	11	3	4	9	7	2	13	12	0	5	10	
1	3	13	4	7	15	2	8	14	12	0	1	10	6	9	11	5	S_2
2	0	14	7	11	10	4	13	1	5	8	12	6	9	3	2	15	
3	13	8	10	1	3	15	4	2	11	6	7	12	0	5	14	9	
0	10	0	9	14	6	3	15	5	1	13	12	7	11	4	2	8	
1	13	7	0	9	3	4	6	10	2	8	5	14	12	11	15	1	S_3
2	13	6	4	9	8	15	3	0	11	1	2	12	5	10	14	7	
3	1	10	13	0	6	9	8	7	4	15	14	3	11	5	2	12	
0	7	13	14	3	0	6	9	10	1	2	8	5	11	12	4	15	
1	13	8	11	5	6	15	0	3	4	7	2	12	1	10	14	9	S_4
2	10	6	9	0	12	11	7	13	15	1	3	14	5	2	8	4	
3	3	15	0	6	10	1	13	8	9	4	5	11	12	7	2	14	
0	2	12	4	1	7	10	11	6	8	5	3	15	13	0	14	9	
1	14	11	2	12	4	7	13	1	5	0	15	10	3	9	8	6	S_5
2	4	2	1	11	10	13	7	8	15	9	12	5	6	3	0	14	
3	11	8	12	7	1	14	2	13	6	15	0	9	10	4	5	3	

(续)

	0	1	2	3	4	5	6	7	8	9	10	11	12	13	14	15	
0	12	1	10	15	9	2	6	8	0	13	3	4	14	7	5	11	
1	10	15	4	2	7	12	9	5	6	1	13	14	0	11	3	8	S_6
2	9	14	15	5	2	8	12	3	7	0	4	10	1	13	11	6	
3	4	3	2	12	9	5	15	10	11	14	1	7	6	0	8	13	
0	4	11	2	14	15	0	8	13	3	12	9	7	5	10	6	1	
1	13	0	11	7	4	9	1	10	14	3	5	12	2	15	8	6	S_7
2	1	4	11	13	12	3	7	14	10	15	6	8	0	5	9	2	
3	6	11	13	8	1	4	10	7	9	5	0	15	14	2	3	12	
0	13	2	8	4	6	15	11	1	10	9	3	14	5	0	12	7	
1	1	15	13	8	10	3	7	4	12	5	6	11	0	14	9	2	S_8
2	7	11	4	1	9	12	14	2	0	6	10	13	15	3	5	8	
3	2	1	14	7	4	10	8	13	15	12	9	0	3	5	6	11	

S 盒置换的过程：将第（2）步与子密钥异或得到 48 位输出，每 6 位一组，共分成 8 组，分别作为 8 个 S 盒的输入；每一个分组将对应一个 S 盒进行变换运算，分组 1 由 S_1 盒进行变换操作，分组 2 由 S_2 盒操作，以此类推，而且 8 个 S 盒所表示的变换运算各不相同。

每个 S 盒都有 6 位输入，4 位输出。通过观察表 4.3 可知，S 盒的每一行是数字 0～15 的不同排列。那么如何根据一个 6 位的 S 盒输入，利用表 4.3 得到 4 位的输出？如果第 i 个 S_i 盒的输入为 $B_i = b_1b_2b_3b_4b_5b_6$，则 S 盒变换得到 4 位输出的过程如下：将 b_1b_6 和 $b_2b_3b_4b_5$ 作为二进制数，令 b_1b_6 和 $b_2b_3b_4b_5$ 对应的十进制数分别为 r 和 c（$0 \leqslant r \leqslant 3$，$0 \leqslant c \leqslant 15$），设第 i 个 S_i 盒中的第 r 行、c 列对应的整数为 N，则 N 的二进制表示就是该 S 盒在输入为 $B_i = b_1b_2b_3b_4b_5b_6$ 时对应的 4 位输出。举例说明：若 $B_2 = 110101$，可知 $r=3$、$c=10$，在表 4.3 中找到 S_2 的第 3 行、第 10 列对应的整数为 7，其二进制表示为 0111，所以 110101 对应的输出为 0111。

S 盒置换是函数 F 的核心所在，也是 DES 算法的关键步骤。除 S 盒之外，DES 的其他运算都是线性的，易于分析，而 S 盒是非线性的，它决定了 DES 算法的安全性。

48 位的输入（分为 8 个 6 位分组）在经过 8 个 S 盒代替运算后，得到 8 个 4 位的分组，它们重新合在一起，形成一个 32 位的比特串，作为 P 盒置换的输入。

（4）P 盒置换

P 盒置换是将 S 盒输出的 32 位比特串根据固定的置换 P（也为 P 盒）置换到相应的位置。图 4.10 给出了 P 盒置换表，P 盒置换运算后得到的输出即为函数 $F(R_{i-1}, K_i)$ 的最终结果。

16	7	20	21
29	12	28	17
1	15	23	26
5	18	31	10
2	8	24	14
32	27	3	9
19	13	30	6
22	11	4	25

图 4.10　P 盒置换表

3. 逆初始置换 IP^{-1}

图 4.11 给出了 IP^{-1} 的置换表，IP^{-1} 是 IP 的逆置换。

64 位的明文经过 IP 置换、16 轮迭代运算、逆初始置换 IP^{-1} 后，得到的结果为 DES 加密的密文输出。图 4.12 给出了 DES 加密 16 轮的过程。注意，最后一轮迭代运算后的结果并没有进行交换，即 $C = IP^{-1}(R_{16}, L_{16})$，这样做的目的是加密和解密使用同一个算法。

39	7	47	15	55	23	63	31
38	6	46	14	54	22	62	30
37	5	45	13	53	21	61	29
36	4	44	12	52	20	60	28
35	3	43	11	51	19	59	27
34	2	42	10	50	18	58	26
33	1	41	9	49	17	57	25

图 4.11 IP^{-1} 的置换表

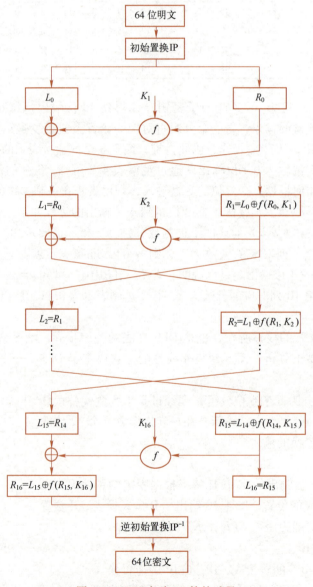

图 4.12 DES 加密 16 轮的过程

4.3.2 DES 解密过程

DES 的解密算法与加密算法共用相同的算法过程。两者的不同之处仅在于解密时使用的子密钥 K_i 的顺序与加密时相反。如果加密的子密钥为 $K_1K_2\cdots K_{16}$,那么解密时子密钥的顺序为 $K_{16}K_{15}\cdots K_1$。也就是说,使用 DES 解密算法进行解密时,将以 64 位的密文作为输入,第 1 轮迭代运算使用子密钥 K_{16},第 2 轮迭代运算使用子密钥 K_{15},……,第 16 次迭代运算使用子密钥 K_1,而其他的运算过程与加密相同。这样输出的便是 64 位明文。与加密相对应,解密的 16 轮可以表示为:

$$R_{i-1} = L_i$$
$$L_{i-1} = R_i \oplus F(L_i, K_i)$$

式中,$i = 16, 15, \cdots, 2, 1$。

4.3.3 DES 子密钥生成

DES 算法共进行 16 轮迭代运算,每轮迭代运算都使用一个子密钥,共需要 16 个子密钥。子密钥是根据用户输入的初始密钥(或称为种子密钥)产生的,用户输入的初始密钥 K 为 64 位,其中有 8 位用于奇偶校验,分别位于第 8、16、24、32、40、48、56、64 位。奇偶校验位用于检查密钥 K 在产生、分配以及存储过程中可能发生的错误,这样 DES 的密钥实际上只有 56 位。图 4.13 所示为由初始密钥生成子密钥的过程。

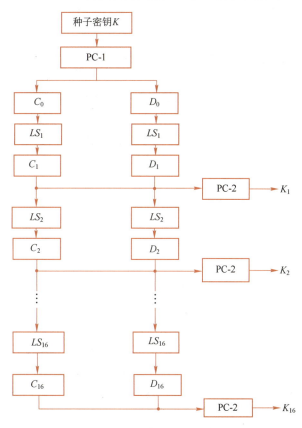

图 4.13 由初始密钥生成子密钥的过程

1) PC-1 置换。输入的种子密钥 K 首先经过一个置换（PC-1 选择置换）将比特重排。PC-1 置换结果（56 位）的前 28 位作为 C_0，后 28 位作为 D_0。如图 4.14 所示，经过 PC-1 置换后不再出现第 8、16、24、32、40、48、64 位。也就是说，64 位的种子密钥 K 经过 PC-1 置换，奇偶校验位已经被删除，且剩余的 56 位密钥打乱重排。

2) 在计算第 i 轮迭代所用的子密钥时，首先对 C_{i-1} 和 D_{i-1} 进行循环左移，分别得到 C_i 和 D_i。如果 $i=1, 2, 9, 16$，循环左移动 1 位，否则循环左移动 2 位。经过移位后得到的 C_i 和 D_i 作为下一个循环的输入。然后 $C_i D_i$ 经过 PC-2 置换，从 56 位中选取 48 位作为子密钥 K_i。PC-2 置换如图 4.15 所示。

57	49	41	33	25	17	9
1	58	50	42	34	26	18
10	2	59	51	43	35	27
19	11	3	60	52	44	36
63	55	47	39	31	23	15
7	62	54	46	38	30	22
14	6	61	53	45	37	29
21	13	5	28	20	12	4

图 4.14　PC-1 置换

14	17	11	24	1	5
3	28	15	6	21	10
23	19	12	4	26	8
16	7	27	20	13	2
41	52	31	37	47	55
30	40	51	45	33	48
44	49	39	56	34	53
46	42	50	36	29	32

图 4.15　PC-2 置换

4.3.4　DES 的安全性

从 DES 诞生之日起，人们就对它的安全性持怀疑态度，并展开了激烈的争论。本小节介绍几个主要的争论点。

1. 对 DES 的 S 盒、迭代次数、密钥长度等设计准则的争议

DES 的 S 盒、迭代次数、密钥长度都被设计成固定的参数，而且 S 盒的设计标准是保密的，至今未公布。人们担心如果在算法中嵌入了陷门，NSA 使用一个简单的方法就能对消息解密。1976 年，NSA 公布了下列几条 S 盒的设计准则。

1) S 盒的每一行都是整数 $0,1,2,\cdots,15$ 的一个置换。
2) 没有一个 S 盒是它输入的线性或仿射函数。
3) 改变 S 盒的一个输入位至少要引起 2 位的输出改变。
4) 对任何一个 S 盒和任何一个输入 x（x 为 6 位的串），$S(x)$ 和 $S(x \oplus 001100)$ 至少有 2 位不同。
5) 对任何一个 S 盒，如果两个输入的前两位不同，而最后两位相同，那么两个输出必须不同。
6) 对任何一个 S 盒，如果使一个输入位保持不变，而使其他 5 位的输入变化，观察一个固定输出位的值，使这个输出位为 0 的输入的数目与使这个输出位为 1 的输入的数目总数接近相等。

但是，S 盒的设计准则还没有完全公开，我们仍然不知道 S 盒的构造中是否使用了其他的设计准则，这也使得人们的猜测无法得到消除，关于 S 盒的争议仍然在继续。

2. DES 存在着一些弱密钥和半弱密钥

DES 算法中各轮迭代所使用的子密钥是通过输入的种子密钥产生的。生成子密钥时，将种子密钥（去除了奇偶校验位后）分成两个部分（可以分别称为 C 寄存器与 D 寄存器，分别用来保存 C_i 与 D_i 的值），每个部分都独立地进行循环移位。如果某个密钥 K 使得这两个部分的每一部分的所有位都是 0 或 1，那么这时由它产生的 16 个子密钥相同，由此：

$$\mathrm{DES}_k(m) = \mathrm{DES}_k^{-1}(m)$$

即由密钥 K 确定的加密变换和解密变换一致，这时称密钥 K 为一个弱密钥。也就是说，由弱密钥 K 确定的加密变换与解密变换是一致的。

同时，DES 中还存在半弱密钥，这些密钥把明文加密成相同的密文，即存在一个不同于 K 的密钥 K' 使 $\mathrm{DES}_{K'}(m) = \mathrm{DES}_{K'}(m)$。这时，密钥 K' 将能够解密由密钥 K 加密的明文。

虽然，DES 存在弱密钥，但这并不是十分大的安全问题。相对于总数为 2^{56} = 72 057 594 037 927 936 的密钥空间，弱密钥与半弱密钥所占的比例实在太小了。如果随机地选择密钥，那么选中这些弱密钥中的一个的概率可以忽略不计。为了确保弱密钥不被选择做密钥，可以在密钥产生时进行检查，保证不使用弱密钥作为 DES 的密钥。

3. DES 的 56 位密钥无法抵抗穷举攻击

DES 的密钥只有 56 位，实际上，在 IBM 最初向 NSA 提交的方案当中，密钥的长度为 112 位，但在 DES 成为一个标准时，被削减至 56 位密钥。密钥量仅为 $2^{56} \approx 10^{17}$，就目前计算设备的计算能力而言，DES 不能抵抗对密钥的穷举攻击。

4.3.5 三重 DES

为了提高 DES 的安全性，可以使用多重 DES。多重 DES 就是使用多个密钥并利用 DES 算法对明文进行多次加密。使用多重 DES 可以增加密钥量，从而大大提高抵抗密钥的穷举攻击的能力。

3DES（或称为 Triple DES）是三重数据加密算法（Triple Data Encryption Algorithm，TDEA）的通称，它相当于对每个数据块应用 3 次 DES 加密算法。

设 k_1、k_2、k_3 是 3 个长度为 56 位的密钥。

给定明文 M，则密文 C 为：

$$C = E_{k_3}(D_{k_2}(E_{k_1}(M)))$$

给定密文 C，则解密明文 M 为：

$$M = D_{k_1}(E_{k_2}(D_{k_3}(C)))$$

对于三重 DES，如果 $k_1 = k_2$ 或者 $k_2 = k_3$，则三重 DES 就变成了使用一个 56 位密钥的单重 DES。如果 $k_1 = k_3$，称为 2TDEA，这会导致 112 个有效位。使用 3 个不同的密钥，称为 3TDEA，会导致 168 个有效位。2TDEA 被广泛用于支付卡行业，因为它折中了安全性和计算时间，但不断发展的技术使其不适合抵御攻击，自 2015 年 12 月 21 日起，2TDEA 仅可用于解密。3TDEA 在 2023 年也被弃用（见 SP 800-131A）。

4.4 AES

1997 年 1 月 2 日，NIST 宣布征集一个新的对称密钥分组密码算法，以取代 DES 作为新的加密标准，新的算法被命名为高级加密标准（AES）。1997 年 9 月 12 日发布了征集算法的正式公告，要求 AES 具有 128 位分组长度，支持 128、192 和 256 位的密钥长度；比三重 DES 有效，至少要与三重 DES 一样安全；而且要求 AES 能在全世界范围内免费得到。1998

年 8 月 20 日，NIST 宣布接受 15 个算法作为 AES 的候选算法，全世界的密码学界协助分析这些算法。1999 年 8 月，确定了 5 个候选决赛算法，分别是 IBM 提交的 MARS，RSA 实验室提交的 RC6，Joan Daemen、Vincent Rijment 提交的 Rijndael，Anderson、Biham、Knudsen 提交的 Serpent，以及 Schneier、Kelsy、Whiting、Wagner、Hall、Ferguson 提交的 Twofish。经过对决赛算法的进一步分析，NIST 决定将 Rijndael 作为 AES。

4.4.1　AES 的加密变换

Rijndael 是由两个比利时的密码学家 Daemen 和 Rijment 共同设计的。Rijndael 算法是一个迭代型分组密码，其分组长度和密钥长度都可变，各自可以为 128 位、192 位、256 位。

Rijndael 对明文以字节为单位进行处理，以 128 位的分组、128 位密钥的情况为例。首先将明文按字节分成列组，将明文的前 4 个字节组成一列，接下来的 4 个字节组成第二列，后面的字节依次组成第三列和第四列，则组成了一个 4×4 的矩阵。这样，AES 输入的 16 个字节排成了一个二维数组，称为状态矩阵，如图 4.16 所示。AES 的加密和解密变换都是基于状态数组来处理的，在中间结果上的不同变换操作称为状态。AES 的状态矩阵的列数 N_b 等于分组的长度除以 32，矩阵中的每个元素都是一个字节（8 位）。

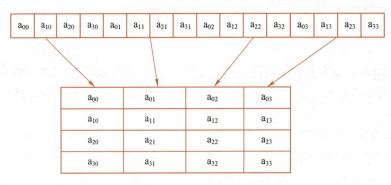

图 4.16　AES 的状态矩阵

同样，密钥也可以表示成一个 4×N_k 的矩阵，N_k 等于密钥的长度除以 32，当密钥长度为 128 位时，N=4，密钥矩阵如下所示。

$$\begin{bmatrix} k_{00} & k_{01} & k_{02} & k_{03} \\ k_{10} & k_{11} & k_{12} & k_{13} \\ k_{20} & k_{21} & k_{22} & k_{23} \\ k_{30} & k_{31} & k_{32} & k_{33} \end{bmatrix}$$

为表述简单起见，这里只讨论密钥长度为 128 位、分组长度为 128 位时的情形，对于其他分组长度和密钥长度的类型，AES 工作的原理是相同的。

与 DES 相同，AES 也是由最基本的变换单位——"轮"多次迭代而成的，当分组长度和密钥分组长度均为 128 位时，轮数为 N_r = 10。我们将 AES 中的轮变换记为 Round（State，RoundKey），State 表示消息矩阵，RoundKey 表示轮密钥矩阵。一轮的完成将改变 State 矩阵中的元素，称为改变它的状态。对于加密来说，输入到第一轮中的 State 就是明文消息矩阵，最后一轮输出的 State 就是对应的密文消息矩阵。

AES 的轮（除最后一轮外）变换由 4 个不同的变换组成，这些变化我们称之为内部轮函数。AES 的轮可表示成如下形式：

```
Round(State, RoundKey){
    SubBytes(State);
    ShiftRows(State);
    MixColumns(State);
    AddRoundKey(State, RoundKey);
}
```

其中，SubBytes(State) 称为字节代替变换，ShiftRows(State) 称为行移位变换，MixColumns(State) 称为列混合变换，AddRoundKey(State, RoundKey) 称为与子密钥位异或。

最后一轮略微不同，将其记作 FinalRoundKey(State, RoundKey)，相当于前面的 Round(State, RoundKey) 去掉 MixColumns(State)。

AES 算法的执行过程如图 4.17 所示。

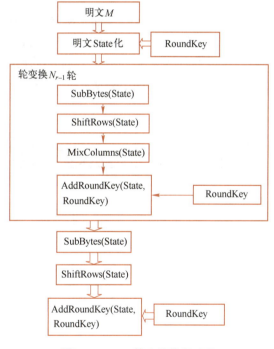

图 4.17 AES 算法的执行过程

1) 给定明文 M，将 State 初始化为 M，并进行 AddRoundKey(State, RoundKey)，将 RoundKey 与 State 进行异或运算。

2) 对于前 N_{r-1} 轮中的每一轮，分别执行 Round(State, RoundKey) 过程。

3) 执行最后一轮 FinalRoundKey(State, RoundKey) 过程，即只执行 SubBytes(State)、ShiftRows(State)、AddRoundKey(State, RoundKey) 这 3 个操作。

前面已知，AES 的轮函数分 4 层（或称为内部轮函数）：SubBytes(State)（字节代替变换）、ShiftRows(State)（行移位变换）、MixColumns(State)（列混合变换）及 AddRoundKey(State, RoundKey)（与子密钥位异或）。下面分别介绍在 AES 加密轮变换过程中的 4 个子变换。

1. SubBytes(State)

SubBytes(State)为非线性的、可逆的字节代替变换,它作用在状态的每个字节上,将字节利用代替表进行运算。该变换是由以下两个子变换合成的。

首先,将字节看成有限域 $GF(2^8)$ 上的元素,按模 $m(x)$ 映射到自己的乘法逆,0 映射到自身;其次,进行 GF(2) 的仿射变换(可逆的)。

$$\begin{pmatrix} y_0 \\ y_1 \\ y_2 \\ y_3 \\ y_4 \\ y_5 \\ y_6 \\ y_7 \end{pmatrix} = \begin{pmatrix} 1 & 0 & 0 & 0 & 1 & 1 & 1 & 1 \\ 1 & 1 & 0 & 0 & 0 & 1 & 1 & 1 \\ 1 & 1 & 1 & 0 & 0 & 0 & 1 & 1 \\ 1 & 1 & 1 & 1 & 0 & 0 & 0 & 1 \\ 1 & 1 & 1 & 1 & 1 & 0 & 0 & 0 \\ 0 & 1 & 1 & 1 & 1 & 1 & 0 & 0 \\ 0 & 0 & 1 & 1 & 1 & 1 & 1 & 0 \\ 0 & 0 & 0 & 1 & 1 & 1 & 1 & 1 \end{pmatrix} \begin{pmatrix} x_0 \\ x_1 \\ x_2 \\ x_3 \\ x_4 \\ x_5 \\ x_6 \\ x_7 \end{pmatrix} + \begin{pmatrix} 1 \\ 1 \\ 0 \\ 0 \\ 0 \\ 1 \\ 1 \\ 0 \end{pmatrix}$$

可以预先将 $GF(2^8)$ 上的每个元素做 SubBytes(State) 变换,从而形成字节代替表,也称为 S 盒,如表 4.4 所示。进行 SubBytes(State) 变换时,只需要执行查表操作。AES 的 S 盒是一个 16×16 的矩阵。通过查表可以方便地得到 SubBytes(State) 的输出,如果状态中的一个字节为 xy,则在 S 盒的第 x 行 y 列对应的字节就是 SubBytes(State) 的输出。图 4.18 所示为 SubBytes(State) 字节变换示例。

表 4.4 AES 的字节代替表

·	0	1	2	3	4	5	6	7	8	9	a	b	c	d	e	f
0	63	7c	77	7b	f2	6b	6f	c5	30	01	67	2b	fe	d7	ab	76
1	ca	82	c9	7d	fa	59	47	f0	ad	d4	a2	af	9c	a4	72	c0
2	b7	fd	93	26	36	3f	f7	cc	34	a5	e5	f1	71	d8	31	15
3	04	c7	23	c3	18	96	05	9a	07	12	80	e2	eb	27	b2	75
4	09	83	2c	1a	1b	6e	5a	a0	52	3b	d6	b3	29	e3	2f	84
5	53	d1	00	ed	20	fc	b1	5b	6a	cb	be	39	4a	4c	58	cf
6	d0	ef	aa	fb	43	4d	33	85	45	f9	02	7f	50	3c	9f	a8
7	51	a3	40	8f	92	9d	38	f5	bc	b6	da	21	10	ff	f3	d2
8	cd	0c	13	ec	5f	97	44	17	c4	a7	7e	3d	64	5d	19	73
9	60	81	4f	dc	22	2a	90	88	46	ee	b8	14	de	5e	0b	db
a	e0	32	3a	0a	49	06	24	5c	c2	d3	ac	62	91	95	e4	79
b	e7	c8	37	6d	8d	d5	4e	a9	6c	56	f4	ea	65	7a	ae	08
c	ba	78	25	2e	1c	a6	b4	c6	e8	dd	74	1f	4b	bd	8b	8a
d	70	3e	b5	66	48	03	f6	0e	61	35	57	b9	86	c1	1d	9e
e	e1	f8	98	11	69	d9	8e	94	9b	1e	87	e9	ce	55	28	df
f	8c	a1	89	0d	bf	e6	42	68	41	99	2d	0f	b0	54	bb	16

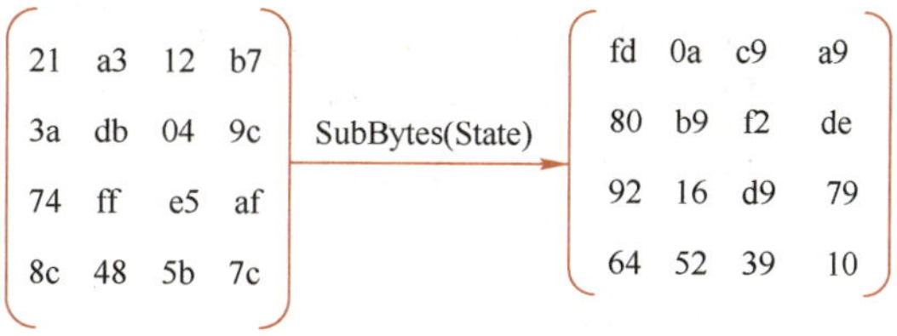

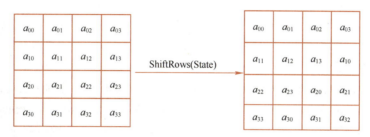

图 4.18　SubBytes(State)字节变换示例

2. ShiftRows(State)

ShiftRows(State)作用于 S 盒的输出,对状态数组的每一行循环左移不同的字节。若密钥为 128 位,第 0 行保持不变,其他行内的字节循环左移,第 1 行移动 1 个字节,第 2 行移动 2 个字节,第 3 行移动 3 个字节。ShiftRows(State)变换示例如图 4.19 所示。

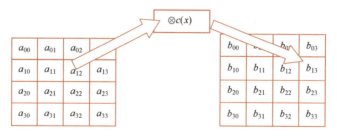

图 4.19　ShiftRows(State)变换示例

3. MixColumns(State)

MixColumns(State)将状态数组上的每一列看成 $GF(2^8)$ 上的一个多项式,且与一个固定的多项式 $c(x)$ 进行模 $M(x) = x^4 + 1$ 乘法,其中,多项式 $c(x) = \{03\}x^3 + \{01\}x^2 + \{01\}x + \{02\}$。MixColumns(State)变换示例如图 4.20 所示。

图 4.20　MixColumns(State)变换示例

令 $b_j(x) = c(x) \otimes a_j(x)$ $(0 \leqslant j \leqslant 3$,$\otimes$ 表示模 $x^4 + 1$ 乘法),由于 $x^i \bmod (x^4 + 1) = x^{i \bmod 4}$,可以将其表示成矩阵乘法。MixColumns(State)变换矩阵相乘如下。

$$\begin{pmatrix} b_{0j} \\ b_{1j} \\ b_{2j} \\ b_{3j} \end{pmatrix} = \begin{pmatrix} 02 & 03 & 01 & 01 \\ 01 & 01 & 03 & 01 \\ 01 & 01 & 02 & 03 \\ 03 & 01 & 01 & 02 \end{pmatrix} \begin{pmatrix} a_{0j} \\ a_{1j} \\ a_{2j} \\ a_{3j} \end{pmatrix}$$

例如,如果 ShiftRows(State)变换输出的某一列为 11、09、01 和 35,那么利用矩阵相乘可得到如下所示的结果。

$$\begin{pmatrix} 02 & 03 & 01 & 01 \\ 01 & 02 & 03 & 01 \\ 01 & 01 & 02 & 03 \\ 03 & 01 & 01 & 02 \end{pmatrix} \begin{pmatrix} 11 \\ 09 \\ 01 \\ 35 \end{pmatrix} \Rightarrow \begin{pmatrix} 73 \\ 6b \\ 6a \\ a7 \end{pmatrix}$$

4. AddRoundKey(State, RoundKey)

AddRoundKey(State, RoundKey)只是简单地将密钥按位异或到一个状态上,每个轮密钥长度为4个字。每轮加密密钥按顺序取自扩展密钥,扩展密钥是由初始密钥扩展而成的,128 位分组的情况则需要 44 个字的密钥。

$$\begin{pmatrix} a_{00} & a_{01} & a_{02} & a_{03} \\ a_{10} & a_{11} & a_{12} & a_{13} \\ a_{20} & a_{21} & a_{22} & a_{23} \\ a_{30} & a_{31} & a_{32} & a_{33} \end{pmatrix} \text{XOR} \begin{pmatrix} k_{00} & k_{01} & k_{02} & k_{03} \\ k_{10} & k_{11} & k_{12} & k_{13} \\ k_{20} & k_{21} & k_{22} & k_{23} \\ k_{30} & k_{31} & k_{32} & k_{33} \end{pmatrix} \longrightarrow \begin{pmatrix} b_{00} & b_{01} & b_{02} & b_{03} \\ b_{10} & b_{11} & b_{12} & b_{13} \\ b_{20} & b_{21} & b_{22} & b_{23} \\ b_{30} & b_{31} & b_{32} & b_{33} \end{pmatrix}$$

4.4.2 AES 的解密变换

AES 的解密变换与加密变换是互逆的,轮函数也分为 4 层,分别为 InvShiftRows(State)(逆行移位变换)、InvSubBytes(State)(逆字节代替变换)、AddRoundKey(State)(与子密钥位异或) 和 InvMixColumns(State)(逆列混合变换)。同样,在最后一轮中不采用列的 InvMixColumns(State)变换。

将 AES 的解密过程的轮变换表示为:

```
InvRound(State, RoundKey){
        InvShiftRows(State);
        InvSubBytes(State);
        AddRoundKey(State, RoundKey);
        InvMixColumns(State);
    }
```

则 AES 算法的解密执行过程为:

1) 给定密文 C,进行 State 初始化,并进行 AddRoundKey(State, RoundKey),将 RoundKey 与 State 进行异或运算。

2) 对于前 N_{r-1} 轮中的每一轮,分别执行 InvRound(State, RoundKey)过程。

3) 执行最后一轮的 InvShiftRows(State)变换、InvSubBytes(State)变换与 AddRoundKey (State, RoundKey)变换。

对于解密轮变换中的子变换,描述如下。

1. InvShiftRows(State)变换

InvShiftRows 变换是 ShiftRows(State)的逆变换。InvShiftRows(State)对每个状态的每一行循环右移不同的字节。在密钥为 128 位的情况下,第 0 行不移位,保持不变,第 1 行循环右移 1 个字节,第 2 行循环右移 2 个字节,第 3 行循环右移 3 个字节,InvShiftRows(State)变换如图 4.21 所示。

2. InvSubBytes(State)变换

InvSubBytes(State)是 SubBytes(State)的逆变换,它将状态中的每一个字节非线性地变换成另一个字节,首先对字节在 GF(2)上做如下所示的逆仿射变换,然后求 GF(2^8)上的逆元素。

图 4.21 InvShiftRows(State)变换

$$\begin{pmatrix} y_0 \\ y_1 \\ y_2 \\ y_3 \\ y_4 \\ y_5 \\ y_6 \\ y_7 \end{pmatrix} = \begin{pmatrix} 1 & 0 & 0 & 0 & 1 & 1 & 1 & 1 \\ 1 & 1 & 0 & 0 & 0 & 1 & 1 & 1 \\ 1 & 1 & 1 & 0 & 0 & 0 & 1 & 1 \\ 1 & 1 & 1 & 1 & 0 & 0 & 0 & 1 \\ 1 & 1 & 1 & 1 & 1 & 0 & 0 & 0 \\ 0 & 1 & 1 & 1 & 1 & 1 & 0 & 0 \\ 0 & 0 & 1 & 1 & 1 & 1 & 1 & 0 \\ 0 & 0 & 0 & 1 & 1 & 1 & 1 & 1 \end{pmatrix}^{-1} \begin{pmatrix} x_0 \\ x_1 \\ x_2 \\ x_3 \\ x_4 \\ x_5 \\ x_6 \\ x_7 \end{pmatrix} + \begin{pmatrix} 1 \\ 1 \\ 0 \\ 0 \\ 0 \\ 1 \\ 1 \\ 0 \end{pmatrix}$$

同样,可以使用逆字节变换 InvSubBytes(State)对各种可能的变换结果排成一个表,称为 AES 的逆字节代替表或逆 S 盒,如表 4.5 所示。通过查表可以方便地得到逆字节替换的返回值。因为 InvSubBytes(State)是 SubBytes(State)的逆变换,那么如果在 AES 字节代替表中第 x 行 y 列的字节为 $x'y'$,那么 AES 逆代替表中的第 x' 行 y' 列的字节为 xy。

表 4.5 AES 的逆字节代替表

	0	1	2	3	4	5	6	7	8	9	a	b	c	d	e	f
0	52	09	6a	d5	30	36	a5	38	bf	40	a3	9e	81	f3	d7	fb
1	7c	e3	39	82	9b	2f	ff	87	34	8e	43	44	c4	de	e9	cb
2	54	7b	94	32	a6	c2	23	3d	ee	4c	95	0b	42	fa	c3	4e
3	08	2e	a1	66	28	d9	24	b2	76	5b	a2	49	6d	8b	d1	25
4	72	f8	f6	64	86	68	98	16	d4	a4	5c	cc	5d	65	b6	92
5	6c	70	48	50	fd	ed	b9	da	5e	15	46	57	a7	8d	9d	84
6	90	d8	ab	00	8c	bc	d3	0a	f7	e4	58	05	b8	b3	45	06
7	d0	2c	1e	8f	ca	3f	0f	02	c1	af	bd	03	01	13	8a	6b
8	3a	91	11	41	4f	67	dc	ea	97	f2	cf	ce	f0	b4	e6	73
9	96	ac	74	22	e7	ad	35	85	e2	f9	37	e8	1c	75	df	6e
a	47	f1	1a	71	1d	29	c5	89	6f	b7	62	0e	aa	18	be	1b
b	fc	56	3e	4b	c6	d2	79	20	9a	db	c0	fe	78	cd	5a	f4
c	1f	dd	a8	33	88	07	c7	31	b1	12	10	59	27	80	ec	5f
d	60	51	7f	a9	19	b5	4a	0d	2d	e5	7a	9f	93	c9	9c	ef
e	a0	e0	3b	4d	ae	2a	f5	b0	c8	eb	bb	3c	83	53	99	61
f	17	2b	04	7e	ba	77	d6	26	e1	69	14	63	55	21	0c	7d

例如，将 SubBytes(State)变换中的例子的输出状态数组作为 InvSubBytes(State)的输入，可得 InvSubBytes(State)的输出矩阵就是 SubBytes(State)的输入矩阵，InvSubBytes(State)变换如图 4.22 所示。

$$\begin{pmatrix} fd & 0a & c9 & a9 \\ 80 & b9 & f2 & de \\ 92 & 16 & d9 & 79 \\ 64 & 52 & 39 & 10 \end{pmatrix} \xrightarrow{InvSubBytes(State)} \begin{pmatrix} 21 & a3 & 12 & b7 \\ 3a & db & 04 & 9c \\ 74 & ff & e5 & af \\ 8c & 48 & 5b & 7c \end{pmatrix}$$

图 4.22　InvSubBytes(State)变换

3. AddRoundKey(State)变换

与加密时的 AddRoundKey(State)变换相同，只是将密钥与状态数组进行简单的按位异或运算。

4. InvMixColumns(State)变换

InvMixColumns(State)变换是 MixColumns(State)的逆变换。InvMixColumns(State)将状态数组中的每一列看作有限域 $GF(2^8)$ 上次数小于 4 的多项式，并且与一个固定的多项式 $c^{-1}(x)$ 进行模 $m(x)=x^4+1$ 乘法，InvMixColumns(State)变换如图 4.23 所示。其中，$c^{-1}(x)=\{0b\}x^3+\{0d\}x^2+\{09\}x+\{0e\}$，多项式 $c^{-1}(x)$ 是 $c(x)$ 的乘法逆多项式，即 $c(x)c^{-1}(x)=\{01\}$。

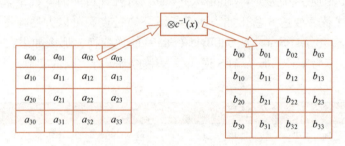

图 4.23　InvMixColumns(State)变换

同样，也可以将 $b_j(x)=c^{-1}(x)\otimes a_j(x)$ 写成如下矩阵相乘的形式。

$$\begin{pmatrix} b_{0j} \\ b_{1j} \\ b_{2j} \\ b_{3j} \end{pmatrix} = \begin{pmatrix} 0e & 0b & 0d & 09 \\ 09 & 0e & 0b & 0d \\ 0d & 09 & 0e & 0b \\ 0b & 0d & 09 & 0e \end{pmatrix} \begin{pmatrix} a_{0j} \\ a_{1j} \\ a_{2j} \\ a_{3j} \end{pmatrix}$$

4.4.3　AES 密钥编排

AES 的每一轮的轮密钥都是从初始的种子密钥编排得到的，密钥编排包括密钥扩展和轮密钥选取两个步骤。首先，密钥扩展将种子密钥扩展成长为 $N_b(N_r+1)$ 的扩展密钥，然后从扩展密钥中依次选取 N_b 个字长作为每一轮的密钥。

经过密钥扩展得到的扩展密钥是 4 字节长的字的线性序列，可表示为 $W[i]$（其中，$0 \leq i \leq N_b(N_r+1)$）。前 N_k 个字就是种子密钥本身，其余的字则由序号较小的字递归定义得到，递归的方式按照 N_k 大小分为 $N_k \leq 6$ 和 $N_k > 6$ 两种情况。

情况 1：$N_k \leq 6$。

1) $i \bmod N_k \neq 0$ 时，$W[i]$ 定义为 $W[i-1]$ 与 $W[i-N_k]$ 进行异或运算的结果。

2) $i \bmod N_k = 0$ 时，先将 $W[i-1]$ 左移一个字节，然后做字节代替变换，再先后与 $((02)^i, 00, 00, 00)$ 和 $W[i-N_k]$ 进行异或运算，其结果定义为 $W[i]$。

情况 2：$N_k > 6$。

1) $i \bmod N_k \neq 0$ 且 $i \bmod N_k \neq 4$ 时，将 $W[i]$ 定义为 $W[i-1]$ 与 $W[i-N_k]$ 进行异或运算的结果。

2) $i \bmod N_k \neq 0$ 但 $i \bmod N_k = 4$ 时，先对 $W[i-1]$ 做字节代替变换，然后与 $W[i-N_k]$ 进行异或运算，其结果定义为 $W[i]$。

3) $i \bmod N_k = 0$ 时，先将 $W[i-1]$ 左移一个字节，然后做字节代替变换，再先后与 $((02)^i, 00, 00, 00)$ 和 $W[i-N_k]$ 进行异或运算，其结果定义为 $W[i]$。

4.5 SM4 密码算法

SM4 是用于 WAPI（WLAN Authentication and Privacy Infrastructure）的分组密码算法，是国内官方公布的第一个商用密码算法。SM4 算法是一个分组算法。SM4 算法的分组长度为 128 位，密钥长度为 128 位。加密算法与密钥扩展算法都采用 32 轮非线性迭代结构。解密算法与加密算法的结构相同，只是轮密钥的使用顺序相反，解密轮密钥是加密轮密钥的逆序。

4.5.1 算法描述

SM4 算法以字为单位进行加密处理，一次迭代运算称为一轮变换，假设输入的明文为 (X_0, X_1, X_2, X_3)，输出的密文为 (Y_0, Y_1, Y_2, Y_3)。SM4 一轮迭代当前的输入为 $(X_i, X_{i+1}, X_{i+2}, X_{i+3})$，本轮的轮密钥为 rK_i，则一轮的加密变换为：

$$X_{i+4} = F(X_i, X_{i+1}, X_{i+2}, X_{i+3}, rK_i)$$
$$= X_i \oplus T(X_{i+1} \oplus X_{i+2} \oplus X_{i+3} \oplus rK_i), \quad i = 0, 1, \cdots, 31$$

$\oplus$ 表示 32 位的字相异或，每轮的输入 X_{i+1}、X_{i+2}、X_{i+3} 及本轮的密钥 rK_i 进行异或运算，运算的 32 位的结果进行 T 变换，T 变换包括 S 盒变换和 L 线性变换。T 变换的结果再与 X_i 进行异或运算，这时候运算的结果输出就是 X_{i+4}。SM4 的单轮加密如图 4.24 所示。

SM4 算法共需要 32 轮迭代，第 29～32 轮的迭代输出 X_{32}、X_{33}、X_{34} 和 X_{35} 经过一个 R 变换：$R(X_{32}, X_{33}, X_{34}, X_{35}) = (X_{35}, X_{34}, X_{33}, X_{32}) = (Y_0, Y_1, Y_2, Y_3)$，$Y_0$、$Y_1$、$Y_2$、$Y_3$ 就是加密的密文。R 变换为反序变换：$R(A_0, A_1, A_2, A_3) = (A_3, A_2, A_1, A_0)$，其中，$A_i$ 是 32 位的字。

1. S 盒变换

SM4 的 S 盒输入为 8 位，输出为 8 位。SM4 将 32 位的输入分成 4 个字节，4 个字节分别经过 S 盒，

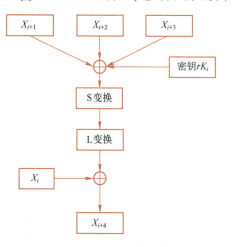

图 4.24 SM4 的单轮加密

如图 4.25 所示。和 DES 相同，可以通过查表的方式得到 S 盒的输出，表 4.6 所示为 SM4 的 S 盒。例如，S 盒的输入为 cd，通过查表可知，其输出为 10。

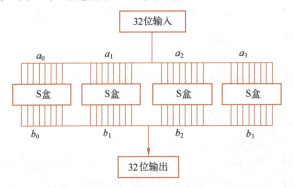

图 4.25 SM4 的 S 盒变换

表 4.6 SM4 的 S 盒

	0	1	2	3	4	5	6	7	8	9	A	B	C	D	E	F
0	D6	90	E9	FE	CC	E1	3D	B7	16	B6	14	C2	28	FB	2C	05
1	2B	67	9A	76	2A	BE	04	C3	AA	44	13	26	49	86	06	99
2	9C	42	50	F4	91	EF	98	7A	33	54	0B	43	ED	CF	AC	62
3	E4	B3	1C	A9	C9	08	E8	95	80	DF	94	FA	75	8F	3F	A6
4	47	07	A7	FC	F3	73	17	BA	83	59	3C	19	E6	85	4F	A8
5	68	6B	81	B2	71	64	DA	8B	F8	EB	0F	4B	70	56	9D	35
6	1E	24	0E	5E	63	58	D1	A2	25	22	7C	3B	01	21	78	87
7	D4	00	46	57	9F	D3	27	52	4C	36	02	E7	A0	C4	C8	9E
8	EA	BF	8A	D2	40	C7	38	B5	A3	F7	F2	CE	F9	61	15	A1
9	E0	AE	5D	A4	9B	34	1A	55	AD	93	32	30	F5	8C	B1	E3
A	1D	F6	E2	2E	82	66	CA	60	C0	29	23	AB	0D	53	4E	6F
B	D5	DB	37	45	DE	FD	8E	2F	03	FF	6A	72	6D	6C	5B	51
C	8D	1B	AF	92	BB	DD	BC	7F	11	D9	5C	41	1F	10	5A	D8
D	0A	C1	31	88	A5	CD	7B	BD	2D	74	D0	12	B8	E5	B4	B0
E	89	69	97	4A	0C	96	77	7E	65	B9	F1	09	C5	6E	C6	84
F	18	F0	7D	EC	3A	DC	4D	20	79	EE	5F	3E	D7	CB	39	48

2. L 线性变换

设输入为 B，B 为一个 32 位的字，输出为 C，则 L 变换为 $C=L(B)=B\oplus(B\lll 2)\oplus(B\lll 10)\oplus(B\lll 18)\oplus(B\lll 24)$，$\lll$ 表示 32 位的字循环左移，如图 4.26 所示（CSL 表示 32 位的字循环左移）。

4.5.2 密钥扩展

SM4 算法的解密变换与加密变换的结构相同，只是使用的轮密钥的顺序不同。如果加密的时候使用的密钥顺序为 $(rK_0, rK_1, rK_2, \cdots, rK_{31})$，则解密时使用的顺序为 $(rK_{31}, rK_{30}, rK_{29}, \cdots, rK_0)$。

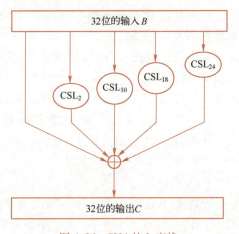

图 4.26 SM4 的 L 变换

SM4 的加密密钥为 128 位，但每轮迭代的密钥为 32 位，由于算法需要迭代 32 轮，因此共需要 32 个子密钥，则需要从 128 位的用户密钥扩展出 32 个子密钥。其密钥扩展算法如下。

设加密密钥为 $MK=(MK_0,MK_1,MK_2,MK_3)$，MK_i 为 32 位的字，$i=0,1,2,3$，则 SM4 算法轮密钥的生成，如图 4.27 所示。

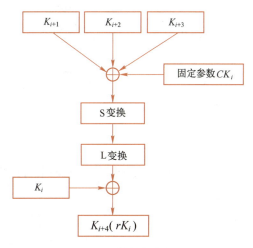

图 4.27　SM4 算法轮密钥的生成

首先，$(K_0,K_1,K_2,K_3)=(MK_0\oplus FK_0,MK_1\oplus FK_1,MK_2\oplus FK_2,MK_3\oplus FK_3)$，其中，$FK_i$ 为系统参数，如表 4.7 所示。

然后，对于 $i=0,1,2,\cdots,31$，$rK_i=K_{i+4}=K_i\oplus T'(K_{i+1}\oplus K_{i+2}\oplus K_{i+3}\oplus CK_i)$，其中 T' 变换与加密算法中的迭代变换基本相同，只是 L 线性变换变为 $L(B)=B\oplus(B\lll 13)\oplus(B\lll 23)$，如图 4.28 所示。

表 4.7　SM4 的系统参数

FK_0	A3B1BAC6
FK_1	56AA3350
FK_2	677D9197
FK_3	B27022DC

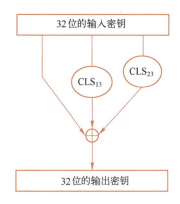

图 4.28　密钥的 L 线性变换

CK_i 为固定参数，CK_i 是一个字，$(i=0,1,2,\cdots,31)$，设 $ck_{i,j}$ 为 CK_i 的第 j 个字节（$i=0,1,\cdots,31;j=0,1,2,3$），即 $CK_i=(ck_{i,0},ck_{i,1},ck_{i,2},ck_{i,3})$，则 $ck_{i,j}=(4i+j)\times 7(\mathrm{mod}256)$。固定参数 $CK_i(i=0,1,2,\cdots,31)$ 的具体值如表 4.8 所示。

表 4.8　固定参数 $CK_i(i=0,1,2,\cdots,31)$ 的具体值

00070E15	1C232A31	383F464D	545B6269
70777E85	8C939AA1	A8AFB6BD	C4CBD2D9
E0E7EEF5	FC030A11	181F262D	343B4249
50575E65	6C737A81	888F969D	A4ABB2B9
C0C7CED5	DCE3EAF1	F8FF060D	141B2229
30373E45	4C535A61	686F767D	848B9299
A0A7AEB5	BCC3CAD1	D8DFE6ED	F4FB0209
10171E25	2C333A41	484F565D	646B7279

4.6　轻量级分组密码

轻量级分组密码主要适用于资源受限的环境。由于其简单且高效，因此在物联网中得到了广泛的应用。

4.6.1　PRESENT

扫码看视频

PRESENT 算法是 Bogdanov 等人在 CHES2007 上提出的一种 SPN 结构的超轻量级加密算法。PRESENT 算法是一种 SPN 结构的算法，每一轮都由 3 部分组成，即添加轮密钥、S 盒变换和 P 盒变换，一共将会进行 31 轮，PRESENT 算法的加密过程如图 4.29 所示。明密文长度都是 64 位，密钥有两种选择，分别是 80 位和 128 位。本章选择密钥为 80 位来介绍。

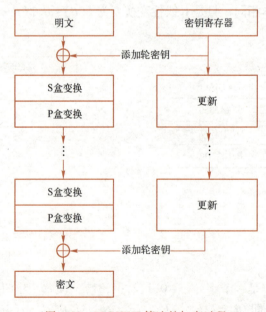

图 4.29　PRESENT 算法的加密过程

PRESENT 算法的 S 盒是 4 进 4 出的，31 轮中的每一轮都包含一个异或操作，用于引入一个轮密钥 $K_i(1 \leq i \leq 32)$，其中，K_{32} 用于密钥白化、线性位排列和非线性替换层。非线性层使

用单个 4 位 S 盒 S，在每轮中并行应用 16 次。一般从零开始编号位，块或字的右侧为零位。

添加轮密钥：轮密钥 $K_i = K_{63}^i \cdots K_0^i$，$1 \leq i \leq 32$，当前状态为 $b_{63} \cdots b_0$，添加轮密钥操作由 $b_j \to b_j \oplus K_j^i$（$0 \leq j \leq 63$）运算组成。

S 盒变换：目前使用的 S 盒为 4 位到 4 位 S 盒 $S: F_2^4 \to F_2^4$。表 4.9 所示为 S 盒变换。

表 4.9　S 盒变换

x	0	1	2	3	4	5	6	7	8	9	A	B	C	D	E	F
$S[x]$	C	5	6	B	9	0	A	D	3	E	F	8	4	7	1	2

对于 S 盒，现在的状态 $b_{63} \cdots b_0$ 由 16 个 4 位字 $w_{16} \cdots w_0$ 组成，其中，$w_i = b_{4*i+3} \| b_{4*i+2} \| b_{4*i+1} \| b_{4*i}$，$0 \leq i \leq 15$。输出 $S[w_i]$ 提供更新后的状态值。

P 盒变换（见图 4.30）：目前使用的比特排列由表 4.10 给出。状态的第 i 位移动到位置 $P(i)$。

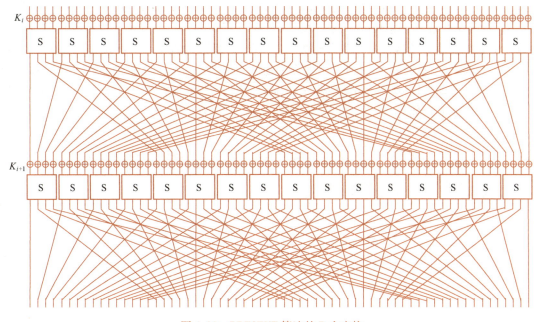

图 4.30　PRESENT 算法的 P 盒变换

表 4.10　P 盒变换

i	0	1	2	3	4	5	6	7	8	9	10	11	12	13	14	15
$P(i)$	0	16	32	48	1	17	33	49	2	18	34	50	3	19	35	51
i	16	17	18	19	20	21	22	23	24	25	26	27	28	29	30	31
$P(i)$	4	20	36	52	5	21	37	53	6	22	38	54	7	23	39	55
i	32	33	34	35	36	37	38	39	40	41	42	43	44	45	46	47
$P(i)$	8	24	40	56	9	25	41	57	10	26	42	58	11	27	43	59
i	48	49	50	51	52	53	54	55	56	57	58	59	60	61	62	63
$P(i)$	12	28	44	60	13	29	45	61	14	30	46	62	15	31	47	63

密钥分配：PRESENT 可以接收 80 位或 128 位的密钥。我们关注的是带有 80 位密钥的版本。用户提供的密钥存储在密钥寄存器 K 中，并表示为 $K = k_{79} k_{78} \cdots k_0$。第 i 轮的 64 位轮密

钥 K_i 表示为 $K_i = K_{63}K_{62}\cdots K_0$，由寄存器 K 的当前内容的最左边的 64 位组成，因此在第 i 轮有 $K_i = K_{63}K_{62}\cdots K_0 = k_{79}k_{78}\cdots k_{16}$。

提取轮密钥 K_i 后，密钥寄存器 $K = k_{79}k_{78}\cdots k_0$ 以如下方式更新：

$$[k_{79}k_{78}\cdots k_0] = [k_{18}k_{17}\cdots k_{20}k_{19}]$$
$$[k_{79}k_{78}k_{77}k_{76}] = S[k_{79}k_{78}k_{77}k_{76}]$$
$$[k_{19}k_{18}k_{17}k_{16}k_{15}] = [k_{19}k_{18}k_{17}k_{16}k_{15}] \oplus \text{round\_counter}$$

因此，密钥寄存器向左旋转 61 位，最左边的 4 位通过当前的 S 盒，并且 round_counter 值 i 与 $k_{19}k_{18}k_{17}k_{16}k_{15}$ 相加得到新的 $k_{19}k_{18}k_{17}k_{16}k_{15}$。

4.6.2 SPECK

SPECK $2n$ 系列密码算法（简称 SPECK $2n$ 算法）是由美国国家安全局 NSA 设计的在 2013 年发布的具有 Feistel 结构的轻量级分组密码算法。SPECK $2n$ 算法的分组长度为 32 位、48 位、64 位、96 位或 128 位，密钥长度为 64 位、72 位、96 位、128 位、144 位、192 位或 256 位，即分组长度和密钥长度可变。用户可以根据具体的安全性要求、性能要求以及应用环境等来选择合适的分组长度和密钥长度。SPECK $2n$ 算法的版本与参数如表 4.11 所示，其中 n 表示字长，单位为位，m 表示主密钥的字数，α 和 β 表示循环移位的参量，T 为加密的轮数，分组长度即为输入明文和输出密文的位数，密钥长度为主密钥的位数，α、β 和 T 是加密算法函数中的参数。

表 4.11 SPECK $2n$ 算法的版本与参数

分组长度 $2n$	密钥长度 mn	位移变量 α	位移变量 β	轮数 T
32	64	7	2	22
48	72	8	3	22
48	96	8	3	23
64	96	8	3	26
64	128	8	3	27
96	96	8	3	28
96	144	8	3	29
128	128	8	3	32
128	192	8	3	33
128	256	8	3	34

SPECK $2n$ 算法主要包括两个部分：加密主函数和密钥扩展函数。加密主函数用来进行明文的加密操作，输出相应的密文；密钥扩展函数将输入的主密钥扩展成 T 个轮密钥，用于主函数运算。加密主函数由 T 轮的轮函数组成，SPECK $2n$ 算法的轮函数主要由循环移位操作、异或运算和域上的模加运算组成，SPECK $2n$ 算法的轮函数如图 4.31 所示。

SPECK $2n$ 算法的轮函数：$L_i := ((L_{i-1} \ggg \alpha) \boxplus R_{i-1}) \oplus K_i$，$R_i := (R_{i-1} \lll \beta) \oplus L_i$。

SPECK $2n$ 算法加密过程如下。

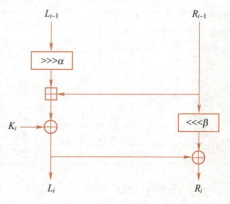

图 4.31 SPECK $2n$ 算法的轮函数

给定明文：(L_0, R_0)

输出密文：(L_r, R_r)

for $i = 1, \cdots, r$ do
  $L_i \leftarrow (L_{i-1} \ggg \alpha) + R_{i-1} \bmod 2^n$
  $L_i \leftarrow L_i \oplus K_i$
  $R_i \leftarrow (R_{i-1} \lll \beta) \oplus L_i$
end for
return (L_r, R_r)

4.6.3 ASCON

ASCON 密码算法于 2014 年由来自格拉茨科技大学、英飞凌科技、拉马尔安全研究中心和拉德堡德大学的密码学家团队开发，共包括 7 种密码算法，其中对轻量级密码最重要的两种算法——认证加密算法和哈希算法在 2023 年 2 月 7 日被美国国家标准与技术研究院（NIST）选为轻量级密码标准。

ASCON 密码算法采用基于双层海绵结构（Duplex Sponge）的模式运算，内部采用 SPN 结构的置换算法。整个加密过程分为初始化（Initialization）、关联数据（Associated Data）处理、明文（Plaintext）处理和终止化（Finalization）4 部分，详细过程如图 4.32 所示。

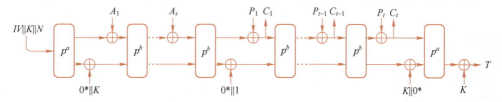

图 4.32　ASCON 算法加密过程

首先需要对输入的明文数据进行填充。填充方法为在明文后添加一位 1 和最小位数的 0，直到长度为 r 的整数倍，其中 r 为数据块长度。

初始化阶段为加密流程的第一步，首先构造 320 位初始状态 S，由密钥 K 和随机数 N 以及指定算法的 IV 构成，表示为 $S = IV \| K \| N$。其中 IV 包括密钥大小 k、速率 r、初始化和终止化置换轮数 a、中间过程置换轮数 b，构造为 64 位向量 $IV = k \| r \| a \| b \| 0^{288-2k}$。得到的初始状态 S 进行操作 $S = p^a(S) \oplus (0^{320-k} \| K)$，其中，$p^a(S)$ 表示对初始状态进行 a 轮的 p 置换。关联数据处理阶段是将各个关联数组分组 $A_i (i = 1, \cdots, s)$ 异或到内部状态 S 的高 r 位 S_r 上，然后整个内部状态 S 经过 b 轮的置换 p，表示为 $S = p^b((S_r \oplus A_i) \| S_c)$，$1 \le i \le s$。在处理完最后一个关联数据分组后，或者关联数据不存在时，一个单比特的常向量异或到内部状态 S 中，表示为 $S = S \oplus (0^{319} \| 1)$。在明文处理阶段的每次迭代中，明文块分组 $P_i (i = 1, \cdots, t)$ 异或到内部状态 S 高 r 位 S_r，并提取一个密文块 C_i。除最后一个分组外，整个内部状态 S 通过 b 轮置换 p 进行更新，表示为对于 $1 \le i < t$，$S = p^b(C_i \| S_c)$，$C_i = S_r \oplus P_i$，对于 $i = t$，$S = (C_i \| S_c)$，$C_i = S_r \oplus P_i$，其中，S_c 表示为内部状态 S 的低 c 位，$c = 320 - r$。对于最后一个密文块，截断为最后一个明文块片段的无填充长度，以保证输入明文与输出密文长度的统一。在终止化阶段中，密钥首先异或到内部状态 S 上，然后使用 a 轮的置换 p 更新内部状态 S。128 位的标签 T 通过

再次异或密钥到内部状态 S 的低 k 位来得到，表示为 $S=p^a(S\oplus(0^r\|K\|0^{c-k}))$，$T=\lceil S\rceil^k\oplus K$。

ASCON 算法中的主要部件就是两个输入为 320 位的置换 p^a 和 p^b，这两种置换迭代应用相同的基于 SPN 结构的轮函数 p，在每一轮中由 3 个子变换 p_C、p_S 和 p_L 组成，唯一的区别仅在于迭代轮数 a 和 b 的不同。另外，这 320 位的状态 S 在置换操作时被分割成 5 个 64 位的寄存器，表示为 $S=S_r\|S_c=x_0\|x_1\|x_2\|x_3\|x_4$。常量加操作 p_C，将轮常量 c_r 异或到寄存器 x_2 上，使得 $x_2=x_2\oplus c_r$。3 种参数下的置换函数的轮常量如表 4.12 所示。

表 4.12　3 种参数下的置换函数的轮常量

p^{12}	p^8	p^6	轮常量 c_r	p^{12}	p^8	p^6	轮常量 c_r
0			0xf0	6	2	0	0x96
1			0xe1	7	3	1	0x87
2			0xd2	8	4	2	0x78
3			0xc3	9	5	3	0x69
4	0		0xb4	10	6	4	0x5a
5	1		0xa5	11	7	5	0x4b

混淆层操作 p_S，利用 5 位的 S 盒，其运算并行地应用到 5 个寄存器 $x_0,\cdots,x_4$ 的位切片上，5 个寄存器的每一个位切片都为 64 个 S 盒中的每一个 S 盒贡献了一位。其中，x_0 为最高位。S 盒置换如表 4.13 所示。

表 4.13　S 盒置换

x	0	1	2	3	4	5	6	7
$S(x)$	4	11	31	20	26	21	9	2
x	8	9	10	11	12	13	14	15
$S(x)$	27	5	8	18	29	3	6	28
x	16	17	18	19	20	21	22	23
$S(x)$	30	19	7	14	0	13	17	24
x	24	25	26	27	28	29	30	31
$S(x)$	16	12	1	25	22	10	15	23

线性层操作用于对 320 位的状态 S 进行扩散操作。分别将线性函数 $\Sigma_0(x_0),\cdots,\Sigma_4(x_4)$ 作用到每一个寄存器 x_i，其中 Σ_i 定义如下，对每个寄存器字使用不同的循环常量。

$$\Sigma_0(x_0)=x_0\oplus(x_0\ggg 19)\oplus(x_0\ggg 28)$$
$$\Sigma_1(x_1)=x_1\oplus(x_1\ggg 61)\oplus(x_1\ggg 39)$$
$$\Sigma_2(x_2)=x_2\oplus(x_2\ggg 1)\oplus(x_2\ggg 6)$$
$$\Sigma_3(x_3)=x_3\oplus(x_3\ggg 10)\oplus(x_3\ggg 17)$$
$$\Sigma_4(x_4)=x_4\oplus(x_4\ggg 7)\oplus(x_4\ggg 41)$$

4.7　分组密码的工作模式

分组密码的工作模式是利用分组密码解决实际问题的密码使用方案。随着密码研究的推进，分组密码算法的工作模式已经从最初的仅提供加密功能，逐步发展到提供鉴别（基于分组密码构造消息鉴别码）、可鉴别的加密（基于分组密码实现认证加密）以及杂凑（基于分组密码构造杂凑函数）等多种功能类型。本节介绍的工作模式仅提供加密功能。分组密码在加密时，明文分组的长度是固定的，而在实际应用中，待加密消息的数据量是不固定的。2022 年 5 月开始实施的 GB/T 17964—2021 描述了 9 种分组密码算法的工作模式，分别是电码本（Electronic Code Book，ECB）工作模式、密文分组链接（Cipher Block Chaining，CBC）工作模式、密文反馈（Cipher FeedBack，CFB）工作模式、输出反馈（Output FeedBack，OFB）工作模式、计数器（CounTeR，CTR）工作模式、带密文挪用的 XEX 可调分组密码（XEX Tweakable block cipher with ciphertext Stealing，XTS）工作模式、带泛杂凑函数的计数器（universal Hash function based CTR，HCTR）工作模式、分组链接（Block Chaining，BC）工作模式、带非线性函数的输出反馈（Output FeedBack with a NonLinear Function，OFBNLF）工作模式。

4.7.1 ECB 工作模式

1. ECB 工作模式加密算法

ECB 工作模式的特征是将明文分组直接作为算法的输入，对应的输出作为密文分组。设分组密码密钥为 K，明文分组长度为 n 位，对于 q 个明文分组 $P_1, P_2, \cdots, P_q$ 所组成的序列，逐个加密明文分组，$C_i = E_K(P_i)$，$i = 1, 2, \cdots, q$，生成 q 个密文分组 $C_1, C_2, \cdots, C_q$ 所组成的序列。在 ECB 工作模式加密算法中，只有长度为分组长度的整数倍的明文才能被加密或解密，其他长度的明文需要被填充至分组长度的整数倍。ECB 工作模式加密算法如图 4.33 所示。

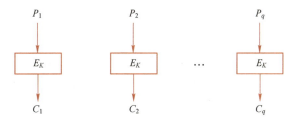

图 4.33　ECB 工作模式加密算法

2. ECB 工作模式解密算法

对于 q 个密文分组 $C_1, C_2, \cdots, C_q$，逐个解密，$P_i = D_K(C_i)$，$i = 1, 2, \cdots, q$，恢复出明文序列。ECB 工作模式解密算法如图 4.34 所示。

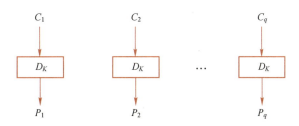

图 4.34　ECB 工作模式解密算法

3. ECB 工作模式性质

在 ECB 工作模式下对某一个分组的加密或解密可独立于其他分组进行，因此可以并行运算，速度快。由于相同的明文分组蕴含着相同的密文分组，对密文分组的重排将导致相应明文分组的重排，因此不能抵抗分组重放、插入、删除等攻击。在 ECB 工作模式中，如果密文分组中存在一个或多个位的传输差错，则只会影响该密文分组的解密，错误不会扩散到下一分组。

4.7.2　CBC 工作模式

扫码看视频

1. CBC 工作模式加密算法

CBC 工作模式需要加解密操作方约定一个初始向量（IV），长度为 n 位。IV 不需要保密，它能以明文的形式与密文一起传送。初始向量（IV）用于生成第一个密文输出。之后的加密过程中，每个明文分组 P_i 首先与前一个密文分组 C_{i-1} 进行异或操作，然后用密钥 K 进行加密。每一个分组的加密都依赖于前面所有的分组。CBC 工作模式的加密方式可表示为 $C_1=E_K(P_1\oplus IV)$，$C_i=E_K(P_i\oplus C_{i-1})$，这里 $i=2,3,4,\cdots,q$。CBC 工作模式加密算法如图 4.35 所示。

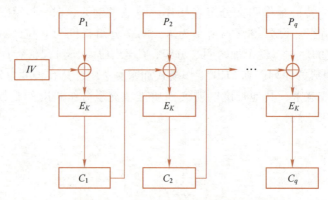

图 4.35　CBC 工作模式加密算法

2. CBC 工作模式解密算法

CBC 工作模式的解密方式可表示为 $P_1=D_K(C_1)\oplus IV$，$P_i=D_K(C_i)\oplus C_{i-1}$，这里 $i=2,3,4,\cdots,q$。CBC 工作模式解密算法如图 4.36 所示。

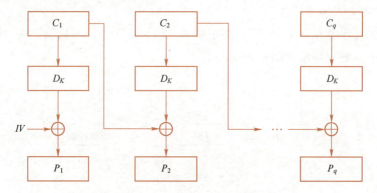

图 4.36　CBC 工作模式解密算法

3. CBC 工作模式性质

CBC 工作模式引入了随机的初始向量（IV），使用不同的 IV 可以防止同一明文加密成同一密文。另外，链接操作使得密文分组依赖于当前的和以前的明文分组，因此调换密文分组的顺序不可能使得明文分组的顺序对应调换。与 ECB 工作模式不同，CBC 工作模式隐蔽了明文的数据模式，在一定程度上增强了保密性，防止了数据篡改。

如果传输时密文分组中的一位或多位出现错误，那么将会影响到两个分组的解密，即发生差错的分组和随后的分组，其他的分组不受影响。第 i 个密文分组中的差错对解密出的明文有以下影响：第 i 个明文分组每位以 50% 的概率出错，第 $i+1$ 个明文分组的差错模式与第 i 个密文分组相同。

如果密文序列中丢失 1 位，那么所有后续分组都要移动 1 位，解密结果将全部错误。

4.7.3 CFB 工作模式

1. CFB 工作模式加密算法

CFB 工作模式使用位串截取记号"~"。j~A 表示位串 A 的左截取操作，是由 A 最左侧的 j 位组成的串，这里要求 A 的长度大于或等于 j。A~j 表示位串 A 的右截取，A~j 是由 A 最右侧的 j 位组成的串。

设分组密码算法的分组长度为 n，密钥为 K。反馈变量的位长为 k，$1 \leq k \leq n$。$P_1, P_2, \cdots, P_q$ 是 q 个明文分组所组成的序列，每个分组都是 j 位，$1 \leq j \leq k$。设置反馈缓存 FB 的初始向量：$FB_1 = IV$，长度为 r 位。

加密运算按照如下 6 个步骤进行。

1）生成密码输入变量：$X_i = n \sim FB_i$。
2）使用分组密码加密，生成输出变量：$Y_i = E_K(X_i)$。
3）选择左侧的 j 位，其他位被舍弃：$Z_j = j \sim Y_i$。
4）生成密文分组：$C_i = P_i \oplus Z_i$。
5）生成反馈变量：$F_i = \text{One}(k-j) \| C_i$，这里的符号 $\text{One}(m)$ 表示连续 m 个"1"构成的位串。
6）更新反馈缓存：$FB_{i+1} = (FB_i \| F_i) \sim r$。

对于 $i = 1, 2, \cdots, q$，重复上述步骤。最后一个循环结束于 4）。图 4.37 是 CFB 工作模式加密算法。

生成新的反馈缓存 FB_{i+1} 的方法是，把长度为 $k-j$ 的全"1"位串填充到密文分组 C_i 的左侧，得到 k 位反馈变量 F_i；然后舍弃当前反馈缓存 FB_i 左侧的 k 位，并将 F_i 填充到其右侧，得到 r 位的反馈缓存 FB_{i+1}。此后，FB_{i+1} 左侧的 n 位将作为加密输入。

2. CFB 工作模式解密算法

设置反馈缓存 FB 的初始向量：$FB_1 = IV$。解密运算按照如下 6 个步骤进行。

1）生成密码输入变量：$X_i = n \sim FB_i$。
2）使用分组密码加密，生成输出变量：$Y_i = E_K(X_i)$。
3）选择左侧的 j 位，其他位被舍弃：$Z_j = j \sim Y_i$。
4）生成明文分组：$P_i = C_i \oplus Z_i$。
5）生成反馈变量：$F_i = \text{One}(k-j) \| C_i$。
6）更新反馈缓存：$FB_{i+1} = (FB_i \| F_i) \sim r$。

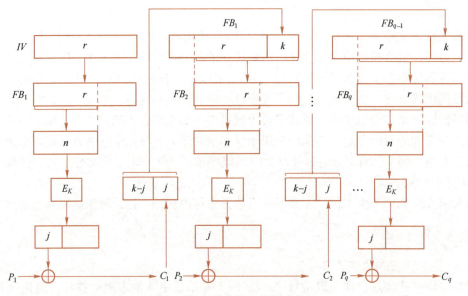

图 4.37 CFB 工作模式加密算法

对于 $i=1,2,\cdots,q$，重复上述步骤。最后一个循环结束于步骤 4）。CFB 工作模式解密算法如图 4.38 所示。

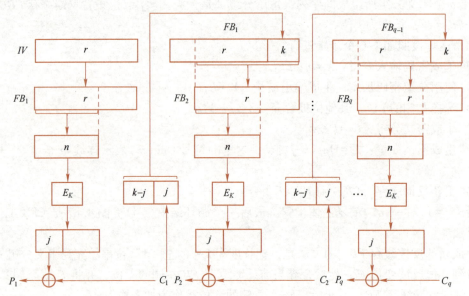

图 4.38 CFB 工作模式解密算法

3. CFB 工作模式性质

使用同样的密钥和初始向量对相同的明文进行加密，在 CFB 工作模式下将生成相同的密文。通过改变起始明文分组、密钥或初始向量等方法可以防止生成相同的密文。链接操作使得密文分组依赖于当前的和除确定数目以外的所有以前的明文分组，该数目取决于 r、k 和 j 的选择。因此，对 j 位密文分组的重新排序不会导致对相应的 j 位明文分组的重新排序。

CFB 工作模式具有有限的差错传播。任一 j 位密文的差错都将影响随后密文的解密，直到出错的位移出 CFB 反馈缓存为止。第 i 个密文分组中的差错对生成的明文有下列影响：第

i 个明文分组与第 i 个密文分组有相同的差错模式。在所有未正确接收的位被移出反馈缓存之前,随后的明文分组的每一位出错的概率为 50%。

4.7.4 OFB 工作模式

1. OFB 工作模式加密算法

设分组密码算法的分组长度为 n,密钥为 K。$P_1,P_2,\cdots,P_q$ 是 q 个明文分组所组成的序列,每个分组都是 j 位,$1 \leq j \leq n$。设置密码输入变量 X 的初始向量:$X_1=IV$。加密运算按照如下 4 个步骤进行。

1)使用分组密码加密:$Y_i=E_K(X_i)$。
2)选择左侧的 j 位:$Z_i=j\sim Y$。
3)生成密文分组:$C_i=P_i \oplus Z_i$。
4)反馈操作:$X_{i+1}=Y_i$。

对 $i=1,2,\cdots,q$,重复上述步骤。最后一个循环结束于步骤 3)。OFB 工作模式加密算法如图 4.39 所示。每次使用分组密码所生成的结果 Y_i,都被用来反馈并成为 X 的下一个值,即 X_{i+1}。Y_i 的左侧 j 位用来加密明文分组。

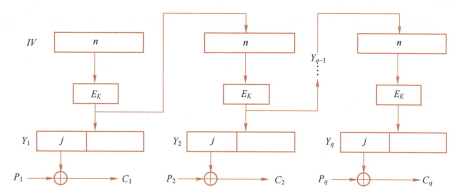

图 4.39 OFB 工作模式加密算法

2. OFB 工作模式解密算法

设置密码输入变量 X 的初始向量:$X_1=IV$。解密运算按照如下 4 个步骤进行。

1)使用分组密码加密:$Y_i=E_K(X_i)$。
2)选择左侧的 j 位:$Z_i=j\sim Y$。
3)生成明文分组:$P_i=C_i \oplus Z_i$。
4)反馈操作:$X_{i+1}=Y_i$。

对 $i=1,2,\cdots,q$,重复上述步骤。最后一个循环结束于步骤 3)。OFB 工作模式解密算法如图 4.40 所示。

3. OFB 工作模式性质

当使用相同的密钥和 IV 时,OFB 工作模式中将会生成相同的密钥流,密钥流的产生与明文无关。使用相同的密钥和初始向量对相同的明文进行加密,将生成相同的密文。为了保密起见,对于一个给定的密钥,一个特定的 IV 只能使用一次,以避免同一明文加密成同一密文。

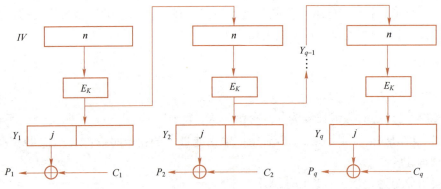

图 4.40　OFB 工作模式解密算法

OFB 工作模式的错误传播小，密文中的一位错误只会引起明文中的同一位置出现错误，不影响其他明文。OFB 工作模式不是自动同步的。如果加密和解密操作不同步，那么系统需要重新初始化。

4.7.5　CTR 工作模式

1. CTR 工作模式加密算法

CTR 工作模式下的分组密码算法使用序列号作为算法的输入。计数器值经加密函数变换的结果再与明文分组异或，从而得到密文，如图 4.41 所示。

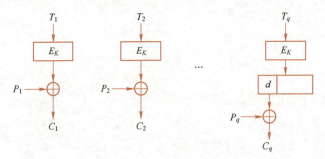

图 4.41　CTR 工作模式加密算法

设分组密码算法的分组长度为 n，密钥为 K。q 个明文分组为 $P_1, P_2, \cdots, P_q$，其中 P_1，$P_2, \cdots, P_{q-1}$ 都为 n 位，最后一个分组 P_q 为 d 位且 $0 < d \leqslant n$。q 个计数序列为 $T_1, T_2, \cdots, T_q$，每个都是 n 位。

CTR 工作模式的加密算法为：
$$C_i = P_i \oplus E_K(T_i), \quad i = 1, 2, \cdots, q-1$$
$$C_q = P_q \oplus (d \sim E_K(T_q))$$

2. CTR 工作模式解密算法

解密时使用相同的计数器值序列，用加密函数变换后的计数器值与密文分组异或，从而恢复明文，如图 4.42 所示。解密算法为：
$$P_i = C_i \oplus E_K(T_i), \quad i = 1, 2, \cdots, q-1$$
$$P_q = C_q \oplus (d \sim E_K(T_q))$$

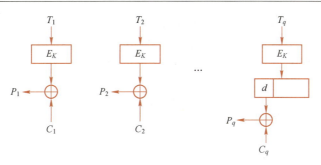

图 4.42 CTR 工作模式解密算法

3. CTR 工作模式性质

CTR 工作模式不需要填充明文，可以处理任意长度的明文。加密运算可并行处理。密钥流由计数器生成，不同的计数器生成不同的密钥流，避免了同一明文被加密成同一密文。错误传播小，且需要保持同步。密文差错不会传播，密文中的一位错误只会引起明文中的同一位置出现错误。CTR 工作模式不是自动同步的。如果加密和解密操作不同步，那么系统需要重新初始化，每次重新初始化应使用一个新的计数器值。

4.7.6 XTS 工作模式

1. XTS 工作模式加密算法

设分组密码算法的分组长度为 n，密钥为 K。q 个明文分组为 $P_1, P_2, \cdots, P_q$，其中 $P_1, P_2, \cdots, P_{q-1}$ 都为 n 位，最后一个分组 P_q 为 d 位，满足 $0 < d \leq n$ 且 $(q-1)n + d \geq n$。XTS 工作模式使用一个长度为 n 位的参数，称为调柄，以增加加密过程的变化量。当使用同一个密钥时，不同的加密过程应采用各不相同的调柄。密钥 K_1 和 K_2 需要加解密操作方的约定一致，长度均由分组密码算法 E 决定。

XTS 工作模式使用有限域 $GF(2^n)$ 上的乘法，当 $n = 128$ 时，使用本原多项式 $1 + \alpha + \alpha^2 + \alpha^7 + \alpha^{128}$ 定义 $GF(2^{128})$ 上的乘法运算 $\otimes$，其中 α 是 $GF(2^{128})$ 上的本原元。

XTS 工作模式将明文分组分为明文长度满足整数倍分组长度和明文长度不满足整数倍分组长度两种情况。

（1）明文长度满足整数倍分组长度

此种情况下，$d = n$，且 $q \geq 1$。对 q 个明文分组 $P_1, P_2, \cdots, P_q$ 进行加密运算，按照如下 4 个步骤进行。

1）计算掩码：$T_i = E_{K_2}(TW) \otimes \alpha^{i-1}$。
2）计算密码输入变量：$X_i = P_i \oplus T_i$。
3）使用分组密码加密：$Y_i = E_{K_1}(X_i)$。
4）生成密文分组：$C_i = Y_i \oplus T_i$。

每个明文分组 P_i 首先与掩码 T_i 进行异或操作，然后用密钥 K_1 进行加密，得到的结果 Y_i 再与掩码 T_i 做异或运算，得到密文 C_i。XTS 工作模式的加密算法可表示如下。

$$T_i = E_{K_2}(TW) \otimes \alpha^{i-1}, \quad C_i = E_{K_1}(P_i \oplus T_i) \oplus T_i, \quad i = 1, 2, 3, \cdots, q$$

（2）明文长度不满足整数倍分组长度

此种情况下，$0 < d < n$，且 $q \geq 2$。

对前 $q-1$ 个明文分组进行加密,进行和上述"明文长度满足整数倍分组长度"相同的操作。对最后一个明文分组 P_q 进行加密运算,可按照如下 5 个步骤进行。

1) 通过密文挪用设置临时变量:$Z = P_q \| (C_{q-1} \sim (n-d))$。
2) 计算掩码:$T_q = E_{K_2}(TW) \otimes a^{q-1}$。
3) 计算密码输入变量:$X_q = Z \oplus T_q$。
4) 使用分组密码加密:$Y_q = E_{K_1}(X_q)$。
5) 生成密文分组:$C_q = Y_q \oplus T_q$。

密文重排按照如下 3 个步骤进行。

1) 设置临时变量:$Z = C_{q-1}$。
2) 生成第 $q-1$ 个密文分组:$C_{q-1} = C_q$。
3) 生成第 q 个密文分组:$C_q = d \sim Z$。

XTS 工作模式加密算法如图 4.43 所示。

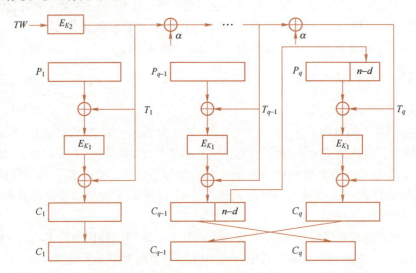

图 4.43 XTS 工作模式加密算法

2. XTS 工作模式解密算法

(1) 明文长度满足整数倍分组长度

此种情况下,$d=n$,且 $q \geq 1$。对 q 个密文分组 $C_1, C_2, \cdots, C_q$ 进行解密运算,按照如下 4 个步骤进行。

1) 计算掩码:$T_i = E_{K_2}(TW) \otimes a^{i-1}$。
2) 计算密码输入变量:$X_i = C_i \oplus T_i$。
3) 使用分组密码解密:$Y_i = D_{K_1}(X_i)$。
4) 生成明文分组:$P_i = Y_i \oplus T_i$。

(2) 明文长度不满足整数倍分组长度

此种情况下,$0 < d < n$,且 $q \geq 2$。

对前 $q-2$ 个密文分组进行解密,进行和上述"明文长度满足整数倍分组长度"相同的操作。对最后两个密文分组 C_{q-1} 和 C_q 进行加密运算,可按照如下 9 个步骤进行。

1) 计算掩码:$T_q = E_{K_2}(TW) \otimes a^{q-1}$。

2) 计算密码输入变量：$X_q = C_{q-1} \oplus T_q$。
3) 使用分组密码解密：$Y_q = D_{K_1}(X_q)$。
4) 生成临时变量：$Z = Y_q \oplus T_q$。
5) 生成明文分组：$P_q = d \sim Z$。
6) 计算掩码：$T_{q-1} = E_{K_2}(TW) \otimes a^{q-2}$。
7) 计算密码输入变量：$X_{q-1} = (C_{q-1} \| (Z \sim (n-d))) \oplus T_{q-1}$。
8) 使用分组密码解密：$Y_{q-1} = D_{K_1}(X_{q-1})$。
9) 生成明文分组：$P_{q-1} = Y_{q-1} \oplus T_{q-1}$。

XTS 工作模式解密算法如图 4.44 所示。

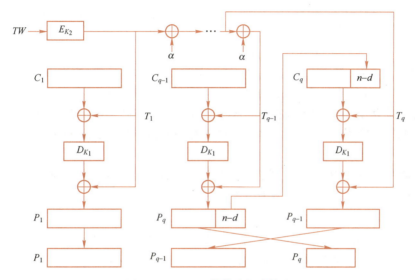

图 4.44　XTS 工作模式解密算法

3. XTS 工作模式性质

XTS 工作模式是磁盘加密领域应用的主要工作模式。XTS 模式不适用于明文长度小于分组密码分组长度的情形，消息无须填充，消息长度应不少于一个分组。加密运算、解密运算可并行处理。使用不同的调柄会产生不同的掩码序列，可防止同一明文加密成同一密文。明文和对应的密文具有相同的长度。由调柄产生对明文进行异或运算的密钥流。XTS 工作模式具备可证明安全的理论保障。在底层分组密码算法具备超伪随机性质的情况下，XTS 工作模式被证明是超伪随机的。

在 XTS 工作模式中，一个密文分组中的一个或多个位差错只会影响发生差错的那一个分组的解密。

XTS 工作模式不是自动同步的，如果加密和解密操作不同步，那么系统需要重新初始化。每次重新初始化都应使用一个新的调柄值，以避免已知明文攻击。可以并行执行加密和解密操作。

4.7.7　HCTR 工作模式

1. HCTR 工作模式加密算法

HCTR 工作模式是我国自主研制的性能良好的工作模式。HCTR 工作模式是计数器模式的变体，它使用一个泛杂凑函数（Universal Hash Function）生成一个秘密掩码，作为计数器模式的初始向量。泛杂凑函数是由密钥确立的映射，将一定范围内任意长的位串映射到定长位串。泛杂凑函数对于所有不同的输入，其输出在密钥均匀随机的前提下发生碰撞的概率极小。

设分组密码算法的分组长度为 n，密钥为 K。q 个明文分组为 $P_1, P_2, \cdots, P_q$，其中 $P_1, P_2, \cdots, P_{q-1}$ 都为 n 位，最后一个分组 P_q 为 d 位，满足 $0 < d \leq n$ 且 $(q-1)n + d \geq n$。HCTR 工作模式使用一个长度为 n 位的调柄 TW。密钥 K_1 和 K_2 需要加解密操作方的约定一致，K_1 的长度均由分组密码算法 E 决定。K_2 的长度为 n 位。

HCTR 工作模式是一种可调加密方案。其设计用到了泛杂凑函数和 CTR 工作模式加密模式，因此命名为 HCTR。

HCTR 工作模式使用一个泛杂凑函数 H。H 使用密钥 K 压缩一个位串 M，记作：

$$H_K(M) = M_1 \otimes K^{m+1} \oplus \cdots \oplus (M_m \| Zero(n-d)) \otimes K^2 \oplus (|M|)_2 \otimes K$$

式中，$M = M_1 \| \cdots \| M_m$，$M_1, \cdots, M_{m-1}$ 和 K 的长度都是 n 位，M_m 的长度是 d 位，$1 \leq d \leq n$。$|M|$ 表示位串 M 的位长度，$(|M|)_2$ 表示数字 $|M|$ 的二进制表示。

泛杂凑函数 H 使用的有限域乘法运算 $\otimes$ 按照"左低右高"的方式处理变量，即变量最左侧为其最低位；采用的 CTR 工作模式按照"左高右低"的方式处理变量，即变量最左侧为其最高位。

对 q 个明文分组 $P_1, P_2, \cdots, P_q$ 进行加密运算，可按照如下 4 个步骤进行。

1）生成临时变量 Z_1：$Z_1 = P_1 \oplus H_{K_2}(P_2 \| \cdots \| P_q \| TW)$。

2）生成临时变量 Z_2：$Z_2 = E_{K_1}(Z_1)$。

3）生成第一个分组之外的密文分组：$(C_2, \cdots, C_q) = CTR_{K_1}(P_2, \cdots, P_q)$。其中，CTR 工作模式用到的计数器序列是 $T_i = Z_1 \oplus Z_2 \oplus (i)_2$，$i = 1, \cdots, q-1$，$(i)_2$ 表示数字 i 的二进制表示。

4）生成第一个密文分组 C_1：$C_1 = Z_2 \oplus H_{K_2}(C_2 \| \cdots \| C_q \| TW)$。

HCTR 工作模式加密算法如图 4.45 所示。

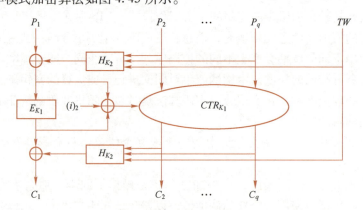

图 4.45　HCTR 工作模式加密算法

2. HCTR 工作模式解密算法

对 q 个密文分组 $C_1, C_2, \cdots, C_q$ 进行解密运算，可按照如下 4 个步骤进行。

1）生成临时变量 Z_2：$Z_2 = C_1 \oplus H_{K_2}(C_2 \| \cdots \| C_q \| TW)$。

2) 生成临时变量 Z_1：$Z_1 = D_{K_1}(Z_2)$。

3) 生成第一个分组之外的明文分组：$(P_2, \cdots, P_q) = CTR_{K_1}(C_2, \cdots, C_q)$。其中，CTR 工作模式用到的计数器序列是 $T_i = Z_1 \oplus Z_2 \oplus (i)_2$，$i = 1, \cdots, q-1$。

4) 生成第一个明文分组 P_1：$P_1 = Z_1 \oplus H_{K_2}(P_2 \| \cdots \| P_q \| TW)$。

HCTR 工作模式解密算法如图 4.46 所示。

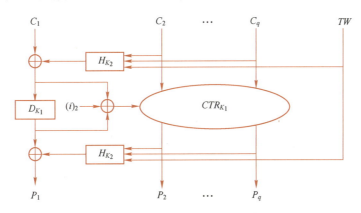

图 4.46　HCTR 工作模式解密算法

3. HCTR 工作模式性质

HCTR 工作模式不适用于明文长度小于分组密码分组长度的情形。除去第一个分组，HCTR 工作模式支持并行加密和解密。HCTR 工作模式对于不同的调柄值，会得到密钥控制下的不同置换。HCTR 工作模式的明文和密文长度相同，无论是加密和解密，任意输入数据的变化，都会带来所有输出位的变化。HCTR 工作模式具备可证明安全的理论保障。在底层分组密码算法具备超伪随机性质的情况下，HCTR 工作模式被证明是超伪随机的。

HCTR 工作模式不是自动同步的。无论是进行加密还是解密，都是在输入完所有数据后才能计算出输出结果。密文任意位的错误都会导致明文每一个位以 50% 的概率出现错误。

4.7.8　BC 工作模式

1. BC 工作模式加密算法

设置反馈变量初始值为 $F_0 = IV$。加密运算按照如下两个步骤进行。

1) 计算密文分组：$C_i = E_K(F_i \oplus P_i)$。
2) 生成反馈变量：$F_{i+1} = F_i \oplus C_i$。

对于 $i = 1, 2, \cdots, q$，重复上述步骤。最后一个循环结束于步骤 1)。每个明文分组 P_i 首先与前一个反馈变量 F_i 进行异或操作，然后用密钥 K 进行加密。在处理第一个分组时，明文块 P_1 首先要与反馈变量的初始值 IV 进行异或运算。在之后的加密过程中，每个密文都与当时的反馈变量进行异或运算，生成下一个反馈变量。BC 工作模式加密算法如图 4.47 所示。

2. BC 工作模式解密算法

设置反馈变量初始向量：$F_1 = IV$。

解密运算（见图 4.48）按照如下两个步骤进行。

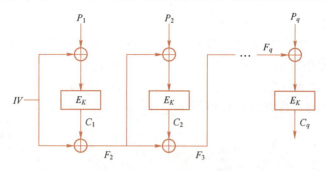

图 4.47 BC 工作模式加密算法

1) 生成密文分组：$P_i = F_i \oplus D_K(C_i)$。
2) 生成反馈变量：$F_{i+1} = F_i \oplus C_i$。

对于 $i = 1, 2, \cdots, q$，重复上述步骤。最后一个循环结束于步骤 1)。

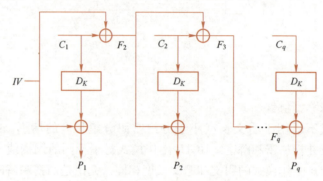

图 4.48 BC 工作模式解密算法

3. BC 工作模式性质

使用同样的密钥和初始向量对相同的明文进行加密，BC 工作模式将生成相同的密文。使用不同的 IV 可以防止同一明文加密成同一密文。链接操作使得密文分组依赖于当前的和以前的明文分组。密文中的任一错误都将导致所有后续密文分组的解密出错。

4.7.9 OFBNLF 工作模式

1. OFBNLF 工作模式加密算法

OFBNLF 工作模式加密算法如图 4.49 所示。

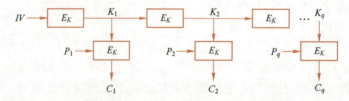

图 4.49 OFBNLF 工作模式加密算法

设密钥变量初始值为 $K_0 = IV$，加密运算按照如下两个步骤进行。
1) 计算密钥变量：$K_i = E_K(K_{i-1})$。
2) 生成密文分组：$C_i = E_{K_i}(P_i)$。

对于 $i=1,2,\cdots,q$，重复上述步骤。每个明文分组 P_i 都使用密钥变量 K_i 加密。IV 不需要保密，它能以明文的形式与密文一起传送。

2. OFBNLF 工作模式解密算法

OFBNLF 工作模式解密算法如图 4.50 所示。

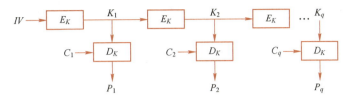

图 4.50　OFBNLF 工作模式解密算法

设密钥变量初始值为 $K_0=IV$，解密运算按照如下两个步骤进行。

1）计算密钥变量：$K_i=E_K(K_{i-1})$。

2）生成明文分组：$P_i=D_{K_i}(C_i)$。

对于 $i=1,2,\cdots,q$，重复上述步骤。

3. OFBNLF 工作模式性质

带非线性函数的输出反馈是 OFB 和 ECB 的一个变体，它的密钥随每一个分组而改变。对于相同的密钥和 IV，OFBNLF 工作模式将会生成相同的密钥流，使用同样的密钥和初始向量对相同的明文进行加密，OFBNLF 工作模式也将生成相同的密文。因此，对于一个给定的密钥，一个特定的 IV 只能使用一次，以防止同一明文加密成同一密文。

密文的一位错误将扩散到一个明文分组。如果密文的一位丢失或增加，那么错误就会扩散到之后的所有分组。

OFBNLF 工作模式不是自动同步的。如果加密和解密操作不同步，那么系统需要重新初始化。

4.8　分组密码分析

密码分析和密码设计是相互对立、相互依存的。密码分析者会千方百计地从该密码算法中寻找漏洞和缺陷，进而进行攻击。

4.8.1　差分密码分析

差分密码分析是一种密码分析技术，属于选择明文攻击方法，它利用两个或多个已知明文的密文和它们之间可能存在的某些相关性来推导出相应的密钥，是以色列密码学家 Eli Biham 和 Adi shamir 于 1990 年提出的，是当前攻击迭代密码（如 DES、SM4 等）最有效的方法之一。

差分密码分析的核心思想是利用已知明文差分对密文差分的影响来推导出密钥。具体来说，如果已知明文之间的固定差异，那么明文可以随意选取，输出密文的差分，分析满足的密钥，随着分析的明文密文对的增多，某个密钥的概率会明显增大，这个密钥就是正确密钥。

1. 攻击概述

差分密码分析利用了明文差分与最后一轮输入差分的某种特定情况发生的高概率。若一个加密算法的输入表示为 $X=[X_1 X_2 \cdots X_n]$，输入空间表示为 $\{0,1\}^n$，输出表示为 $Y=[Y_1 Y_2 \cdots Y_n]$，输出空间表示为 $\{0,1\}^n$。令算法的两个输入为 X' 与 X''，加密 r 轮后相应的输出为 Y' 和 Y''（见图4.51），则输入差分为 $\Delta X = X' \oplus X'' = \Delta Y_0$，其中，$\oplus$ 表示位组之间的 XOR 运算，因此 $\Delta X = [\Delta X_1 \Delta X_2 \cdots \Delta X_n]$，$\Delta X_m = X'_m \oplus X''_m$，$X'_m$ 与 X''_m 分别表示 X' 与 X'' 的第 m 个位。输出差分公式为 $\Delta Y = Y' \oplus Y''$，且 $\Delta Y = [\Delta Y_1 \Delta Y_2 \cdots \Delta Y_n]$，其中 $\Delta Y_m = Y'_m \oplus Y''_m$。

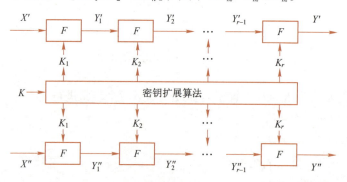

图4.51 迭代分组密码的差分传播

在上述描述中，$i=0,1,\cdots,r$，表示加密的中间轮数。

X'、$X'' \in \{0,1\}^n$ 是输入迭代分组密码的一对明文，称为明文对。

Y'_i、$Y''_i \in \{0,1\}^n$ 是迭代分组密码经过 i 轮产生的一对密文，称为密文对。

$\Delta Y_i \in \{0,1\}^n$，ΔY_i 称为差分值。

X'、X'' 的差分值为 ΔX，经过 i 轮加密后输出密文对 (Y'_i, Y''_i)，密文对的差分值 $\Delta Y_i = Y'_i \oplus Y''_i$，$\Delta Y \in \{0,1\}^n$，$(\Delta X, \Delta Y_i)$ 称为该密码的一个 i 轮差分对。

r 轮差分对和中间状态 ΔY_i 组合为 $(\Delta X, \Delta Y_1, \Delta Y_2, \cdots, \Delta Y)$，称为一条 r 轮差分特征。

2. DES 的差分密码分析

除了穷举攻击以外，迄今还没有出现完全破译 DES 的攻击方法。然而，一些分析方法的出现对分组密码的安全性构成了威胁，差分分析是最有力的分析方法之一，任何一个新密码的提出，首先得经过差分分析的考验。下面以一轮 DES 为例介绍差分分析。

假设有一对输入 X'、X''，且输出的 Y'、Y'' 也是已知的，则差分对 ΔX、ΔY 也是已知的。E 盒扩展和 P 盒变换都是线性操作，则 ΔE、ΔP 已知，如图4.52所示。虽然 K_i 的具体值未知，但明文对经过 E 盒扩展变换后异或 K_i 的差分 ΔK 等于 ΔE，原因如下。

$\Delta E = E(X') \oplus E(X'')$

$S' = E(X') \oplus K_i$

$S'' = E(X'') \oplus K_i$

$\Delta S = S' \oplus S'' = (E(X') \oplus K_i) \oplus (E(X'') \oplus K_i) = E(X') \oplus E(X'') = \Delta E$

因此，一轮 DES 分析的核心在于非线性部分的 S 盒变换。当 ΔS 输入 S 盒时，6 位分为一组，分别通过不同的 8 个 S 盒，分别为 $(\Delta S_1, \Delta S_2, \cdots, \Delta S_8)$，输出为 4 位，分别为 $(\Delta P_1, \Delta P_2, \cdots, \Delta P_8)$。也就是说，输入差分有 $2^6 = 64$ 种可能，输出差分有 $2^4 = 16$ 种可能（见图4.52）。所有 S 盒的分析方法类似，以 S_1 盒为例，表4.14 为其差分分布表。

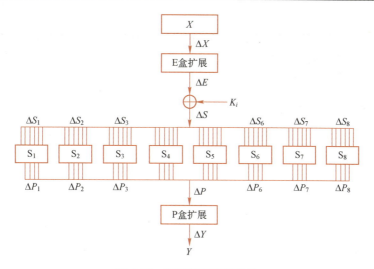

图 4.52 DES 轮函数的差分

表 4.14 DES S_1 盒的差分分布表

输入差分 a	输出差分 b															
	0x	1x	2x	3x	4x	5x	6x	7x	8x	9x	Ax	Bx	Cx	Dx	Ex	Fx
0x	64	0	0	0	0	0	0	0	0	0	0	0	0	0	0	0
1x	0	0	0	6	0	2	4	4	0	10	12	4	10	6	2	4
2x	0	0	0	8	0	4	4	4	0	6	8	6	12	6	4	2
3x	14	4	2	2	10	6	4	2	6	4	4	0	2	2	2	0
4x	0	0	0	6	0	10	10	6	0	4	6	4	2	8	6	2
5x	4	8	6	2	2	4	4	2	0	4	4	0	12	2	4	6
6x	0	4	2	4	8	2	6	2	8	4	4	2	4	2	0	12
7x	2	4	10	4	0	4	8	4	2	4	8	2	2	2	4	4
8x	0	0	0	12	0	8	8	4	0	6	2	8	8	2	2	4
9x	10	2	4	0	2	4	6	0	2	2	8	0	10	0	2	12
Ax	0	8	6	2	2	8	6	0	6	4	6	0	4	0	2	10
Bx	2	4	0	10	2	2	4	0	2	6	2	6	6	4	2	12
Cx	0	0	0	8	0	6	6	0	0	6	6	4	6	6	14	2
⋮						⋮										
34x	0	8	16	6	2	0	0	12	6	0	0	0	0	8	0	6
35x	2	2	4	0	8	0	0	0	14	4	6	8	0	2	14	0
36x	2	6	2	2	8	0	2	2	4	2	6	8	6	4	10	6
37x	2	2	12	4	2	4	4	10	4	4	2	6	0	2	2	4
38x	0	6	2	2	2	0	2	2	4	6	4	4	4	6	10	10
39x	6	2	2	4	12	6	4	8	4	0	2	4	2	4	4	0
3Ax	6	4	6	4	6	8	0	6	2	2	6	2	2	6	4	0
3Bx	2	6	4	0	0	2	4	6	4	6	8	6	4	4	6	2

(续)

输入差分 a	输出差分 b														
	0x	1x	2x	3x	4x	5x	6x	7x	8x	9x	Ax	Bx	Cx	Dx	Ex	Fx
3Cx	0	10	4	0	12	0	4	2	6	0	4	12	4	4	2	0
3Dx	0	8	6	2	2	6	0	8	4	4	0	4	0	12	4	4
3Ex	4	8	2	2	2	4	4	14	4	2	0	2	0	8	4	4
3Fx	4	8	4	2	4	0	2	4	4	2	4	8	8	6	2	2

在表 4.14 中，第 i 行 j 列表示满足输入差分值为 i、输出差分值为 j 的输入 S 盒的明文对的个数，即对于 2^6 个输入对 $(X, X \oplus a)$，满足 $S(X) \oplus S(X \oplus a) = b$ 成立的个数。由表 4.14 可见，输入明文对的分布并不平均。假设攻击者截获的输入差分 $\Delta X = 34x$，根据表 4.15 可以求得输入对的分布。

表 4.15 $\Delta X = 34x$ 时输入对的分布

输出差分	输入对的分布
0000	
0001	000011、110111；001111、111011；011110、101010；011111、101011
0010	000100、110000；000101、110001；001110、111010；010001、100101；010010、100110；010100、100000；011010、101110；011011、101111
0011	000001、110101；000010、110110；010101、100001
0100	010011、100111
0101	
0110	
0111	000000、110100；001000、111100；001101、111001；010111、100011；011000、101100；011101、101001
1000	001001、111101；001100、111000；011001、101101
1001	
1010	
1011	
1100	
1101	000110、110010；010000、100100；010110、100010；011100、1010000
1110	
1111	000111、110011；001010、111110；001011、111111

根据表 4.15，假设攻击者获得了明文输入经过 E 盒变换之后的值为 $E'_1 = (000001) = 1x$，$E''_1 = (110101) = 35x$，且已知截获的密文对的输出差分 $\Delta P_1 = (1101) = Dx$，可以得到以下信息：$\Delta S = \Delta X = \Delta E = E'_1 \oplus E''_1 = 34x$。

基于上述描述，可以得到如下结论：
$S'_1 = E'_1 \oplus K \in \{06, 32, 10, 24, 16, 22, 1C, 28\}$
这样得到密钥的一组候选值，即：
$K = E'_1 \oplus S'_1 \in \{07, 33, 11, 25, 17, 23, 1D, 29\}$
假设攻击者获得另外一对明文输入经过 E 盒置换后的值为 $E'_2 = 21x$，$E''_2 = 15x$，且已知截获的密文对的输出差分 $\Delta P_2 = 3\text{x}$，同样可以得到以下信息：
$$\Delta S = \Delta X = \Delta E = E'_1 \oplus E''_1 = 3\text{x}$$
此时，同样可以获得密钥的相关信息，同样可以得到以下信息：
$$S'_2 = E'_2 \oplus K \in \{01, 35, 02, 36, 15, 21\}$$
同理可得密钥的另外一组候选值，即 $K = E'_2 \oplus S'_2 \in \{20, 14, 23, 17, 34, 00\}$。

从概率的观点来看，真正的密钥存在于两个候选值集合 K 的交集 $\{17\text{x}, 23\text{x}\}$ 中。这就是差分分析的基本思想。上述方法是假设可以直接得到输入和输出的值，但是迭代分组密码是由很多轮组成的，很难得到中间过程的输入和输出差分，只能得到估计的差分值。

差分密码分析具有以下优点：可以利用已知明文密文对的差异来推导出密钥，不需要知道原始的明文；可以利用多个已知明文密文对来提高推导出密钥的准确性；可以用于各种类型的密码算法，包括对称密码算法和非对称密码算法。

差分密码分析也存在以下缺点：需要大量的已知明文密文对来进行推导，因此在实际应用中可能会受到限制；对于某些复杂的密码算法，构造差分方程可能是非常困难的或者不可能实现的。

4.8.2 线性密码分析

线性密码分析利用了密码算法中与"线性"相关的性质来推导出相应的密钥，是由日本密码学家松井充（Mitsuru Matsui）于 1993 年公开提出的一种已知明文攻击，并在实际中得到了广泛的应用。

线性密码分析的核心思想是利用密码算法中与线性相关的性质来推导出密钥。具体来说，如果一个密码算法可以表示为一些线性函数的组合，寻找明文、密文、密钥之间的有效线性逼近，那么就可以利用这些线性函数来推导出相应的密钥。假设攻击者已经知道了一系列的明文和相对应的密文，并假设攻击者知道一系列随机的明文和其相应的密文是合理的。

1. 堆积引理

在考虑构造给出的加密算法例子的线性近似表达式之前，需要介绍几个基本的理论工具。这里考虑两个二进制变量 X_1、X_2，从计算简单的关系开始：$X_1 \oplus X_2 = 0$ 是一个线性表达式，等价于 $X_1 = X_2$；$X_1 \oplus X_2 = 1$ 是一个仿射表达式，等价于 $X_1 \neq X_2$。

假设，给出如下的概率分布：
$$\Pr(X_1 = i) = \begin{cases} p_1 & i = 0 \\ 1 - p_1 & i = 1 \end{cases}$$
$$\Pr(X_2 = i) = \begin{cases} p_2 & i = 0 \\ 1 - p_2 & i = 1 \end{cases}$$

如果两个随机变量相互独立，则：
$$\Pr(X_1 = i, X_2 = j) = \begin{cases} p_1 p_2 & i = 0, j = 0 \\ p_1(1 - p_2) & i = 0, j = 1 \\ (1 - p_1) p_2 & i = 1, j = 0 \\ (1 - p_1)(1 - p_2) & i = 1, j = 1 \end{cases}$$

而且可以等价表示为：
$$\Pr(X_1 \oplus X_2 = 0) = \Pr(X_1 = X_2)$$

$$= \Pr(X_1=0, X_2=0) + \Pr(X_1=1, X_2=1)$$
$$= p_1 p_2 + (1-p_1)(1-p_2)$$

另一种表示方法是：令 $p_1 = 1/2 + \varepsilon_1$，$p_2 = 1/2 + \varepsilon_2$，$\varepsilon_1$、$\varepsilon_2$ 是线性概率偏移量，而且 $-1/2 \leq \varepsilon_1$, $\varepsilon_2 \leq 1/2$。因此，$\Pr(X_1 \oplus X_2 = 0) = 1/2 + 2\varepsilon_1\varepsilon_2$，并且 $X_1 \oplus X_2 = 0$ 的线性概率偏移量 $\varepsilon_{1,2} = 1/2 + 2\varepsilon_1\varepsilon_2 - 1/2 = 2\varepsilon_1\varepsilon_2$。

这可以扩展到多个随机二进制变量的情况，若有随机变量 $X_1, X_2, \cdots, X_n$ 且概率为 $p_1 = 1/2 + \varepsilon_1$，$p_2 = 1/2 + \varepsilon_2, \cdots, p_n = 1/2 + \varepsilon_n$。假设 n 个随机变量相互独立，$X_1 \oplus X_2 \oplus \cdots \oplus X_n = 0$ 成立的概率可以由 Piling-Up 引理（堆积引理）得到。Piling-Up 引理假定几个随机变量相互独立。

Piling-Up 引理 对于 n 个相互独立的二进制随机变量 $X_1, X_2, \cdots, X_n$，可得：

$$\Pr(X_1 \oplus \cdots \oplus X_n = 0) = 1/2 + 2^{n-1} \prod_{i=1}^{n} \varepsilon_i$$

或者等价表示为 $\varepsilon_{1,2,\cdots,n} = 2^{n-1} \prod_{i=1}^{n} \varepsilon_i$。

从 $\Pr(X_1 \oplus \cdots \oplus X_n = 0) = 1/2 + 2^{n-1} \prod_{i=1}^{n} \varepsilon_i$ 可以看出，如果对于所有的 i 都有 $p_i = 0$（或者 $p_i = 1$），则 $\Pr(X_1 \oplus X_2 \oplus \cdots \oplus X_n = 0)$ 可能为 0，也可能为 1。但是，只要有一个 $p_i = 1/2$，那么 $\Pr(X_1 \oplus X_2 \oplus \cdots \oplus X_n = 0) = 1/2$。

为得到一个加密算法的线性近似表达式，将随机变量 X_i 作为 S 盒的线性近似的输入。例如，考虑有 4 个相互独立的随机变量 X_1、X_2、X_3 和 X_4。令 $\Pr(X_1 \oplus X_2 = 0) = 1/2 + \varepsilon_{1,2}$ 且 $\Pr(X_2 \oplus X_3 = 0) = 1/2 + \varepsilon_{2,3}$，而且 $X_1 \oplus X_3$ 可以由 $X_1 \oplus X_2$ 与 $X_2 \oplus X_3$ 相加得到。因此，可得：

$$\Pr(X_1 \oplus X_3 = 0) = \Pr([X_1 \oplus X_2] \oplus [X_2 \oplus X_3] = 0)$$

所以，可以通过连接多个线性表达式构成新的线性表达式，因为可以认为随机变量 $X_1 \oplus X_2$ 与 $X_2 \oplus X_3$ 也是相互独立的，应用 Piling-Up 引理可得：

$$\Pr(X_1 \oplus X_3 = 0) = 1/2 + 2\varepsilon_{1,2}\varepsilon_{2,3}$$

相应地，$\varepsilon_{1,3} = 2\varepsilon_{1,2}\varepsilon_{2,3}$。

正如将要看到的，表达式 $X_1 \oplus X_2 = 0$、$X_2 \oplus X_3 = 0$ 和 S 盒的线性近似表达式相似，表达式 $X_1 \oplus X_3 = 0$ 和去掉位 X_2 的表达式相似。当然，实际的线性分析要更复杂，涉及更多的 S 盒线性近似表达式。

2. 攻击概述

假设明文和密文的空间都是 $\{0,1\}^n$，密钥空间为 $\{0,1\}^m$，明文记为 $P[1,2,\cdots,n]$，密文记为 $C[1,2,\cdots,n]$，密钥记为 $K[1,2,\cdots,m]$，同时定义表达式 $A[i,j,\cdots,k] = A[i] \oplus A[j] + \cdots + \oplus A[k]$。那么，线性分析的目标就是利用堆积引理获得线性表达式及其相应的概率偏差。

$$P[i_1, i_2, \cdots, i_u] \oplus C[j_1, j_2, \cdots, j_v] = K[k_1, k_2, \cdots, k_c] \tag{4.1}$$

式中，$i_1, i_2, \cdots, i_u$ 表示明文 P 中固定的比特位置，$j_1, j_2, \cdots, j_v$ 表示密文 C 中固定的比特位置，$k_1, k_2, \cdots, k_c$ 表示密钥 K 中固定的比特位置。该表达式是 u 位的输入与 v 位的输出进行 XOR 操作的结果。

线性密码分析的方法就是测定上述形式的线性表达式 $K[k_1, k_2, \cdots, k_c]$ 发生的可能性大小。如果一个密码算法使得式（4.1）成立的概率非常大或者非常小，则说明该密码算法的随机性比较差。一般情况下，假如随机选择 $u+v$ 个位的值，并且将它们代入式（4.1），那

么式（4.1）成立的概率应该为1/2。在线性密码分析中，一个线性表达式成立的概率与1/2之间的差值定义为偏移量（或偏差）。一个线性表达式成立的概率与1/2的距离越大，密码分析者利用线性密码分析就越有效果。在下面的叙述中，我们将一个表达式成立的概率与1/2的差值称为线性概率偏移量，简称偏移量或偏差。因此，如果对于随机选择的明文，找到其相应的密文，使得上述表达式成立的概率为P_L，则线性概率偏移量是$P_L-1/2$。线性概率偏移量的绝对值$|P_L-1/2|$越大，线性密码分析对于知道较少明文情况下的攻击越有效。

有多种方法来设计线性分析攻击，我们将利用Matsui的模2运算法则安排线性近似表达式的各个部分：将明文用式（4.1）中的P表示，加密算法最后一轮的输入作为式（4.1）中的C（也就是倒数第2轮的输出）。这样，明文位和最后一轮的输入都是随机的。

可以将子密钥的和作为式（4.1）的右侧内容对表达式进行改写。当式（4.1）的右侧为0时，式（4.1）表示含有这样的子密钥：这些密钥位是固定的、未知的（因为它们由攻击所希望得到的密钥决定），满足式（4.1）的右侧为零，并且线性表达式成立的概率为P_L。如果涉及的子密钥的和为0，则式（4.1）的偏移量的符号与改写后的包含子密钥的和的表达式的偏移量的符号相同；如果涉及的子密钥的和为1，则偏移量的符号相反。

应该注意：当$P_L=1$时，式（4.1）具有较好的加密性能，同时具有致命的弱点。如果$P_L=0$，则式（4.1）表示在加密算法中含有仿射关系，同时也表明该加密算法有灾难性的弱点。对于一个模2加法系统，一个仿射函数仅是一个线性函数的补充。线性和仿射近似，无论$P_L>1/2$还是$P_L<1/2$，都会受线性密码分析的影响。当提及线性时，通常既指线性关系，也指仿射关系，对线性关系与仿射关系不加以区分。

那么接下来的问题就是：如何构造一个具有高线性性质的表达式？又如何使用？这仅需要考虑加密算法中的非线性的元素S盒的性质。找出S盒的非线性特性，就有可能找到S盒的输入与输出之间的线性近似表达式。因此，连接所有S盒的线性近似表达式，就可以省略加密过程的中间数据，这样就得到了一个具有较高偏移量且仅包含明文和最后一轮输入的加密算法的线性近似表达式。

3. DES的线性密码分析

这里借助DES的S盒介绍线性分析的具体过程，如图4.53所示。

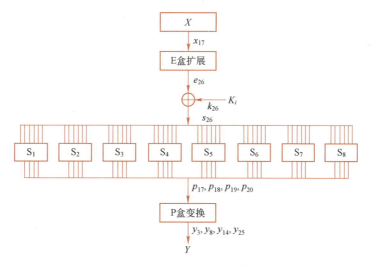

图4.53　DES S盒线性分析的具体过程

通过研究表明，DES 具有最大偏差的 S 盒是 S_5。以 S_5 为例，将输入 S 盒的数据表示为 $S=s_1s_2\cdots s_{48}$，将 S 盒的输出数据表示为 $P=p_1,p_2,\cdots,p_{32}$，则输入 S_5 的数据为 $s_{25}s_{26}s_{27}s_{28}s_{29}s_{30}$，$S_5$ 的输出数据为 $p_{17}p_{18}p_{19}p_{20}$，等式 $s_{26}=p_{17}\oplus p_{18}\oplus p_{19}\oplus p_{20}$ 成立的概率为 12/64。由图 4.53 可知，S_5 的输入位 s_{26} 是由本轮密钥的 k_{26} 和 e_{26} 异或而来的，e_{26} 是由输入数据 X 的 x_{17} 经过 E 盒扩展得到的。所以可得 $x_{17}\oplus k_{26}=y_3\oplus y_8\oplus y_{14}\oplus y_{25}$，此式成立的概率为 3/16，这样就得到了一轮 DES 的有效线性逼近式。

线性密码分析具有以下优点：可以利用密码算法中与线性相关的性质来推导出密钥，不需要知道原始的明文；可以用于各种类型的密码算法，包括对称密码算法和非对称密码算法。

线性密码分析也存在以下缺点：需要大量的已知明文密文对来进行推导，因此在实际应用中可能会受到限制；对于某些复杂的密码算法，构造线性函数可能是非常困难的或者不可能实现的。

4.9 思考与练习

1. （单选题）DES 属于对称加密体制，它的迭代次数是（ ）。
   A. 8 B. 16 C. 20 D. 32
2. （单选题）在 DES 算法中，如果给定初始密钥 K，经子密钥产生的各个子密钥都相同，则称该密钥 K 为弱密钥，DES 算法弱密钥的个数为（ ）。
   A. 2 B. 4 C. 8 D. 16
3. （单选题）AES 结构由以下 4 个不同的模块组成，其中（ ）是非线性模块。
   A. 字节代换 B. 行位移 C. 列混淆 D. 轮密钥加
4. （单选题）适合文件加密，而且有少量错误时不会造成同步失败，是软件加密的最好选择，这种分组密码的操作模式是（ ）。
   A. ECB 工作模式 B. CBC 工作模式 C. CFB 工作模式 D. OFB 工作模式
5. （单选题）明文分组序列 $X_1\cdots X_n$ 产生的密文分组序列为 $Y_1\cdots Y_n$。假设一个密文分组 Y_1 在传输时出现了错误（即某些 1 变成了 0，或者相反）。在应用（ ）时，不能正确解密的明文分组数目为 1。
   A. ECB 工作模式和 OFB 工作模式
   B. ECB 工作模式和 CBC 工作模式
   C. CFB 工作模式和 CBC 工作模式
   D. CBC 工作模式和 OFB 工作模式
6. （多选题）对 DES 的主要攻击方法包括（ ）。
   A. 强力攻击 B. 穷尽密钥搜索攻击 C. 线性密码分析 D. 差分密码分析
7. （单选题）线性密码分析方法的本质上是一种（ ）。
   A. 唯密文攻击 B. 已知明文攻击 C. 选择明文攻击 D. 选择密文攻击
8. 在 8 位的 CFB 工作模式中，若传输中的一个密文字符发生了一位错误，这个错误将传播多远？

4.10 拓展阅读：破解 DES

1997 年 1 月 28 日，美国的 RSA 数据安全公司发起了一项名为"密钥挑战"（RSA Data Security Secret-Key Challenge）的竞赛。这项竞赛的目标是测试当时广泛应用的 DES 加密算法的安全性。在此次挑战中，RSA 公司发布了一段使用 56 位密钥加密的 DES 密文，并公开悬赏一万美元给任何能够成功破解该密文的人或团队。Verser 设计了密钥穷举攻击程序，用以穷举所有可能的 DES 密钥，这个计算机程序可以从 Internet 上分发和下载，他把这项计划命名为 DESCHALL。在 RSA "密钥挑战"赛公布之后的第 140 天、DESCHALL 计划实施的第 96 天，1997 年 6 月 17 日的晚上 10 点 39 分，盐湖城 iNetz 公司的职员 Michael Sanders 在他那台主频为奔腾 90 Hz、16 MB 内存的 PC 上成功地解出了 DES 的明文，找到了正确的密钥（8558891ab0c8516）。

1998 年 7 月，电子前沿基金会（Electronic Frontier Foundation，EFF）使用一台名为 "Deep Crack" 的专用硬件设备，在短短 56 h 内成功破解了一个使用 56 位密钥加密的 DES 密文。这台设备价值约为 25 万美元，专为并行处理 DES 密钥搜索而设计，能够在极短的时间内尝试所有可能的 DES 密钥。在 1999 年 1 月的 RSA 数据安全会议上，EFF 使用了一种改进版的 "Deep Crack" 硬件设备，在短短 22 h 15 min 内成功破解了一个使用 56 位密钥加密的 DES 密文。这个成就比在 1998 年 7 月所用的 56 h 显著缩短了时间，进一步证明了 56 位 DES 密钥的脆弱性。这次演示强调了随着技术的进步和计算能力的增强，56 位 DES 密钥已经无法提供足够的安全性来保护敏感数据。

第5章 杂凑算法

密码杂凑算法也称散列算法、哈希（Hash）算法，是现代密码学中的基本工具，它能够将输入为任意长度的消息输出为某一固定长度的摘要。杂凑值又称为杂凑码、消息摘要或数字指纹。杂凑算法的重要性就是能够赋予每个消息唯一的数字指纹，即使更改该消息的一位，对应的杂凑值也会变为截然不同的指纹。杂凑算法在现代密码学中有着极其重要的作用，最常用于数字签名和数据完整性保护中。杂凑算法还是许多密码算法安全的基本前提条件，它可以用来设计消息鉴别码及众多的可证明安全协议。

5.1 杂凑算法概述

1979年，Merkle第一次给出了单向杂凑算法的实质性定义，包含抗原像和抗第二原像的安全属性，以提供安全可靠的认证服务。1980年，Davies和Price将杂凑算法用于电子签名，用于抵抗RSA等数字签名中的存在性伪造攻击。1987年，Damgård首次给出抗碰撞的杂凑算法的正式定义，指出了抗碰撞性和抗第二原像性，并用于设计安全的电子签名方案。由于高效性和无代数结构特性，杂凑算法常被用作伪随机数生成器，成为带随机预言的可证明安全密码体制的一项核心技术。

5.1.1 杂凑算法的属性

扫码看视频

杂凑算法是一种将任意长度的消息串 M 映射成一个较短的定长消息串的函数，记为 H，称 $h=H(M)$ 为消息 M 的杂凑值或数字指纹。通常，杂凑函数可以分为两类：不带密钥的杂凑函数和带密钥的杂凑函数。不带密钥的杂凑函数只需要一个消息输入；带密钥的杂凑函数规定要有两个不同的输入，即一个消息和一个秘密密钥。

杂凑算法的目的是为指定的消息产生一个消息指纹，其应满足以下属性。

1) 压缩性：将一个任意长度的输入 x，映射为固定长度为 n 的输出 $H(x)$。

2) 正向计算简单性：给定杂凑函数 H 和任意的消息输入 x，计算 $H(x)$ 是简单的。

3) 逆向计算困难性（单向性、抗原像攻击）：对所有预先给定的输出值，找到一个消息输入使得它的杂凑值等于这个输出，在计算上是不可行的。即对给定的任意值 y，求使得 $H(x)=y$ 的 x 在计算上是不可行的。

4) 弱抗碰撞性（抗第二原像攻击）：对于任何的输入，找到一个与它有相同输出的第二个输入，在计算上是不可行的。即给定一个输入 x，找到一个 x'，使得 $H(x)=H(x')$ 成立在计算上是不可行的。理想的计算复杂度是搜索攻击的复杂度。

5) 强抗碰撞性（抗碰撞攻击）：找出两个不同的输入 x 与 x'，使得 $H(x)=H(x')$ 在计算上是不可行的。理想的复杂度为生日攻击的复杂度。

6）抗长度扩展攻击：长度扩展攻击利用杂凑函数的特性来生成具有相同杂凑值但不同输入的数据。NIST 对 SHA-3 候选算法的要求之一是杂凑函数能够抵抗长度扩展攻击。即给定 $H(IV,M)$，对于任意的消息 M，当仅知道 M 的长度时，直接利用 $H(IV,M)$ 计算 $H(IV,M\|\text{pad}^M\|M')$ 是困难的。

7）抗二次碰撞攻击：即使在攻击者已经知道一次碰撞的情况下，也不能利用该信息来找出另外一次碰撞。已知一对碰撞消息 (M,N)，即 $H(IV,M)=H(IV,N)$，找到另一对相关联的消息 (M',N')，使得 $H(IV,M')=H(IV,N')$ 是困难的。

在数字签名应用中，攻击者可以对杂凑算法发起两种攻击。

第一种攻击是找出一个 x'，使得 $H(x)=H(x')$。例如，在一个使用杂凑算法的签名方案中，假设 s 是签名者对消息 x 的一个有效签名，$s=\text{sig}(H(x))$。攻击者可能会寻找一个与 x 不同的消息 x'，使得 $H(x)=H(x')$。如果能找到一个这样的 x'，则攻击者就可以伪造对消息 x' 的签名，这是因为 s 也是对消息 x' 的有效签名。杂凑算法的弱抗碰撞性可以抵抗这种攻击。

第二种攻击同样在一个应用杂凑算法的签名方案中，对手可能会寻找两个不同的消息 x 和 x'，使得 $H(x)=H(x')$。然后说服签名者对消息 x 签名，得到 $s=\text{sig}(H(x))$。由于 $s=\text{sig}(H(x'))$，因此攻击者得到一个对消息 x' 的有效签名。杂凑算法的强抗碰撞性可以抵抗这种攻击。

5.1.2 杂凑算法的设计

设计快速安全的杂凑算法是密码学重要的研究课题，已有的杂凑算法都是基于压缩函数（或置换函数）为轮函数的迭代结构设计的。每个轮函数的输入都为一个固定长度的消息分组，而且每个消息分组都采用相似的操作。

扫码看视频

杂凑算法的通用模型如下。
1）对消息进行填充，使其成为消息分组长度的整数倍。
2）对填充后的消息按消息分组长度进行分组。
3）使用轮函数对每个消息分组依次进行迭代。
4）对最后一个消息分组的输出进行变换，得到杂凑算法的输出。

杂凑算法的设计包括迭代结构的设计及轮函数的设计。

1. 杂凑算法的迭代结构设计

1984 年，Wiener 和 Needham 提出了用于杂凑函数的 Davies-Meyer 结构，这是一种基于分组密码的压缩函数结构。在 CRYPTO 1989 上，Merkle 和 Damgård 独立给出了构造杂凑算法的迭代结构，后被称为 MD 结构（Merkle-Damgård Structure）。MD 结构基于压缩函数的迭代，任何抗碰撞性的压缩函数在 MD 结构下都能拓展为抗碰撞的杂凑算法，将如何构造抗碰撞杂凑算法的问题转换成如何构造抗碰撞压缩函数的问题。MD 结构是使用非常广泛的杂凑算法构造方法，如 MD4、MD5、HAVAL、SHA-1、SHA-2 系列、RIPEMD 系列及我国的商用杂凑标准 SM3 等。MD 结构杂凑算法如图 5.1 所示。

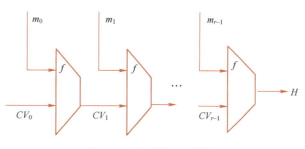

图 5.1　MD 结构杂凑算法

MD 结构杂凑算法存在一些典型的问题，比如长度扩展攻击、二次碰撞攻击等。为了克服 MD 结构带来的问题，Lucks 提出了宽管道和双管道的结构，并要求将压缩函数的初始值加倍，以防止生日攻击、多碰撞攻击。

针对 MD 结构杂凑算法易受第二原像攻击的弱点，Biham 和 Dunkelman 提出了 HAIFA 结构，在压缩函数的输入中增加随机盐值和已杂凑消息的位数。

在 ECRYPT 2007 上，Bertoni 等人提出了海绵结构（Sponge Structure）杂凑算法。海绵结构杂凑算法通常包括吸收（Absorbing）和挤压（Squeezing）两个过程。目前，海绵结构已经成为继 MD 结构后使用最广泛的结构，例如，SHA-3 标准 KECCAK 使用海绵结构，轻量级杂凑算法 PHOTON、QUARK、SPONGENT 等都使用海绵结构。

2. 杂凑算法轮函数的设计

杂凑算法有两种基本的构造方法，即基于分组密码的构造方法和直接构造法（即专门设计的杂凑算法，Dedicated Hash Function）。

最早的杂凑算法设计方式是基于成熟的分组密码的。利用密文分组链接（CBC）或密文反馈（CFB）工作模式将分组密码的密钥替换为初始值，对消息的分组逐次加密，最后的密文即是杂凑值。GB/T 18238.2—2024 规定了三种采用分组密码的杂凑函数。

1990 年，Rivest 设计了杂凑算法 MD4，该算法不基于分组密码等任何的密码学本原，是专门设计的杂凑算法，之后，Rivest 又设计了 MD4 的加强算法 MD5，两个算法的杂凑值长度均为 128 位。1992 年，Zheng（郑玉良）等人设计了 HAVAL，主要利用高度非线性的轮函数代替 MD4 和 MD5 普遍采用的简单的轮函数。基于 MD4 的设计技术，NIST 设计了安全杂凑算法 SHA 系列，包括 SHA-0、SHA-1，其杂凑值的长度都是 160 位。2002 年，NIST 又推出 SHA-2 系列杂凑算法，其输出长度可为 224 位、256 位、384 位、512 位，分别对应 SHA-224、SHA-256、SHA-384、SHA-512。与此同时，欧洲密码工程 RIPE（Race Integrity Primitives Evaluation）设计了 RIPEMD，该算法基于两条并行的 MD4 结构。随后，Dobbertin 等人又设计了其强化变种版本 RIPEMD-128 和 RIPEMD-160，这些杂凑算法统称为 MDx 系列杂凑算法。海绵函数使用将输入转换为相同大小的输出的函数进行迭代哈希，即使用单个置换而不是压缩函数。

5.2 杂凑算法实例

自 20 世纪 90 年代，Rivest 设计了杂凑算法 MD4、MD5 以来，杂凑算法的分析与设计一直是密码领域关注的热点。2004 年，王小云等人破解了 MD5 和 SHA-1，引发了杂凑算法研究的热潮。本节介绍广泛应用的杂凑算法 MD5、SHA-256、SM3、SHA-3。

5.2.1 MD5

MD5 是由 Ron Rivest 设计的杂凑算法。MD（Message Digest，消息摘要）对输入的任意长度消息，算法产生 128 位的杂凑值。MD5 算法的前身是 MD4。

1. MD5 算法迭代结构

MD5 算法迭代结构如图 5.2 所示。

2. MD5 算法的处理步骤

1）消息填充。对原始消息填充，使得其长度在模 512 下余 448，即填充后消息的长度为 512 的某一倍数减 64（见图 5.3）。这一步是必需的，即使原始消息的长度已经满足要求，

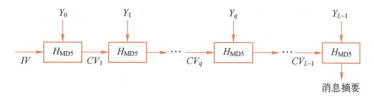

图 5.2 MD5 算法迭代结构

仍需要填充。例如，消息的长度正好为 448 位，则需要填充 512 位，使其长度为 960 位，因此填充的位数在 1~512 之间。填充方式是固定的：第一位为 1，其他位为 0，例如需要填充 100 位，则填充一个 1，后面附上 99 个 0。当消息长度除以 512 等于 447 时，填充单个"1"后完成填充操作。

图 5.3 消息填充

2）附加消息长度。消息填充后，留有 64 位，将填充前消息的长度填充在这 64 位中。如果消息长度大于 2^{64}，则以 2^{64} 取模。

前两步完成以后，消息的长度为 512 的倍数（设倍数为 L），如图 5.3 所示，填充后的消息为 $L\times 512$ 位。可将消息表示成分组长为 512 的一系列分组 $Y_0, Y_1, \cdots, Y_{L-1}$。每一个 512 位的分组是 16 个字（每个字 32 位），因此消息中的总字数为 $N=16L$。

3）初始化 MD 缓冲区。MD5 算法使用 128 位长的缓冲区来存储中间结果和最终杂凑值。缓冲区可表示为 4 个 32 位长的寄存器（A，B，C，D），将存储器初始化为以下的 32 位整数：A = 0x67452301，B = 0xEFCDAB89，C = 0x98BADCFE，D = 0x10325476。这 4 个 32 位整数参数，称为链接变量。每个寄存器都以小端字节序方式存储数据，也就是最低有效字节存储在低地址字节位置，4 个寄存器按如下存储：01234567、89ABCDEF、FEDCBA98、76543210。

4）以分组为单位进行消息处理：每个分组 Y_q 都经过一个压缩函数 H_{MD5} 处理，包括 4 轮处理过程，如图 5.4 所示。

MD5 算法是一种迭代型杂凑函数，压缩函数 H_{MD5} 是算法的核心。压缩函数 H_{MD5} 按如下方式工作。

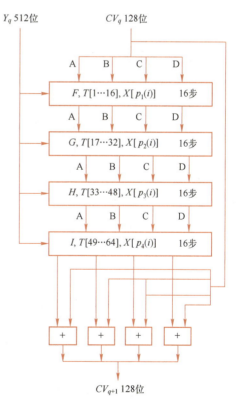

图 5.4 MD5 的分组处理过程

1) 4个轮运算的结构相同，但各轮使用不同的基本逻辑函数，我们分别称之为 F、G、H 和 I。

2) 每轮的输入是当前要处理的 512 位的分组 Y_q 和 128 位缓冲区的当前值 A、B、C、D 的内容，输出仍然放在缓冲区中以产生新的 A、B、C、D。

3) 每轮的处理过程还需要使用常数表 T 中 1/4 的元素。第 4 轮的输出再与第 1 轮的输入 CV_q 相加，相加时将 CV_q 看作 4 个 32 位的字，每个字与第 4 轮输出的对应的字按模 2^{32} 相加，相加的结果就是本轮压缩函数 H_{MD5} 的输出。

H_{MD5} 压缩函数要用到常数表 T，其中有 64 个元素，如表 5.1 所示。该表通过正弦函数构建。表中第 i 个元素 $T[i]$ 为 $2^{32} \times abs(sin(i))$ 的整数部分，其中 $sin()$ 为正弦函数，i 的单位为弧度。由于 $abs(in(i))$ 大于 0 小于 1，因此 $T[i]$ 可由 32 位的字来表示。这个表提供了一个随机化的 32 位模式集，它将消除输入数据的任何规律性。

表 5.1 常数表 T

$T[1]$ = D76AA478	$T[2]$ = E8C7B756	$T[3]$ = 242070DB	$T[4]$ = C1BDCEEE
$T[5]$ = F57C0FAF	$T[6]$ = 4787C62A	$T[7]$ = A8304613	$T[8]$ = FD469501
$T[9]$ = 698098D8	$T[10]$ = 8B44F7AF	$T[11]$ = FFFF5BB1	$T[12]$ = 895CD7BE
$T[13]$ = 6B901122	$T[14]$ = FD987193	$T[15]$ = A679438E	$T[16]$ = 49B40821
$T[17]$ = F61E2562	$T[18]$ = C040B340	$T[19]$ = 265E5A51	$T[20]$ = E9B6C7AA
$T[21]$ = D62F105D	$T[22]$ = 02441453	$T[23]$ = D8A1E681	$T[24]$ = E7D3FBC8
$T[25]$ = 21E1CDE6	$T[26]$ = C33707D6	$T[27]$ = F4D50D87	$T[28]$ = 455A14ED
$T[29]$ = A9E3E905	$T[30]$ = FCEFA3F8	$T[31]$ = 676F02D9	$T[32]$ = 8D2A4C8A
$T[33]$ = FFFA3942	$T[34]$ = 8771F681	$T[35]$ = 699D6122	$T[36]$ = FDE5380C
$T[37]$ = A4BEEA44	$T[38]$ = 4BDECFA9	$T[39]$ = F6BB4B60	$T[40]$ = BEBFBC70
$T[41]$ = 289B7EC6	$T[42]$ = EAA127FA	$T[43]$ = D4EF3085	$T[44]$ = 04881D05
$T[45]$ = D9D4D039	$T[46]$ = E6DB99E5	$T[47]$ = 1FA27CF8	$T[48]$ = C4AC5665
$T[49]$ = F4292244	$T[50]$ = 432AFF97	$T[51]$ = AB9423A7	$T[52]$ = FC93A039
$T[53]$ = 655B59C3	$T[54]$ = 8F0CCC92	$T[55]$ = FFEFF47D	$T[56]$ = 85845DD1
$T[57]$ = 6FA87E4F	$T[58]$ = FE2CE6E0	$T[59]$ = A3014314	$T[60]$ = 4E0811A1
$T[61]$ = F7537E82	$T[62]$ = BD3AF235	$T[63]$ = 2AD7D2BB	$T[64]$ = EB86D391

4) 输出：消息的所有 L 个分组被处理完以后，最后一个 H_{MD5} 的输出即为产生的消息摘要（杂凑值）。

3. MD5 的压缩函数

压缩函数 H_{MD5} 中有 4 轮处理过程，每轮又对缓冲区 A、B、C、D 进行 16 步迭代运算，压缩函数中的一步迭代如图 5.5 所示，每一步的运算形式如下：

$$a \leftarrow b + (a + g(b,c,d) + X[k] + T[i]) \lll s$$

式中　a, b, c, d——表示缓存中的 4 个字，在不同的步骤中可能有不同的顺序，在运算完成后再右循环一个字，即得这一步迭代的输出。

g——表示函数 F、G、H、I 中的一个。

$\lll s$——表示 32 位的参数循环左移 s 位，图 5.5 中记为 CLS_s。

$X[k]$——表示在第 q 个长度为 512 位的分组中的第 k 个 32 位的字。

$T[i]$——表示常数表 T 中的第 i 个 32 位的字。

+——表示模 2^{32} 的加法。

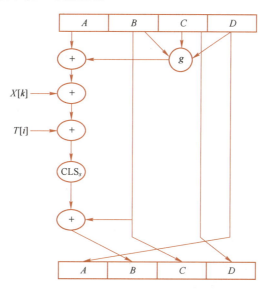

图 5.5 压缩函数中的一步迭代

MD5 压缩函数要经过 4 轮处理过程，每轮又包括 16 步，且每轮都以不同的次序使用 16 个字。其中，在第 1 轮以字的初始次序使用，第 2~4 轮分别对字的次序 i 做置换后得到一个新次序，然后以新次序使用 16 个字。3 个置换分别为：

$P_2(i) = (1+5i) \mod 16$

$P_3(i) = (5+3i) \mod 16$

$P_4(i) = 7i \mod 16$

4 轮处理过程中分别使用基本的逻辑函数 F、G、H、I。每个逻辑函数的输入都为 3 个 32 位的字，输出是一个 32 位的字，其中的运算为逐位的逻辑运算，4 个逻辑函数的定义如下：

$F(X,Y,Z) = (X \wedge Y) \vee ((\neg X) \wedge Z)$

$G(X,Y,Z) = (X \wedge Z) \vee (Y \wedge (\neg Z))$

$H(X,Y,Z) = X \oplus Y \oplus Z$

$I(X,Y,Z) = Y \oplus (X \vee (\neg Z))$

式中，$\wedge$ 表示与，$\vee$ 表示或，$\oplus$ 表示异或，$\neg$ 表示反。

4 轮处理过程中，每一轮的 16 步都是一个循环左移，移动的位数用 s 表示，如表 5.2 所示。

表 5.2 压缩函数每步循环左移的位数

轮数 \ 步数	1	2	3	4	5	6	7	8	9	10	11	12	13	14	15	16
1	7	12	17	22	7	12	17	22	7	12	17	22	7	12	17	22
2	5	9	14	20	5	9	14	20	5	9	14	20	5	9	14	20
3	4	11	16	23	4	11	16	23	4	11	16	23	4	11	16	23
4	6	10	15	21	6	10	15	21	6	10	15	21	6	10	15	21

如果设 M_j 表示消息的 512 位的分组中的第 j 个 32 位的字（$0 \leq j \leq 15$），$\lll s$ 表示循环左移 s 位，则对应于 4 轮中的 4 种操作：

$FF(a,b,c,d,M_j,s,T[i])$ 表示 $a=b+((a+(F(b,c,d)+M_j+T[i]) \lll s)$
$GG(a,b,c,d,M_j,s,T[i])$ 表示 $a=b+((a+(G(b,c,d)+M_j+T[i]) \lll s)$
$HH(a,b,c,d,M_j,s,T[i])$ 表示 $a=b+((a+(H(b,c,d)+M_j+T[i]) \lll s)$
$II(a,b,c,d,M_j,s,T[i])$ 表示 $a=b+((a+(I(b,c,d)+M_j+T[i]) \lll s)$

则 MD5 压缩函数 H_{MD5} 的 4 轮可表示如下。

第一轮的 16 步：
$FF(a,b,c,d,M_0,7,\text{0xD76AA478})$
$FF(d,a,b,c,M_1,12,\text{0xE8C7B756})$
$FF(c,d,a,b,M_2,17,\text{0x242070DB})$
$FF(b,c,d,a,M_3,22,\text{0xC1BDCEEE})$
$FF(a,b,c,d,M_4,7,\text{0xF57C0FAF})$
$FF(d,a,b,c,M_5,12,\text{0x4787C62A})$
$FF(c,d,a,b,M_6,17,\text{0xA8304613})$
$FF(b,c,d,a,M_7,22,\text{0xFD469501})$
$FF(a,b,c,d,M_8,7,\text{0x698098D8})$
$FF(d,a,b,c,M_9,12,\text{0x8B44F7AF})$
$FF(c,d,a,b,M_{10},17,\text{0xFFFF5BB1})$
$FF(b,c,d,a,M_{11},22,\text{0x895CD7BE})$
$FF(a,b,c,d,M_{12},7,\text{0x6B901122})$
$FF(d,a,b,c,M_{13},12,\text{0xFD987193})$
$FF(c,d,a,b,M_{14},17,\text{0xA679438E})$
$FF(b,c,d,a,M_{15},22,\text{0x49B40821})$

第二轮的 16 步：
$GG(a,b,c,d,M_1,5,\text{0xF61E2562})$
$GG(d,a,b,c,M_6,9,\text{0xC040B340})$
$GG(c,d,a,b,M_{11},14,\text{0x265E5A51})$
$GG(b,c,d,a,M_0,20,\text{0xE9B6C7AA})$
$GG(a,b,c,d,M_5,5,\text{0xD62F105D})$
$GG(d,a,b,c,M_{10},9,\text{0x02441453})$
$GG(c,d,a,b,M_{15},14,\text{0xD8A1E681})$
$GG(b,c,d,a,M_4,20,\text{0xE7D3FBC8})$
$GG(a,b,c,d,M_9,5,\text{0x21E1CDE6})$
$GG(d,a,b,c,M_{14},9,\text{0xC33707D6})$
$GG(c,d,a,b,M_3,14,\text{0xF4D50D87})$
$GG(b,c,d,a,M_8,20,\text{0x455A14ED})$
$GG(a,b,c,d,M_{13},5,\text{0xA9E3E905})$
$GG(d,a,b,c,M_2,9,\text{0xFCEFA3F8})$
$GG(c,d,a,b,M_7,14,\text{0x676F02D9})$

$GG(b,c,d,a,M_{12},20,0\text{x8D2A4C8A})$

第三轮的 16 步：

$HH(a,b,c,d,M_5,4,0\text{xFFFA3942})$
$HH(d,a,b,c,M_8,11,0\text{x8771F681})$
$HH(c,d,a,b,M_{11},16,0\text{x6D9D6122})$
$HH(b,c,d,a,M_{14},23,0\text{xFDE5380C})$
$HH(a,b,c,d,M_1,4,0\text{xA4BEEA44})$
$HH(d,a,b,c,M_4,11,0\text{x4BDECFA9})$
$HH(c,d,a,b,M_7,16,0\text{xF6BB4B60})$
$HH(b,c,d,a,M_{10},23,0\text{xBEBFBC70})$
$HH(a,b,c,d,M_{13},4,0\text{x289B7EC6})$
$HH(d,a,b,c,M_0,11,0\text{xEAA127FA})$
$HH(c,d,a,b,M_3,16,0\text{xd4ef3085})$
$HH(b,c,d,a,M_6,23,0\text{x04881D05})$
$HH(a,b,c,d,M_9,4,0\text{xD9D4D039})$
$HH(d,a,b,c,M_{12},11,0\text{xE6DB99E5})$
$HH(c,d,a,b,M_{15},16,0\text{x1FA27CF8})$
$HH(b,c,d,a,M_2,23,0\text{xC4AC5665})$

第四轮的 16 步：

$II(a,b,c,d,M_0,6,0\text{xF4292244})$
$II(d,a,b,c,M_7,10,0\text{x432AFF97})$
$II(c,d,a,b,M_{14},15,0\text{xAB9423A7})$
$II(b,c,d,a,M_5,21,0\text{xFC93A039})$
$II(a,b,c,d,M_{12},6,0\text{x655B59C3})$
$II(d,a,b,c,M_3,10,0\text{x8F0CCC92})$
$II(c,d,a,b,M_{10},15,0\text{xFFEFF47D})$
$II(b,c,d,a,M_1,21,0\text{x85845DD1})$
$II(a,b,c,d,M_8,6,0\text{x6FA87E4F})$
$II(d,a,b,c,M_{15},10,0\text{xFE2CE6E0})$
$II(c,d,a,b,M_6,15,0\text{xA3014314})$
$II(b,c,d,a,M_{13},21,0\text{x4E0811A1})$
$II(a,b,c,d,M_4,6,0\text{xF7537E82})$
$II(d,a,b,c,M_{11},10,0\text{xBD3AF235})$
$II(c,d,a,b,M_2,15,0\text{x2AD7D2BB})$
$II(b,c,d,a,M_9,21,0\text{xEB86D391})$

5.2.2 SHA-256

SHA-1（安全杂凑算法）自 1995 年开始作为 FIPS 180-1 的一部分。SHA-1 是 SHA 算法的变种。SHA-2 由美国国家安全局研发，并于 2001 年由 NIST 作为 FIPS 180-2 发布。2015 年 8 月，NIST 公布了修改后的安全 Hash 标准（SHS），发布为 FIPS 180-4。FIPS 180-4 规定了安全杂凑算法 SHA-1、SHA-224、SHA-256、SHA-384、SHA-512、SHA-512/224 和 SHA-512/256。SHA-2 采用了 MD 结构，其压缩函数采用 Davies-meyer 结构。计算机技术的发展，尤其是计算能力的显著提升，对 SHA-1 算法的安全性构成了严重威胁。基于王小云等人的密码分析和暴力攻击的可能性，2011 年，NIST 发布了 SP 800-131A，宣布在生成新的数字签名时弃用 SHA-1。2022 年 12 月，NIST 宣布，至 2030 年 12 月 31 日，NIST 将不再使用 SHA-1 对所有应用程序进行密码保护，并公布了摆脱目前有限使用 SHA-1 的计划，如发布 FIPS 180-5（FIPS 180 的修订版）以删除 SHA-1 规范。下面以 SHA-256 算法为例对 SHA-2 算法进行阐述。

1. SHA-256 算法迭代结构

SHA-256 算法的输入为小于 2^{64} 位长的任意消息，输出为 256 位长的消息摘要。SHA-256 算法将消息按 512 位分组，杂凑值的长度和链接变量的长度为 256 位。图 5.6 所示为 SHA-256 算法迭代结构。

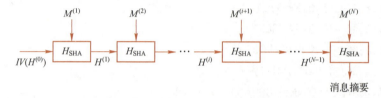

图 5.6　SHA-256 算法迭代结构

2. SHA-256 算法的步骤

1）消息填充。与 MD5 的消息填充相同，使得填充后消息的位长为 512 的整数倍减 64，同样，填充的位数在 1~512 之间。填充也是 100000…0000 的形式。

2）附加消息的长度。与 MD5 的第 2 步类似，将填充前消息的长度填充在末尾留出的 64 位中。附加消息的长度后，长度为 512 的倍数（设倍数为 N），同时消息可表示成分组长为 512 的一系列分组 $M^{(1)}, M^{(2)}, \cdots, M^{(N)}$。

3）初始化 MD 缓冲区。SHA-256 用 256 位长的缓冲区存储中间结果和最终杂凑值，缓冲区可表示为 8 个 32 位长的寄存器 A、B、C、D、E、F、G、H，分别将其初始化为自然数中前 8 个素数（2,3,5,7,11,13,17,19）平方根的小数部分前 32 位，即 A = 0x6A09E667，B = 0xBB67AE85，C = 0x3C6EF372，D = 0xA54FF53A，E = 0x510E527F，F = 0x9B05688C，G = 0x1F83D9AB，H = 0x5BE0CD19。SHA-256 中的这些值以大端字节序的方式存储，也就是字的最高有效字节存于低地址字节位置，即按如下方式存储上述的值：6A09E667、BB67AE85、3C6EF372、A54FF53A、510E527F、9B05688C、1F83D9AB、5BE0CD19。例如，2 的平方根小数部分约为 0.414 213 562 373 095 048 ≈ $6\times16^{-1}+A\times16^{-2}+0\times16^{-3}+\cdots$，小数部分取前 32 位就对应 0x6A09E667。

4）以分组为单位对消息进行处理。每一分组 $M^{(i)}$ 都经过压缩函数处理，压缩函数由 64 轮迭代组成，SHA-256 的分组处理框图如图 5.7 所示。64 轮迭代过程的结构一样，但用的常量 K_t 有所变化。

SHA-2 每轮的输入都为当前处理的消息分组 $M^{(i+1)}$ 和缓冲区 A、B、C、D、E、F、G、H 的当前值，输出仍放在缓冲区以替代 A、B、C、D、E、F、G、H 的旧值。每轮处理过程还须加上一个加法常量 K_t，其中 $0 \leq t \leq 63$，t 表示迭代的步数。第 64 轮迭代的输出再与第一轮的输入 $H^{(i)}$ 相加，以产生 $H^{(i+1)}$，其中，加法是缓冲区 8 个字中的每一个字与 $H^{(i)}$ 中相

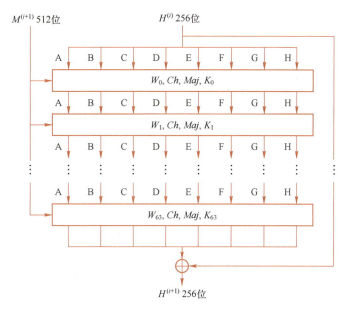

图 5.7 SHA-256 的分组处理框图

应的字模 2^{32} 相加。

5) 输出消息的 N 个分组都被处理完后,最后一个分组的输出就是 256 位的消息摘要。

3. SHA-256 的压缩函数

SHA-256 的压缩函数由 64 轮迭代组成,一步迭代运算的示意图如图 5.8 所示。

$T_1 \leftarrow H + \Sigma_1(E) + Ch(E,F,G) + K_t + W_t$

$T_2 \leftarrow \Sigma_0(A) + Maj(A,B,C)$

$A,B,C,D,E,F,G,H \leftarrow (T_1+T_2),A,B,C,(D+T_1),E,F,G$

式中,A、B、C、D、E、F、G、H 为缓冲区的 8 个字,t 是迭代的步数($0 \leq t \leq 63$),T_1 和 T_2 为中间变量,Ch 和 Maj 是迭代使用的布尔函数,Σ_0 和 Σ_1 是压缩函数中的置换函数,K_t 是第 t 步迭代使用的常量,$+$ 是模 2^{32} 加法,W_t 是由当前 512 位长的分组导出的一个 32 位长的字。

SHA-256 处理每个 512 位的分组都需要 64 个字,分别记为 $W_0, W_1, \cdots, W_{63}$。其中,16 个字 $W_0, W_1, \cdots, W_{15}$ 直接从输入的分组中得到,48 个字 $W_{16}, W_{17}, \cdots, W_{63}$ 的值由公式 $W_j = \sigma_1(W_{i-2}) \oplus W_{i-7} \oplus \sigma_0(W_{i-15}) \oplus W_{i-16}$ 扩展得到,σ_0 和 σ_1 是消息扩展中的置换函数。

布尔函数包含前面提到的函数 Ch 和 Maj,其定义分别为:

$Ch(X,Y,Z) = (X \wedge Y) \oplus (\neg X \wedge Z)$

$Maj(X,Y,Z) = (X \wedge Y) \oplus (X \wedge Z) \oplus (Y \wedge Z)$

置换函数包含前面提到的函数 Σ_0 和 Σ_1,其定义分别为:

$\Sigma_0(X) = (X \ggg 2) \oplus (X \ggg 13) \oplus (X \ggg 22)$

$\Sigma_1(X) = (X \ggg 6) \oplus (X \ggg 11) \oplus (X \ggg 25)$

$\sigma_0(X) = (X \ggg 7) \oplus (X \ggg 18) \oplus (X \gg 3)$

$\sigma_1(X) = (X \ggg 17) \oplus (X \ggg 19) \oplus (X \gg 10)$

式中,$\wedge$ 表示与,$\oplus$ 表示异或,$\neg$ 表示反,$\ggg$ 表示循环右移位运算,$\gg$ 表示逻辑右移位运算(前面用 "0" 填充)。64 轮迭代共需要 64 个常量,和 8 个杂凑初值类似,这些常量是对自然数中前 64 个素数(2,3,5,7,11,13,17,19,23,29,31,37,41,43,47,53,59,61,…)的立方根的小数部分取前 32 位。SHA-256 的常量如表 5.3 所示。

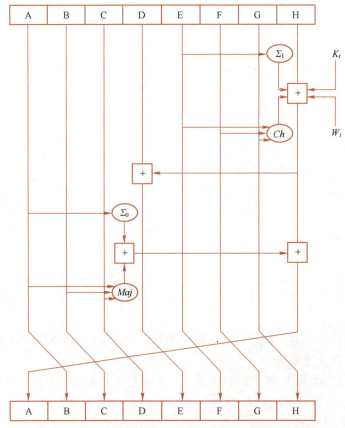

图 5.8 SHA-256 的压缩函数中一步迭代运算的示意图

表 5.3 SHA-256 的常量

K_0	428A2F98	K_1	71374491	K_2	B5C0FBCF	K_3	E9B5DBA5
K_4	3956C25B	K_5	59F111F1	K_6	923F82A4	K_7	AB1C5ED5
K_8	D807AA98	K_9	12835B01	K_{10}	243185BE	K_{11}	550C7DC3
K_{12}	72BE5D74	K_{13}	80DEB1FE	K_{14}	9BDC06A7	K_{15}	C19BF174
K_{16}	E49B69C1	K_{17}	EFBE4786	K_{18}	0FC19DC6	K_{19}	240CA1CC
K_{20}	2DE92C6F	K_{21}	4A7484AA	K_{22}	5CB0A9DC	K_{23}	76F988DA
K_{24}	983E5152	K_{25}	A831C66D	K_{26}	B00327C8	K_{27}	BF597FC7
K_{28}	C6E00BF3	K_{29}	D5A79147	K_{30}	06CA6351	K_{31}	14292967
K_{32}	27B70A85	K_{33}	2E1B2138	K_{34}	4D2C6DFC	K_{35}	53380D13
K_{36}	650A7354	K_{37}	766A0ABB	K_{38}	81C2C92E	K_{39}	92722C85
K_{40}	A2BFE8A1	K_{41}	A81A664B	K_{42}	C24B8B70	K_{43}	C76C51A3
K_{44}	D192E819	K_{45}	D6990624	K_{46}	F40E3585	K_{47}	106AA070
K_{48}	19A4C116	K_{49}	1E376C08	K_{50}	2748774C	K_{51}	34B0BCB5
K_{52}	391C0CB3	K_{53}	4ED8AA4A	K_{54}	5B9CCA4F	K_{55}	682E6FF3
K_{56}	748F82EE	K_{57}	78A5636F	K_{58}	84C87814	K_{59}	8CC70208
K_{60}	90BEFFFA	K_{61}	A4506CEB	K_{62}	BEF9A3F7	K_{63}	C67178F2

5.2.3 SM3

SM3 算法是由王小云等人主导设计的中国商用密码杂凑算法标准,于 2012 年发布为密码行业标准(GM/T 0004—2012),并于 2017 年发布为国家密码杂凑算法标准(GB/T 32905—2016)。2018 年 10 月,含有我国 SM3 密码杂凑算法的 ISO/IEC 10118-3: 2018《信息安全技术 杂凑函数 第 3 部分:专用杂凑函数》第 4 版由 ISO/IEC 发布,《SM3 密码杂凑算法》正式成为国际标准。SM3 算法采用了与 SHA-256 相似的 MD 结构,但采用了一些新技术,具有较高的安全性。

扫码看视频

1. SM3 算法的迭代结构

SM3 算法的输入为小于 2^{64} 位长的任意消息,输出为 256 位长的消息摘要。SM3 算法将消息按 512 位分组,杂凑值的长度和链接变量的长度为 256 位。图 5.9 所示为 SM3 算法迭代结构。

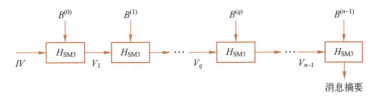

图 5.9 SM3 算法迭代结构

2. SM3 算法的步骤

1)消息填充。与 MD5 的消息填充相同,使得填充后消息的位长为 512 的整数倍减 64,同样,填充的位数在 1~512 之间。填充也是 100000…0000 的形式。

2)附加消息的长度。将填充前消息的长度填充在末尾留出的 64 位中。附加消息的长度后,消息的长度为 512 的倍数(设倍数为 n)。同时,消息可表示成分组长为 512 的一系列分组 $B^{(0)}$,$B^{(1)}$,…,$B^{(n-1)}$。

3)初始化 MD 缓冲区。SM3 密码杂凑算法的初始值 IV 共 256 位,由 8 个 32 位串联构成。SM3 使用 256 位长的缓冲区存储中间结果和最终杂凑值,缓冲区可表示为 8 个 32 位长的寄存器 A、B、C、D、E、F、G、H,分别将其初始化为 A = 0x7380166F,B = 0x4914B3B9,C = 0x172442D7,D = 0xDA8A0600,E = 0xA96D30BC,F = 0x163138AA,G = 0xE38DEE4D,H = 0xB0FB0E4E。SM3 中的这些值以大端字节序的方式存储,也就是字的最高有效字节存于低地址字节位置,即按如下方式存储上述的值:7380166F、4914B3B9、172442D7、DA8A0600、A96D30BC、163138AA、E38DEE4D、B0FB0E4E。

4)以分组为单位对消息进行处理。每一分组 $B^{(q)}$ 都经过压缩函数处理,压缩函数由 64 轮迭代组成,SM3 的分组处理框图如图 5.10 所示。64 轮迭代过程的结构一样,但用的常量 T_j 和基本逻辑函数 FF_j、GG_j 有所变化。

SM3 每轮的输入为当前处理的消息分组 $B^{(q)}$ 和缓冲区 A、B、C、D、E、F、G、H 的当前值,输出仍放在缓冲区以替代 A、B、C、D、E、F、G、H 的旧值。每轮迭代都包含一个加法常量 T_j,其中 $0 \leqslant j \leqslant 63$,$j$ 表示迭代的步数。第 64 轮迭代的输出再与第一轮的输入 V_q 相异或,以产生 V_{q+1},其中异或是缓冲区 8 个字中的每一个字与 V_q 中相应的字按位异或。

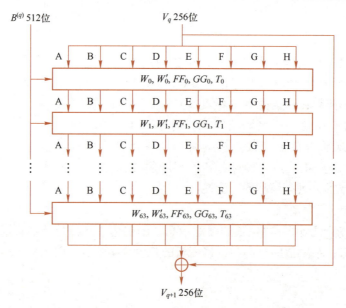

图 5.10　SM3 的分组处理框图

5）输出消息的 n 个分组都被处理完后，最后一个分组的输出就是 256 位的消息摘要。

3. SM3 的压缩函数

SM3 的压缩函数由 64 轮迭代组成，一步迭代运算的示意图如图 5.11 所示。

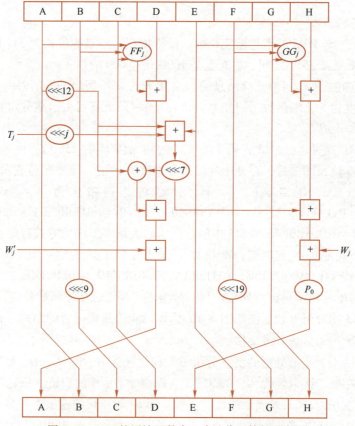

图 5.11　SM3 的压缩函数中一步迭代运算的示意图

$$SS1 \leftarrow ((A \lll 12) + E + (T_j \lll (j \bmod 32))) \lll 7$$
$$SS2 \leftarrow SS1 \oplus (A \lll 12)$$
$$TT1 \leftarrow FF_j(A, B, C) + D + SS2 + W'_j$$
$$TT2 \leftarrow GG_j(E, F, G) + H + SS1 + W_j$$
$$D \leftarrow C$$
$$C \leftarrow B \lll 9$$
$$B \leftarrow A$$
$$A \leftarrow TT1$$
$$H \leftarrow G$$
$$G \leftarrow F \lll 19$$
$$F \leftarrow E$$
$$E \leftarrow P_0(TT2)$$

式中，A、B、C、D、E、F、G、H 为缓冲区的 8 个字，$SS1$、$SS2$、$TT1$、$TT2$ 为中间变量，j 是迭代的步数（$0 \leqslant j \leqslant 63$），$FF_j$ 和 GG_j 是第 j 步迭代使用的布尔函数，P_0 是压缩函数中的置换函数，T_j 是第 j 步迭代使用的常量，$\lll$ 是循环左移比特运算，+是模 2^{32} 加法，W_j、W'_j 均是由当前 512 位长的分组导出的一个 32 位长的字。

SM3 处理每个 512 位的分组都需要 132 个字，分别记为 $W_0, W_1, \cdots, W_{67}, W'_0, W'_1, \cdots, W'_{63}$。其中，16 个字 $W_0, W_1, \cdots, W_{15}$ 直接从输入的分组中得到，52 个字 $W_{16}, W_{17}, \cdots, W_{67}$ 的值由公式 $W_j = P_1(W_{j-16} \oplus W_{j-9} \oplus (W_{j-3} \lll 15)) \oplus (W_{j-13} \lll 7)) \oplus W_{j-6}$ 扩展得到，64 个字 $W'_0, W'_1, \cdots, W'_{63}$ 的值由公式 $W'_j = W_j \oplus W_{j+4}$ 扩展得到，P_1 是消息扩展中的置换函数。

布尔函数 FF_j、GG_j 定义为：

$$FF_j(X, Y, Z) = \begin{cases} X \oplus Y \oplus Z & 0 \leqslant j \leqslant 15 \\ (X \wedge Y) \vee (X \wedge Z) \vee (Y \wedge Z) & 16 \leqslant j \leqslant 63 \end{cases}$$

$$GG_j(X, Y, Z) = \begin{cases} X \oplus Y \oplus Z & 0 \leqslant j \leqslant 15 \\ (X \wedge Y) \vee (\neg X \wedge Z) & 16 \leqslant j \leqslant 63 \end{cases}$$

置换函数 P_0、P_1 定义为：

$$P_0(X) = X \oplus (X \lll 9) \oplus (X \lll 17)$$
$$P_1(X) = X \oplus (X \lll 15) \oplus (X \lll 23)$$

式中，$\wedge$ 表示与，$\vee$ 表示或，$\oplus$ 表示异或，$\neg$ 表示反，$\lll$ 表示循环左移，X 为字。64 轮迭代共需要 64 个常量，实际上只有 2 个不同取值，如表 5.4 所示。

表 5.4 SM3 的常量

T_j	$0 \leqslant j \leqslant 15$	79cc4519
	$16 \leqslant j \leqslant 63$	7a879d8a

4. SM3 算法的特点

SM3 密码杂凑算法压缩函数的整体结构与 SHA-256 相似，但是增加了多种新的设计技术，包括增加 16 步全异或操作、消息双字介入、快速雪崩效应的 P 置换等，能够有效地避免高概率的局部碰撞，并能有效地抵抗强碰撞性的差分分析、弱碰撞性的线性分析和比特追踪法等密码分析。

SM3 密码杂凑算法合理使用字加运算，构成进位加 4 级流水，在不显著增加硬件开销的情况下，采用 P 置换，加速了算法的雪崩效应，提高了运算效率。同时，SM3 密码杂凑算法采用了适合 32 位微处理器和 8 位智能卡实现的基本运算，具有跨平台实现的高效性和广泛的适用性。

5.2.4 SHA-3

2005 年，我国密码学家王小云提出了针对 MD5、SHA-1 杂凑算法的攻击方法，SHA-2 虽然暂时未曝出安全问题，但是因为它具有和 SHA-1 相同的算法结构，所以可能存在潜在的风险。2007 年，NIST 开始进行新的安全杂凑算法标准的公开评选。经综合评估候选算法的安全性、性能、开销及应用性，NIST 在 2012 年评选出了最终的算法并确定了新的杂凑函数标准。KECCAK 算法由于其较强的安全性和优秀的软硬件实现性能，成为最新一代的杂凑函数标准。2015 年，NIST 发布了最终的 SHA-3 算法标准 FIPS 202。作为 SHA-3 密码杂凑算法竞赛的结果，FIPS 202 指定了基于 KECCAK 的新的基于置换的 SHA-3 函数族。FIPS 202 规定了 4 种固定长度的杂凑算法（SHA3-224、SHA3-256、SHA3-384 和 SHA3-512），以及两个密切相关的可扩展输出函数（eXtendable-Output Function，XOF）（SHAKE128 和 SHAKE256）。目前，只有 4 种固定长度的 SHA-3 算法是被批准的杂凑算法，为 SHA-2 杂凑函数家族提供了替代方案。XOF 可以专门用于杂凑函数，但需要考虑其他安全因素。

1. SHA-3 算法的海绵结构

与大多数杂凑算法一样，KECCAK 算法会先对输入数据进行填充和分块，然后对分块数据进行计算。KECCAK 算法将长度为 N 位的消息分割成若干个长度为 r 位的块，r 为分组长度。填充规则是，在消息后添加单个位的"1"，中间添加多个位的"0"，最后添加单个位的"1"，即填充方式为"10…01"，使填充后的消息长度是消息分组长度 r 的整数倍。由填充规则可知，填充内容至少为二进制形式的"11"，需要 2 位长度。若最后一块的长度为 $r-1$ 位，则只能填充 1 位数据，此时需要添加一个新的块，新块填充内容为"0…1"，使得填充数据整体满足"10…01"的形式。FIPS 202 发布的 SHA-3 标准和原始 KECCAK 算法唯一的区别在于更改了填充规则，在原来的填充内容之前添加了域区分符（Domain Separation），SHA-3 标准中的域区分符为二进制形式的"01"。通常把 Keccak Team 的原始提案称为 KECCAK，而把 FIP S202 发布的标准算法称为 SHA-3。

当前被大规模应用的杂凑算法，大都基于 MD 结构。SHA-3 算法同样是一种迭代杂凑算法，但是采用了海绵结构。海绵结构是由 Bertoni 等人提出的一种用于将输入数据流压缩为任意长度输出的函数架构，可以分为吸收和挤压两个阶段（如图 5.12 所示）。图 5.12 中，Pad 表示输入消息填充规则，f 表示用于处理固定长度消息的底层迭代函数，r 表示一个称为速率的参数，c 表示容量，$b=r+c$ 表示整个运算过程中处理的中间状态的轮函数宽度。从这些组件产生的函数称为海绵函数。海绵函数有两个输入：一个是消息位串，用 N 表示；另一个是输出字符串长度，用 d 表示。与海绵结构类似的是，任意数量的输入位被"吸收"到函数的状态中，之后任意数量的输出位被"挤压"出函数的状态。

算法的初始状态是长度为 b 位的零值，分为速率 r 和容量 c 两部分。首先进行消息填充。填充后的消息拆分为长度为 r 位的多个消息块，海绵结构每次吸收长度为 r 位的块，与中间状态中的速率 r 部分进行异或运算，容量 c 部分保持不变，中间状态经过特定的 KECCAK-f 置换函数后再吸收下一个长度为 r 位的消息块。

N 位消息的所有块吸收完成后，将进行挤压得到杂凑值，需要输出的杂凑值长度决定了

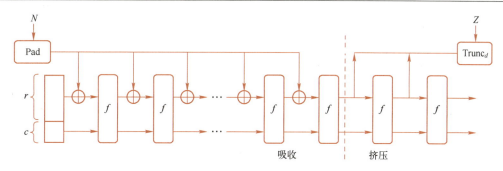

图 5.12 KECCAK 算法海绵结构

挤压次数，每次挤压都将速率 r 部分作为杂凑值输出，两次挤压之间需要经过一次 KECCAK-f 置换函数。如果杂凑值长度 d 不是 r 的整数倍，则需要对最后一次挤压输出进行截断（Trunc），从而得到合适的长度。SHA-3 算法的杂凑值长度 d 小于 r，因此只须对第一次挤压输出进行截断即可。KECCAK-f 置换函数的输入和输出都是长度为 b 的整个中间状态，函数中包含 24 轮的轮运算。

容量 c 决定了对于已知攻击的安全强度，对于 d 位安全强度的要求（输出杂凑值长度为 d），容量必须为 $c=2d$。中间状态的容量 c 部分不会受吸收输入的影响，因此可以抵御输入攻击方式，如 MD 结构所容易受到的长度扩展攻击。速率 r 决定了算法每次输入的数据长度，即块大小，因此它将影响算法的速度和吞吐量指标。

在 SHA-3 算法中，中间状态长度 $b=1600$。根据输出长度 d 的不同，SHA-3 算法可以分为 4 种，如表 5.5 所示，每种算法都有不同的速率 r 和容量 c，能够适应不同速度和安全强度的计算要求。

表 5.5 不同种类的 SHA-3 算法

SHA-3 算法	KECCAK 算法	输出长度 d
SHA3-224	KECCAK[$r=1152,c=448$]	224
SHA3-256	KECCAK[$r=1088,c=512$]	256
SHA3-384	KECCAK[$r=832,c=768$]	384
SHA3-512	KECCAK[$r=576,c=1024$]	512

2. KECCAK-f 置换中的状态

KECCAK-f 置换共有 7 种，用 KECCAK-f[b] 表示，其中置换宽度 $b \in \{25,50,100,200,400,800,1600\}$，$b=25 \times 2^l$，$l=0,1,2,\cdots,6$。这里记 $w=2^l$。参加 SHA-3 杂凑算法竞赛的 KECCAK 算法统一采用 KECCAK-f[1600] 置换。将 KECCAK 置换的输入和输出状态表示为长度为 b 的位串。如果 S 表示状态的位串，则 $S=S[0] \| S[1] \| \cdots \| S[b-2] \| S[b-1]$。

KECCAK 算法中，置换 f 的输入表示为 $5 \times 5 \times w$ 的三维比特数组 $a[x][y][z]$，$0 \leqslant x < 5$，$0 \leqslant y < 5$，且 $0 \leqslant z < w$，称为状态数组。当 b 为 1600 时，数组大小为 $5 \times 5 \times 64$。

为了方便，KECCAK 算法将该数组分为片（Slice，各 $5 \times 5 \times 1$ 位）、面（Plane，各 $5 \times 1 \times w$ 位）、板（Sheet，各 $1 \times 5 \times w$ 位）、道（Lane，各 $1 \times 1 \times w$ 位）、行（Row，各 $5 \times 1 \times 1$ 位）和列（Column，各 $1 \times 5 \times 1$ 位）单元。KECCAK-f 置换函数中间状态三维坐标约定如图 5.13 所示。置换就是分别对这些单元的各位进行 $12+2l$ 轮迭代运算。

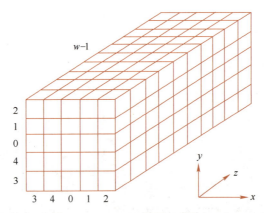

图 5.13　KECCAK-f 置换函数中间状态三维坐标约定

将状态的位串 S 转换为状态数组定义为：

$a[x][y][z] = S[w(5y+x)+z]$　$0 \leq x < 5, 0 \leq y < 5$，且 $0 \leq z < w$

例如，若 $b=1600$，$w=64$，将位串 S 转换为状态数组。有遍历 $0 \leq x < 5$，$0 \leq y < 5$，且 $0 \leq z < 64$，得到 $a[0][0][0] = S[0]$，$a[0][0][1] = S[1]$，…，$a[4][4][63] = S[1599]$。

如何将状态矩阵转换成位串呢？设 a 表示一个状态数组，由 S 表示的相应位串可以由 a 的道和面构造，如下所示：

对于每对整数 (i, j)，使得 $0 \leq i < 5$ 和 $0 \leq j < 5$，定义位串 $Lane[i][j]$：

$Lane[i][j] = a[i][j][0] \| a[i][j][1] \| a[i][j][2] \| \cdots \| a[i][j][w-2] \| a[i][j][w-1]$

对于每个整数 j，使得 $0 \leq j < 5$，定义位串 $Plane(j)$：

$Plane[j] = Lane[0][j] \| Lane[1][j] \| Lane[2][j] \| Lane[3][j] \| Lane[4][j]$

然后，有：

$S = Plane[0] \| Plane[1] \| Plane[2] \| Plane[3] \| Plane[4]$

例如，若 $b=1600$，$w=64$，则状态数组元素 $a[4][1][1]$ 转换为 S 中的元素。由于 $S[w(5y+x)+z] = a[x][y][z]$，于是 $S[577] = a[4][1][1]$。

3. KECCAK-f 置换中的步骤

KECCAK 算法海绵结构中的 KECCAK-f 置换函数，由 24 轮相同的轮运算组成，轮运算由 5 个步骤组成，分别称作 θ、ρ、π、χ 和 τ 步骤（见图 5.14），它们分别对三维数组的不同方向进行变换，以达到混淆和扩散的目的。

轮运算的每个步骤依次对 1600 位的状态数据 $a[x][y][z]$ 进行处理。x、y、z 坐标的取值范围为 $0 \leq x < 5$，$0 \leq y < 5$，且 $0 \leq z < 64$。运算过程中，坐标需要对该方向上的长度取模，即 x、y 坐标对 5 取模，z 坐标对 64 取模。$RC[i]$ 表示每轮的 RC 常量，二进制加法对应逻辑异或运算，二进制乘法对应逻辑与运算，χ 步骤中的"¬"符

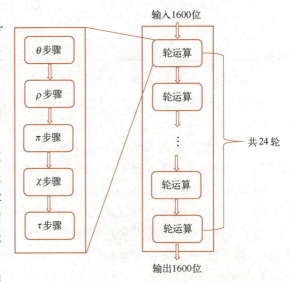

图 5.14　KECCAK-f 置换函数的轮运算

号表示逻辑非运算。5 个映射函数，可以对状态数组进行不同的变换。

$\theta: a[x][y][z] \leftarrow a[x][y][z] \oplus \sum_{y=0}^{4} a[x-1][y][z] \oplus \sum_{y=0}^{4} a[x+1][y][z-1]$

这一变换是将每位附近的两列位之和迭加到该位上，即 θ 变换将状态中的每一位更新为其本身及其左边和右后方两列共 11 位的异或值（x 和 y 的坐标都是模 5 的）。

$\rho: a[x][y][z] \leftarrow a[x][y]\left[z - \frac{(t+1)(t+2)}{2}\right]$，其中，当 $x = y = 0$ 时，$t = -1$，否则对于 $0 \leq t \leq 23$，满足 $\begin{pmatrix} x \\ y \end{pmatrix} = \begin{pmatrix} 0 & 1 \\ 2 & 3 \end{pmatrix}^t \begin{pmatrix} 1 \\ 0 \end{pmatrix}$，这里的矩阵元素为 GF(5) 中的元素。

ρ 变换是针对每个 z 方向的位循环移位，也就是说，使每一道沿 z 轴方向移动，移动的距离为 $t(x, y) = \frac{(t+1)(t+2)}{2}$。如果 $t = 0$，$(x, y) = (1, 0)$，则偏移量为 1；如果 $t = 1$，$(x, y) = (0, 2)$，则偏移量为 3；如果 $t = 3$，$(x, y) = (2, 1)$，则偏移量为 6。由于偏移量和数据无关，因此经过计算后可得不同位置的偏移量，如表 5.6 所示。偏移量对 64 取模后的结果在表中使用括号标注。

表 5.6 ρ 变换偏移量

	$x=3$	$x=4$	$x=0$	$x=1$	$x=2$
$y=2$	153(25)	231(39)	3(3)	10(10)	171(43)
$y=1$	55(55)	276(20)	36(36)	300(44)	6(6)
$y=0$	28(28)	91(27)	0(0)	1(1)	190(62)
$y=4$	120(56)	78(14)	210(18)	66(2)	253(61)
$y=3$	21(21)	136(8)	105(41)	45(45)	15(15)

$\pi: a[x][y][z] \leftarrow a[x'][y'][z']$，$\begin{pmatrix} x \\ y \end{pmatrix} = \begin{pmatrix} 0 & 1 \\ 2 & 3 \end{pmatrix} \begin{pmatrix} x' \\ y' \end{pmatrix}$，其中，矩阵元素为 GF(5) 中的元素。

π 变换是针对每个平面的片进行的位移位，π 对 xOy 平面上的坐标位置为 (x', y') 的位进行位置变换，新位置由 (x, y) 指定。

$\chi: a[x][y][z] \leftarrow a[x][y][z] \oplus (\neg a[x+1][y][z] \wedge a[x+2][y][z])$

χ 变换是针对每个 x 方向的行进行的非线性运算，等效于 5×5 的 S 盒。

$\tau: a[0][0][z] \leftarrow a[0][0][z] + RC[i]$

τ 变换是唯一一个与轮数有关的变换，并且只处理 $x=0$，$y=0$ 的这一个道，其余道保持不变，得到最终轮运算结果。τ 变换是加轮常数 RC 逐位进行的，且每轮（i）的轮常数不同（见表 5.7）。

表 5.7 轮常数 $RC[i]$

$RC[0]$	0x0000000000000001(0x01)	$RC[5]$	0x0000000080000001(0x41)
$RC[1]$	0x0000000000008082(0x32)	$RC[6]$	0x8000000080008081(0xF1)
$RC[2]$	0x800000000000808A(0xBA)	$RC[7]$	0x8000000000008009(0xA9)
$RC[3]$	0x8000000080008000(0xE0)	$RC[8]$	0x000000000000008A(0x1A)
$RC[4]$	0x000000000000808B(0x3B)	$RC[9]$	0x0000000000000088(0x18)

(续)

$RC[10]$	0x0000000080008009(0x69)	$RC[17]$	0x8000000000000080(0x90)
$RC[11]$	0x000000008000000A(0x4A)	$RC[18]$	0x000000000000800A(0x2A)
$RC[12]$	0x000000008000808B(0x7B)	$RC[19]$	0x800000008000000A(0xCA)
$RC[13]$	0x800000000000008B(0x9B)	$RC[20]$	0x8000000080008081(0xF1)
$RC[14]$	0x8000000000008089(0xB9)	$RC[21]$	0x8000000000008080(0xB0)
$RC[15]$	0x8000000000008003(0xA3)	$RC[22]$	0x0000000080000001(0x41)
$RC[16]$	0x8000000000008002(0xA2)	$RC[23]$	0x8000000080008008(0xE8)

4. 规范 KECCAK[c]

KECCAK 是将具有 KECCAK-$p[b,12+2l]$ 排列的海绵函数族作为底层函数，pad10*1 作为填充规则。通过速率 r 和容量 c 的选择来参数化该族，使得 $r+c$ 在 $\{25,50,100,200,400,800,1600\}$ 中，即 b 的 7 个值之一。

当限制在 $b=1600$ 的情况下，KECCAK 族由 KECCAK[c]表示；在这种情况下，r 由 c 的选择决定。特别地：

KECCAK[c] = SPONGE[KECCAK-p[1600,24], pad10*1, 1600-c]

因此给定输入位串 N 和输出长度 d：

KECCAK[c](N,d) = SPONGE[KECCAK-p[1600,24], pad10*1, 1600-c](N,d)

5. SHA-3 杂凑函数

给定消息 M，4 个 SHA-3 杂凑函数由 KECCAK[c]函数定义，方法是将两位后缀附加到 M 并指定输出的长度，如下所示：

SHA3-224(M) = KECCAK[448](M‖01,224)
SHA3-256(M) = KECCAK[512](M‖01,256)
SHA3-384(M) = KECCAK[768](M‖01,384)
SHA3-512(M) = KECCAK[1024](M‖01,512)

在每种情况下，容量都是摘要长度的两倍，即 $c=2d$，并且 KECCAK[c]的输入位串 N 是附加后缀的消息，即 $N=M$‖01。后缀支持域分离，即它将 SHA-3 散列函数产生的对 KECCAK[c]的输入与 SHA-3 XOF 产生的输入以及未来可能定义的其他域区分开来。

6. SHA-3 可扩展输出函数

给定消息 M，对于任何输出长度 d，两个 SHA-3 XOF、SHAKE128 和 SHAKE256，是由 KECCAK[c]函数通过在 M 后面附加一个 4 位后缀定义的：

SHAKE128(M,d) = KECCAK[256](M‖1111,d)
SHAKE256(M,d) = KECCAK[512](M‖1111,d)

7. 安全强度

NIST 批准的杂凑函数的安全强度如表 5.8 所示。$L(M)$ 定义为 $\left[L(M)=\log_2\frac{len(M)}{B}\right]$，其中，$len(M)$ 是以位为单位的消息 M 的长度，B 是以位计的函数的块长度。对于 SHA-1、SHA-224 和 SHA-256，$B=512$；对于 SHA-384、SHA-512、SHA-512/224 和 SHA-512/256，$B=1024$。

表 5.8 杂凑函数的安全强度

杂凑函数	抗碰撞强度（以位为单位）	抗原像碰撞强度（以位为单位）	抗第二原像碰撞强度（以位为单位）
SHA-1	<80	160	$160-L(M)$
SHA-224	112	224	$\min(224, 256-L(M))$
SHA-256	128	256	$256-L(M)$
SHA-384	192	384	384
SHA-512	256	512	$512-L(M)$
SHA-512/224	112	224	224
SHA-512/256	128	256	256
SHA3-224	112	224	224
SHA3-256	128	256	256
SHA3-384	192	384	384
SHA3-512	256	512	512

以位为单位的抗碰撞强度等于杂凑函数的输出大小的一半。以位为单位的抗原像碰撞强度等于杂凑函数的输出大小。以位为单位的抗第二原像碰撞强度等于哈希函数的输出大小和哈希函数的输入大小减去 $L(M)$ 的最小值。

5.3 杂凑算法的安全性

杂凑算法的安全性主要体现在抗碰撞攻击、抗原像攻击以及抗第二原像攻击这 3 个方面。在分析杂凑函数时，通用攻击通常把杂凑函数看作"黑盒"，因此通用攻击不涉及待分析算法的具体细节。攻击的复杂度（即完成攻击所需的计算量）只依赖于杂凑函数的参数。由于特定的结构一般不可能阻止此类攻击，因此设计者通常会选择杂凑函数的适当参数，使得此类攻击在计算上不可行。

5.3.1 穷举攻击

设杂凑算法有 n 个可能的输出，给定杂凑值，攻击者随机选择一个输入并计算其输出值，然后与给定的杂凑值进行比较，找到一个匹配的概率为 $1/n$。

在第二原像攻击中，假定攻击者事先知道一个输入及其摘要值，攻击者随机选择一个输入并计算其输出值，成功概率为 $1/n$。

考虑多目标的攻击场景：给定 m 个消息及其摘要值集合 R，试图找到一个原像 a，其摘要值 $H(a) \in R$。攻击者随机选择一个消息，其摘要值与 R 相匹配的概率为 m/n。

5.3.2 生日攻击

生日攻击的目的是找到两个能产生同样摘要的消息，使杂凑函数发生碰撞。本小节介绍两类生日问题以及基于这两类生日问题的攻击方法。

第 1 类生日问题：假设已经知道 A 的生日为某一天，问至少有多少个人在一起时，至少有 1/2 的概率使有一个人和 A 的生日相同？在此，假定一年有 365 天，且所有人的生日均匀分布于 365 天中。下面求解所需的最少人数。

首先，有一人和 A 有相同生日的概率为 1/365，有不同生日的概率则为 $1-1/365=364/365$；k 个人与 A 生日不同的概率应为 $(364/365)^k$；k 个人至少有一个人与 A 的生日相同，且概率不小于 1/2，应为 $1-(364/365)^k \geq 1/2$，所以 $(364/365)^k \leq 1/2$。即 $k \geq -\ln2/\ln(364/365) \geq 0.693\ 147\ 1/0.027\ 370 \geq 253$，即至少为 253 人。若已知 A 的生日，则当至少有 253 个人时，才能保证有 1/2 的概率使有一人和 A 的生日相同。

那么，有多少个人在一起时，至少有 1/2 的概率存在两个人有相同的生日？这就是第 2 类生日问题。

第 2 类生日问题：假设一年有 365 天，每个人的生日均匀分布于 365 天，那么至少有多少个人在一起能保证至少有 1/2 的概率存在两个人有相同的生日。第 2 类生日问题也称生日悖论。

令 P_m 为 m 个人在一起时不存在相同生日的概率。根据假定，则 $m-1$ 个人中无相同生日的概率为 P_{m-1}，$m-1$ 个人共有生日 $m-1$ 天。第 m 个人与前面 $m-1$ 人无相同生日的概率为：
$$[365-(m-1)]/365=(366-m)/365$$
则可得递推关系：
$$P_m=(366-m)/365 P_{m-1}$$
所以有：

$P_1=1$

$P_2=(366-2)/365 P_1=364/365$

$P_3=363/365 P_2=(364/365) \times (363/365)=(1/365^2) \times (364!/362!)$

$P_4=362/365 P_3=(362/365) \times (1/365^2) \times (364!/362!)=(1/365^3) \times (364!/361!)$

⋮

$P_m=(1/365^{m-1}) \times (364!/(365-m)!)$

可以验证，当 $m=23$ 时，$1-P_m=0.5073$。即 23 个人在一起时，有两个人的生日相同的概率大于 1/2；若 100 个人在一起，则有两个人的生日相同的概率大于 0.9999997，概率比一般人想象的要大得多，因此，称为生日悖论。

那么基于这两类生日问题，下面依次介绍两类杂凑函数生日攻击。

(1) 第 1 类生日攻击

如果已知一个杂凑函数 H 有 n 个可能的输出，其中 $H(x)$ 是一个特定的输出。随机取 k 个输入，则至少有一个输入 y 使得 $H(y)=H(x)$ 的概率为 0.5 时，k 有多大？

第 1 类生日攻击：与第 1 类生日问题相对比，称对杂凑函数 h 寻找上述 y 的攻击为第 1 类生日攻击。

因为 H 有 n 个可能的输出，所以输入 y 产生的输出 $H(y)$ 等于特定输出 $H(x)$ 的概率是 $1/n$，反过来说，$H(y) \neq H(x)$ 的概率是 $1-1/n$。y 取 k 个随机值而函数的 k 个输出中没有一个等于 $H(x)$，其概率等于每个输出都不等于 $H(x)$ 的概率之积，为 $[1-1/n]^k$。所以 y 取 k 个随机值得到函数的 k 个输出中至少有一个等于 $H(x)$ 的概率为 $1-[1-1/n]^k$。

由 $(1+x)^k \approx 1+kx$，其中 $|x| \leq 1$，可得：
$$1-[1-1/n]^k \approx 1-[1-k/n]=k/n$$

若使上述概率等于 0.5，则 $k=n/2$。特别地，如果 H 的输出为 m 位，即可能的输出个数 $n=2^m$，则 $k=2^{m-1}$。假如 $m=80$，则 $k=2^{79}$，可见攻击付出的计算量是很大的。

(2) 第 2 类生日攻击

第 2 类生日攻击与第 1 类生日问题相类似，若一消息 x 的杂凑值 $H(x)$ 有 n 个可能的输出，试问至少有多少个消息在一起时有两个消息的杂凑值以至少 1/2 的概率相同。不同的是，这里将 365 改为 n。具体计算过程如下：

$P_m = ((n-m+1)/n) P_{m-1}$，$P_1 = 1$，其中，$P_m$ 表示 m 个消息的杂凑值不存在两个相等的概率。类似可得：

$P_m = 1/n^{m-1} \times (n-1)!/(n-m)!$

令 $1 - P_m > 0.5$，可得 $m = 1.18 n^{1/2}$。

若 $n = 2^{32}$，验算可知 $m > 2^{17}$（$2^{17} = 131\ 072$），此时 $P_m < 1/2$。即当有 2^{17} 个消息时，存在两个消息有相同的杂凑值输出的概率超过 1/2。对于现在的计算设备，2^{17} 的计算量不是困难的。

为防止诸如上述情况的攻击，通常的方法就是增加杂凑值的位长，例如，SHA-3 算法输出具有 224 位的消息摘要，此时对于第 2 类生日攻击，需要 $O(2^{112})$ 的时间复杂度。

5.3.3 随机预言机模型

密码学中的随机预言机是一种满足所有杂凑函数安全准则的理想模型。通俗地讲，一个随机预言机可将一个可变长度输入消息映射为一个输出域内的随机选择的输出。换句话说，随机预言机是一个将所有可能的输入与输出作为随机映射的函数。可以认为随机预言机是完美的杂凑函数，其具有如下的性质。

1) 可计算性（Computability）：对其输出的计算可以在多项式时间内进行。
2) 均匀分布性（Uniformity）：其输出在取值空间内均匀分布，无碰撞。
3) 一致性（consistency）：对于相同的输入，其输出必然相同。

随机预言机是完全随机的，也就是说，它产生的输出位是独立均匀分布的。而对随机预言机唯一的限制条件是，对于确定的输入，将会产生确定的输出。杂凑函数只产生固定长度的输出。因此杂凑函数应该具有随机预言机的性质，只是输出截断为固定长度 n 位。

一般来讲，很容易计算出截断为 n 位的随机预言机对于特定攻击的抵抗能力。随机预言机产生一个碰撞的调用次数的期望值大约为 $2^{n/2}$，产生一个原像或第二原像攻击的调用次数的期望值大约为 2^n。如果找到一种攻击杂凑函数的方法，使得其复杂度小于攻击一个随机预言机的复杂度，那么就可以称该杂凑函数已被攻破。

许多实用的杂凑函数都是迭代类型的。它们通过一个以输入消息为参数的函数来不断地迭代，从而对链接变量进行修改，并最终产生杂凑值输出。由于链接变量状态空间具有有限性，因此会产生状态碰撞。假设在一个迭代杂凑函数中存在一个产生状态碰撞的消息对 $M1$ 和 $M2$，那么对于加上任意后缀的消息 N，则新的消息对 $M1 \| N$ 和 $M2 \| N$ 将会产生一样的杂凑值。但是随机预言机不会存在这样的性质，即使 $M1$ 和 $M2$ 产生相同的有限长度的输出值，$M1 \| N$ 和 $M2 \| N$ 也会产生与 $M1$、$M2$ 相独立的杂凑值。

随机预言机模型只是一种理想的假设，它通常要求攻击者的攻击方法不依赖于相应杂凑函数的弱点。但是在现实中杂凑函数是确定的，其输出并不能保证完全随机且均匀分布。因此，通常在随机预言机模型下可证明安全的一些方案，在用实际的杂凑函数进行代替时，也就不一定安全了。尽管如此，基于随机预言机模型的安全证明在除杂凑函数外的环节都可以达到安全要求，而且目前大多数可证明方案也是基于随机预言机模型的。因此，它仍然被认为是可证明安全中最成功的应用。

5.4 思考与练习

1. MD5 算法中，对字符串"123"进行填充，结果是什么？添加消息长度后，结果是什么？

2.（单选题）下面（　　）不是杂凑函数所具有的特性。
   A. 单向性　　　　B. 可逆性　　　　C. 压缩性　　　　D. 抗碰撞性

3.（单选题）下面（　　）不是杂凑函数的主要应用。
   A. 文件校验　　　B. 数据加密　　　C. 数字签名　　　D. 鉴权协议

4.（单选题）使用 SHA-256 算法进行运算时会将消息分为（　　）位的分组，并产生长度为（　　）位的杂凑值。
   A. 256，256　　　B. 256，512　　　C. 512，256　　　D. 512，512

5.（单选题）分组加密算法（如 AES、SM4）与杂凑函数（如 SHA-2、SM3）的实现过程最大的不同是（　　）。
   A. 分组　　　　　B. 迭代　　　　　C. 非线性　　　　D. 可逆

6.（单选题）设杂凑函数的输出长度为 n 位，则安全的杂凑函数寻找碰撞的复杂度应该为（　　）。
   A. $O(n^2)$　　　B. $O(2^n)$　　　C. $O(2^{n-1})$　　　D. $O(2^{n/2})$

7. 什么是杂凑函数？设计杂凑函数的安全性要求是什么？

8. 简要说明杂凑函数的特点。

9. SM3 算法的分组长度是多少？消息摘要的长度是多少？分组长度不足时应如何处理？

5.5 拓展阅读：密码学家王小云

王小云院士作为中国杰出的密码学家，在密码学领域做出了重大贡献。

在密码分析领域，王小云在 2004 年宣布成功破解了当时被广泛使用的 MD5 杂凑函数，系统给出了包括 MD5、SHA-1 在内的系列 Hash 函数算法的碰撞攻击理论，促使全球范围内的安全专家和标准制定机构重新评估和改进密码算法。她还提出了模差分位分析法（Differential Bitwise Analysis），这是一种创新的密码分析技术，用于评估和改进杂凑函数的安全性。王小云对多个重要的 MAC 算法 ALPHA-MAC、MD5-MAC 和 PELICAN 等消息鉴别码的安全性进行了深入研究，包括子密钥恢复攻击等方法。这些研究有助于识别和修复这些协议中的安全漏洞。在密码设计领域，她主持设计了国家密码算法标准杂凑函数 SM3，该算法在我国金融、交通、电力、社保、教育等重要领域得到广泛使用。

第6章 消息鉴别码算法

数据的完整性保护和起源认证在现实中的需求广泛，如电子政务、电子商务、银行服务和网络服务等。数字签名和消息鉴别码可以提供这两类服务。消息鉴别码（Message Authentication Code，MAC，也称消息认证码）属于对称密码体制，要求使用者事先共享一个密钥 K。消息鉴别码是利用对称密码技术，以密钥消息为参数而导出的数据项。任何持有密钥的实体，都可利用消息鉴别码检查消息的完整性和始发者。

消息鉴别码算法简称为 MAC 算法，其输入为密钥和消息，输出为一个固定长度的位串，满足下面两个性质。

1）对于任何密钥和消息，MAC 算法都能够快速地计算。

2）对于任何固定的密钥，即使攻击者在没有获得密钥信息的情况下获得了一些（消息，MAC）对，对任何新的消息预测其 MAC 在计算上也是不可行的。

消息鉴别码的算法有很多，从设计思路看，它们主要分为四大类。第 1 类采用分组密码算法作为其基本模块，比如 CBC-MAC；第 2 类采用杂凑函数作为其基本模块，比如 HMAC；第 3 类采用泛杂凑函数作为其基本模块，比如 UMAC；第 4 类是专门设计的，它们不采用任何密码学模块，比如 MAA（Message Authentication Algorithm），一般称它们为专用 MAC 算法。

6.1 基于分组密码的 MAC 算法

GB/T 15852 规定了采用分组密码的消息鉴别码的用户使用要求、算法一般模型，提供了 8 种采用分组密码的 MAC 算法。本节只介绍 MAC 算法 1（CBC-MAC）、MAC 算法 2（EMAC）。

1. 用户要求

使用 GB/T 15852 中 MAC 算法的用户需要选择符合国家管理要求的分组密码算法、一种填充方法，并选取 MAC 算法、MAC 的位长及一个通用的密钥诱导方法（有些 MAC 算法需要）。

2. MAC 算法的一般模型

MAC 算法的应用需要如下 8 步操作。

第 1 步　密钥诱导（可选）：由一个分组密码密钥诱导得到两个分组密码密钥。

第 2 步　消息填充：用额外的位串作为前缀或后缀对数据位串 D 进行填充，使得填充后的数据位串的长度是 n 的整数倍。

第 3 步　数据分割：把填充后的数据位串分割成 q 个 n 位的分组 $D_1, D_2, \cdots, D_q$。这里，

D_1 表示填充后位串的第一个 n 位，D_2 表示随后的 n 个位，以此类推。

第 4 步　初始变换 I：初始变换 I 用来处理填充后位串的第一个 n 位分组 D_1 以得到 H_1。

第 5 步　迭代应用分组密码：对位串 D_i 和 H_{i-1} 的异或值迭代，应用密钥为 K 的分组密码 e，计算得到分组 $H_2, H_3, \cdots, H_{q-1}$。如果 $q=2$，那么第 5 步省略。

第 6 步　最终迭代 F：用来处理填充后位串的最后一个分组 D_q，以得到分组 H_q。

第 7 步　输出变换 g：用来处理第 6 步得到的结果 H_q。

第 8 步　截断操作：用来处理第 7 步得到的结果 G 以得到 MAC 值。

其中，第 4~8 步操作如图 6.1 所示。其中，输入 MAC 算法的数据位串 D；填充和分割操作后，分割数据位串 D 的分组为 D_j；初始变换为 I；加密操作为 e；分组密码的分组长度为 n；分组密码的秘密密钥为 K、K'，长度为 k；MAC 算法运算中的中间变量为 $H_1, H_2, \cdots, H_q$；MAC 值的位长为 m。

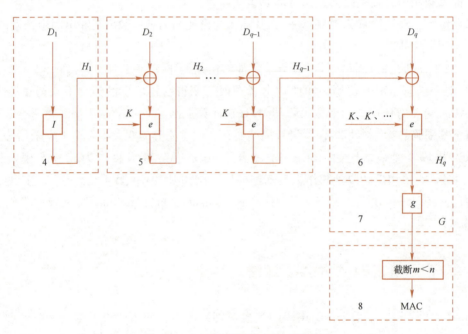

图 6.1　MAC 算法的第 4~8 步操作

6.1.1　MAC 算法 1（CBC-MAC）

GB/T 15852 规定了 8 种 MAC 算法。每种 MAC 算法都明确规定了初始变换、最终迭代、输出变换和截断操作。

这里介绍 MAC 算法 1（CBC-MAC）。CBC-MAC 是广泛使用的 MAC 算法之一。CBC-MAC 实际上相当于对消息使用 CBC 工作模式进行加密，对密文的最后一块截取为鉴别码。

根据选择的填充方法，填充位串只用来计算 MAC。所以，如果存在填充，那么这些填充位串无须随原消息存储或发送。MAC 的验证者应知道填充位串是否已经被存储或发送，以及使用的是何种填充方法。

GB/T 15852 规定了 4 种填充方法，CBC-MAC 使用填充方法 1、填充方法 2、填充方法 3。填充方法 1 在数据位串 D 的右侧填充"0"，尽可能少填充（甚至不填充），使填充后位串的长度是 n 的正整数倍；填充方法 2 在数据位串 D 的右侧填充一个位"1"，然后在所得到的位串右侧填充"0"，尽可能少填充（甚至不填充），使填充后的位串的长度是 n 的正整数倍；填充方法 3 在数据位串 D 的右侧填充"0"，尽可能少填充（甚至不填充），使填充后位串的长度是 n 的正整数倍，然后在所得到的数据位串左侧填充一个分组 L。分组 L 的构成方法是：将数据位串 D 的长度 L_D 转换为二进制表示，在其左侧填充"0"，尽可能少填充（甚至不填充），使 L 的长度为 n 位。L 最右端的位和 L_D 的二进制表示中的最低位相对应。

初始变换需要分组密码密钥 K。按照如下的方法使用密钥 K 和分组密码 e 计算 H_1：$H_1 = e_K(D_1)$。最终迭代使用与第 5 步相同的分组密码密钥 K 及分组密码 e 计算 H_q：$H_q = e_K(D_q \oplus H_{q-1})$。输出变换采用恒等变换 g：$G = H_q$。截断操作截取 G 最左侧的 m 位作为 MAC 值。

MAC 算法 1（CBC-MAC）如图 6.2 所示。

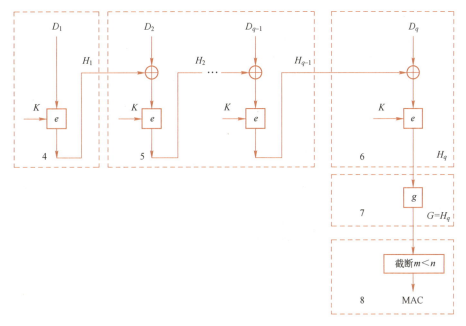

图 6.2　MAC 算法 1（CBC-MAC）

CBC-MAC 是一种经典的构造 MAC 的方法，构造方法简单，且底层的加密算法具有黑盒性质，可以方便地进行替换。

6.1.2　MAC 算法 2（EMAC）

MAC 算法 2（EMAC）的算法密钥由两个分组密码密钥 K 和 K' 组成。K 和 K' 的值可从一个共同的主密钥（一个分组密码密钥）通过密钥诱导方法生成，要求生成的 K 和 K' 有很大的概率不相同。与 MAC 算法 1（CBC-MAC）相比，输出变换采用对 H_q 应用密钥为 K' 的分组密码 e，即 $G = e_{K'}(H_q)$。MAC 算法 2（EMAC）如图 6.3 所示。

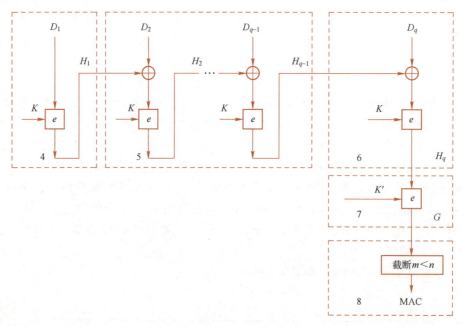

图 6.3 MAC 算法 2（EMAC）

6.2 基于专门设计的杂凑函数的 MAC 算法

GB/T 15852 规定了 3 种采用专门设计的杂凑函数的 MAC 算法。这些 MAC 算法可用作数据完整性检验，检验数据是否被非授权地改变。同样，这些 MAC 算法也可用作消息鉴别，保证消息源的合法性。数据完整性和消息鉴别的强度依赖于密钥的长度及其保密性、杂凑函数的算法强度及其输出长度、消息鉴别码的长度和具体的 MAC 算法。选取的杂凑函数 h 符合 GB/T 18238.3—2024 第 7 章的规定。本节只介绍 MAC 算法 1（MDx-MAC）、MAC 算法 2（HMAC）。

6.2.1 MAC 算法 1（MDx-MAC）

MAC 算法 1 计算 MAC 值时要求调用一次杂凑函数，而且要求修改其中的轮函数常数。密钥长度 k 不大于 128 位。处理长的消息位串时，MAC 算法 1 和相应杂凑函数的性能相当。MAC 算法 1 要求如下 5 步操作：密钥扩展、修改常数和初始值、杂凑操作、输出变换和截断操作。

（1）密钥扩展

若 K 的长度小于 128 位，那么将 K 重复足够多的次数，从连接起来的位串中选取最左边的 128 位作为 128 位密钥 K'，若 K 的长度恰好为 128 位，则 $K'=K$，即：

$$K' = MSB_{128}(K \| K \| \cdots \| K)$$

这里，$MSB_j(X)$ 表示位串 X 最左边的 j 位。按照如下操作计算子密钥 K_0、K_1 和 K_2：

$$K_0 = \bar{h}(K' \| U_0 \| K')$$

$$K_1 = MSB_{128}(\bar{h}(K' \| U_1 \| K'))$$
$$K_2 = MSB_{128}(\bar{h}(K' \| U_2 \| K'))$$

式中：U_0、U_1 和 U_2 是 768 位的常数。$\bar{h}$ 表示简化的杂凑函数 h，即没有数据填充和长度附加。

导出的密钥 K 被分割成 4 个字，表示为 $K_1[i]$（$0 \leq i \leq 3$），即 $K_1 = K_1[0] \| K_1[1] \| K_1[2] \| K_1[3]$。从位串到字的转换，需要规定字节的排列顺序。在这里的转换中，采用 ISO/IEC 10118-3:2018 中对所有专用杂凑函数规定的字节排列顺序。

（2）修改常数和初始值

轮函数中采用的附加常数，被修改为它与 K_1 4 个字中的一个进行模 2^{32} 加的结果，如：
$$C_0 = C_0 +_{32} K_1[0]$$

用 $IV' = K_0$ 取代杂凑函数的初始值 IV，所得的杂凑函数记作 h'（即被修改了常数和初始值的杂凑函数 h），其中的轮函数记作 ϕ'。

（3）杂凑操作

用 D 表示输入被修改的杂凑函数 h' 中的位串，即：
$$H' = h'(D)$$

（4）输出变换

再一次应用被修改的轮函数 ϕ'，其中输入的第一个参数为 $K_2 \| (K_2 \oplus T_0) \| (K_2 \oplus T_1) \| (K_2 \oplus T_2)$，第二个参数为 H'（杂凑操作的结果），即：
$$H'' = \phi'(K_2 \| (K_2 \oplus T_0) \| (K_2 \oplus T_1) \| (K_2 \oplus T_2), H')$$

这里，T_0、T_1 和 T_2 都是定义好的 128 位常数。

（5）截断操作

取位串 H'' 最左边的 m 位作为 MAC 值，即：
$$MAC = MSB_m(H'')$$

6.2.2　MAC 算法 2（HMAC）

扫码看视频

MAC 算法 2（HMAC）调用两次杂凑函数。设 L_1 为输入轮函数的位串的位长，L_2 是杂凑值的位长，并且要求 L_1 是 8 的倍数，$L_2 \leq L_1$。密钥长度 k 满足 $L_2 \leq k \leq L_1$。处理长的消息位串时，MAC 算法 2 和相应杂凑函数的性能相当。MAC 算法 2 包括如下 4 步操作：密钥扩展、杂凑操作、输出变换和截断操作。

（1）密钥扩展

在密钥 K 的右侧填充 L_1-k 个 0，所得的长度为 L_1 的位串，记作 $\bar{K}$。按照如下的方法，将 $\bar{K}$ 扩展为两个子密钥 $\bar{K}_1$ 和 $\bar{K}_2$：

将十六进制的值"36"（二进制表示为"00110110"）重复 $L_1/8$ 次并连接起来，所得位串记作 IPAD。然后将 K 和位串 IPAD 相异或，记作 $\bar{K}_1$。即：
$$\bar{K}_1 = \bar{K} \oplus IPAD$$

将十六进制的值"5C"（二进制表示为"01011100"）重复 $L_1/8$ 次并连接起来，所得位串记作 OPAD。然后将 K 和位串 OPAD 相异或，记作 $\bar{K}_2$。即：
$$\bar{K}_2 = \bar{K} \oplus OPAD$$

（2）杂凑操作

设 D 为将要被输入 MAC 算法的消息位串，将 $\bar{K}_1$ 和 D 相连接，作为输入杂凑函数的位串，即：
$$H' = h(\overline{K_1} \| D)$$
（3）输出变换

将 $\overline{K_2}$ 和 H' 相连接，作为输入杂凑函数的位串，即：
$$H'' = h(\overline{K_2} \| H')$$
（4）截断操作

取位串 H'' 最左边的 m 位作为 MAC 值，即：
$$MAC = MSB_m(H'')$$

6.3 基于泛杂凑函数的 MAC 算法——UMAC

泛杂凑函数（Universal Hash-function）由 Carter 和 Wegman 提出，其在 MAC 算法中的应用最早由 Wegman 和 Carter 描述。泛杂凑函数是由密钥确立的映射，将一定范围内任意长的位串映射到定长位串，满足：对于所有不同的输入，其输出在密钥均匀随机的前提下发生碰撞的概率极小。

采用泛杂凑函数的 MAC 算法使用了一种加密算法（分组密码算法、序列密码算法或伪随机生成器算法）。这类 MAC 算法具有一个特性，即在假定加密算法安全的前提下，可以证明这类 MAC 算法的安全性。

GB/T 15852 规定了 4 种采用泛杂凑函数的 MAC 算法：UMAC、Badger、Poly1305 和 GMAC。这些算法基于 GB/T 33133.1—2016 中规定的序列密码算法和 GB/T 32907—2016 中规定的分组密码算法，或符合国家规定的其他序列密码算法和分组密码算法，使用一个密钥和一个泛杂凑函数处理一个长度为 m 位的位串，输出一个长度为 n 位的位串作为 MAC。

采用泛杂凑函数的 MAC 算法需要一个主密钥 K、一个消息 M 和一个临时值 N 作为输入。依照下列步骤可以计算得到 MAC。

1）密钥预处理。利用主密钥 K 生成一个杂凑密钥 K_H 和一个加密密钥 K_E。其中，在 UMAC 和 Badger 中还使用临时值 N 作为输入。

2）消息预处理。将输入的消息 M 编码为杂凑函数所需的输入格式。

3）消息杂凑。编码后的消息在杂凑密钥 K_H 的控制下经一个泛杂凑函数进行杂凑，其结果为一个固定且长度较短的杂凑值 H。

4）终止化操作。将杂凑值 H 在加密密钥 K_E 的控制下进行加密，其结果即为消息鉴别码 MAC。其中，在 Poly1305 和 GMAC 中还使用临时值 N 作为输入。

本节只介绍 UMAC。UMAC 对不同的输出位长进行了效率优化，得到了 4 个算法：UMAC-32、UMAC-64、UMAC-96 和 UMAC-128。UMAC 使用的密钥 K 长度为 128 位，且临时值 N 的长度在 8~128 位之间。根据使用的算法不同，生成的 MAC 长度分别为 32 位、64 位、96 位或 128 位，该指标由 *taglen* 表示，相应为 4 个、8 个、12 个或 16 个字节。输入消息的长都需要小于 2^{67} 个字节，且需要包含整数个字节，即位长为 8 的倍数。在使用 UMAC 之前应确定采用的分组密码算法、标签长度和临时值的长度。UMAC 算法过程如图 6.4 所示。

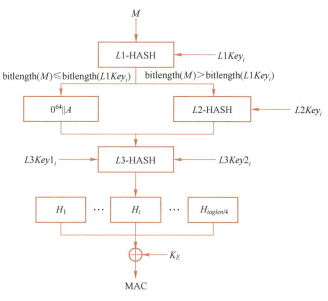

图 6.4 UMAC 算法过程

(1) 密钥预处理

利用密钥流生成函数 KDF 和填充生成函数 PDF 进行密钥预处理。输入参数包括主密钥 K、临时值 N 和标签长度 $taglen$，获得杂凑密钥 $K_H=(L1Key, L2Key, L3Key1, L3Key2)$ 和加密密钥 K_E。

(2) 消息预处理

在需要被杂凑的消息右侧填充 0 串，使其达到字节长度的整数倍。

(3) 消息杂凑

首先将 H 设为空串。

对于 $i=1\sim(taglen/4)$，令：

1) $L1Key_i = L1Key[(i-1)\times 16+1\cdots (i-1)\times 16+1024]$；
2) $L2Key_i = L2Key[(i-1)\times 24+1\cdots i\times 24]$；
3) $L3Key1_i = L3Key1[(i-1)\times 64+1\cdots i\times 64]$；
4) $L3Key2_i = L3Key2[(i-1)\times 4+1\cdots i\times 4]$；
5) $A = L1\text{-HASH}(L1Key_i, M)$；
6) 若 ($\text{bitlength}(M)\leqslant \text{bitlength}(L1Key_i)$)，则：
   $B = 0^{64}\|A$；
7) 其他情况：
   $B = L2\text{-HASH}(L2Key_i, A)$；
8) $C = L3\text{-HASH}(L3Key1_i, L3Key2_i, B)$；
9) $H_i = C$。

其中，$\text{bitlength}(S)$ 为位串 S 的位长；$L1\text{-HASH}$、$L2\text{-HASH}$ 和 $L3\text{-HASH}$ 分别为第 1 层、第 2 层和第 3 层的杂凑函数；0^n 为 n 个 0 组成的位串。

(4) 终止化操作

将所有的 H_i 进行级联，获得杂凑值 H，并计算 $\text{MAC}=K_E\oplus H$，最后输出 MAC。

6.4 MAC 算法的安全性

假定分组密码的密钥长度为 k 位，MAC 算法的密钥长度为 k^* 位，一般 $k^* = k$，有些 MAC 算法中 $k^* = 2k$。MAC 的长度为 m 位。

$MAC_K(D)$ 表示用密钥为 K 的 MAC 算法对消息 D 进行计算所得到的 MAC。

依据对 MAC 攻击所用的资源，可以分为如下 3 类攻击。

1) 已知消息攻击：攻击者能知道一些（消息，MAC）对。

2) 选择消息攻击：攻击者能选取一些消息，并得到相应的 MAC 值。

3) 自适应选择消息攻击：攻击者先选取消息，并得到相应的 MAC 值，之后根据之前的（消息，MAC）对选取消息，并得到相应的 MAC 值。

依据对 MAC 的攻击目标，可以分为如下 3 类攻击。

1) 存在性伪造攻击：在没有密钥 K 的情况下，攻击者对一个消息伪造了 MAC 值，并以几乎为 1 的概率通过验证，这个消息有可能是无意义的。

2) 选择性伪造攻击：在没有密钥 K 的情况下，攻击者可以对特定消息集合中的任意消息 D 伪造 $MAC_K(D)$，并以几乎为 1 的概率通过验证。如果攻击者能对一个消息成功预测其 MAC，那么称其有能力"伪造"。实际攻击经常要求伪造是可验证的，也就是说，以接近 1 的概率确认伪造的 MAC 是正确的。在许多应用中消息有特定的格式，这就意味着对消息 D 有额外限制。

3) 一般性伪造攻击：在没有密钥 K 的情况下，攻击者可以对任意消息 D 伪造 $MAC_K(D)$，并以几乎为 1 的概率通过验证。

4) 密钥恢复攻击：根据已知的大量（消息，MAC）对找到 MAC 算法的密钥 K。密钥恢复攻击比伪造攻击更强大，因为它一旦成功就可进行任意伪造。

对 MAC 算法可能的攻击手法描述如下。

1. 猜测 MAC

这种伪造是不可验证的，成功的概率为 $\max(1/2^m, 1/2^{k^*})$。MAC 函数一般是多对一的函数。如果使用一个长度为 m 位的 MAC，那么将有 2^m 个可能的 MAC，而消息可能有 N 个，其中 $N \gg 2^m$。此外，对一个长度为 k^* 的密钥，还将有 2^{k^*} 个可能的密钥。

2. 密钥穷举搜索

这种攻击需要运行平均 2^{k^*-1} 次 MAC 算法，并且需要 k^*/m 个（消息，MAC）对以唯一确定密钥。另外，MAC 算法使用者也可阻止攻击者获得 k^*/m 个（消息，MAC）对以抵抗这种攻击。例如，如果 $k^* = 128$ 且 $m = 64$，对于给定的（消息，MAC）对，大约有 2^{64} 个密钥与其对应。如果每次使用 MAC 算法后都改变密钥，那么密钥穷搜索攻击并不比猜测 MAC 攻击更有效。

假设对手已获得消息的明文和相应的 MAC，假定 $k^* > m$，即 MAC 算法的密钥长度大于 MAC 长度，那么如果已知（消息，MAC）对 D_1 和 MAC_1，密码分析者必须对所有可能的密钥值 k_i 执行 $MAC_i = MAC_{k_i}(D_1)$。当 $MAC_i = MAC_1$ 时，则至少找到一个密钥。注意，由于总共将产生 2^{k^*} 个 MAC，但只有 2^m 个不同的 MAC 值，因此，许多密钥能产生同一个正确的 MAC，但攻击者却无法确认真正的正确密钥。平均说来，总共 $2^{k^*}/2^m = 2^{(k^*-m)}$ 个密钥对应一个正确的 MAC。因此，攻击者必须重复这样的攻击。

第 1 轮：已知（消息，MAC）对 D_1 和 MAC_1，对所有可能的密钥计算 $MAC_i = MAC_{k_i}(D_1)$，将得到 $2^{(k^*-m)}$ 个可能的密钥。

第 2 轮：已知（消息，MAC）对 D_2 和 MAC_2，对上一轮得到的 $2^{(k^*-m)}$ 个密钥计算 $MAC_i = MAC_{k_i}(D_2)$，得到 $2^{(k^*-2m)}$ 个可能的密钥。

如此下去，如果 $k^* = am$，那么需要重复进行 a 轮。例如，如果使用 80 位的密钥和产生 32 位的 MAC，那么第 1 轮将产生 2^{48} 个可能的密钥。第 2 轮将可能的密钥缩减为 2^{16}。第 3 轮仅产生唯一的一个密钥，一定是发送方使用的那个密钥。

如果密钥的长度小于或等于 MAC 的长度，那么在第 1 轮中就有可能找到正确的密钥，也有可能找出多个可能的密钥。如果是后者，则需要执行第 2 轮的搜索。

当使用加密算法加密消息时，无论采用对称加密或不对称加密，其安全性一般依赖于密钥的位长。排除加密算法可能有的弱点，攻击者可以使用穷举攻击法来尝试所有可能的密钥。一般情况下，对于 k 位长的密钥，穷举攻击需要 $2^{(k-1)}$ 次尝试。特别是对于唯密文攻击（Ciphertext-only Attack），攻击者需要通过获得的密文 C 尝试所有可能的密钥，直到产生适当的明文为止。所以对 MAC 的穷举搜索攻击比对使用相同长度密钥的加密算法的穷举搜索更困难。

3. 生日攻击

如果攻击者获得足够数目的（消息，MAC）对，就能够找到这样两个消息 D 和 D' 来满足 $MAC_K(D) = MAC_K(D')$，并且两次输出变换的输入值在两次 MAC 计算中是相等的，这被称作内部碰撞。如果消息 D 和 D' 构成内部碰撞，那么对任意的位串 Y 都有 $MAC_K(D\|Y) = MAC_K(D'\|Y)$。这就构成了一种伪造，当攻击者得到位串 $D\|Y$ 的 MAC 时，就能够预测位串 $D'\|Y$ 的 MAC。

4. 简单伪造

在基于分组密码的 MAC 算法中，若采用填充方法 1，那么攻击者可轻易地增加或删除消息最后的几个 "0" 位却保持 MAC 不变。这就意味着填充方法 1 只能用在 MAC 算法中使用者事先知道消息 D 的长度的情况下，或者消息最后有不同个数的 "0" 却意义相同的情况下。

5. 异或伪造

若 CBC-MAC 采用填充方法 1 或填充方法 2，并且 $m = n$（n 为分组密码的分组长度），那么就可能存在一个简单的异或伪造攻击。简单来讲，假如 D 或其被填充后的 $\overline{D}$ 只有一个分组长度（如果使用填充方法 2，则假定 D 的长度小于 n 位），v 表示将位串最右侧的位 "1" 以及随后的所有 "0" 去除的操作（假如 $v(X)$ 表示 $v(X)$ 经填充方法 2 得到的数据，则 $\overline{v(X)} = X$），假定攻击者获得了 $MAC_K(D)$，如果采用填充方法 1，则可知 $MAC_K(\overline{D}\|\overline{D}\oplus MAC_K(D)) = MAC_K(D)$。类似地，如果使用填充方法 2，则可知 $MAC_K(\overline{D}\|v(\overline{D}\oplus MAC_K(D))) = MAC_K(D)$。这就意味着攻击者可构造一个伪造。

6.5 思考与练习

1. （单选题）现代密码学中的很多应用都包含杂凑运算，下列应用中不包含杂凑运算的是（　　）。

A. 消息加密　　　　B. 消息完整性　　　　C. 消息鉴别码　　　　D. 数字签名

2.（单选题）下面攻击方法可以用于攻击消息鉴别码的是（　　）。

A. 选择密文攻击　　B. 字典攻击　　　　C. 查表攻击　　　　D. 重放攻击

3.（单选题）关于消息鉴别的描述中，错误的是（　　）。

A. 消息鉴别称为完整性校验　　　　　　B. 用于识别信息源的真伪

C. 消息鉴别都是实时的　　　　　　　　D. 消息鉴别可通过鉴别码实现

4.（单选题）关于消息鉴别码，以下叙述错误的是（　　）。

A. 直接输入消息进行计算

B. 需要输入消息和共享密钥进行计算

C. 需要双方预先共享密钥

D. 除了共享密钥的双方，其他任何方包括黑客都无法计算出正确的消息鉴别码

5.（多选题）消息鉴别的目的主要有（　　）。

A. 验证消息的来源是真实的　　　　　　B. 身份认证

C. 确保信息的安全性　　　　　　　　　D. 验证信息的完整性

6.（多选题）消息鉴别的实现方法依赖鉴别函数，可分为三类：（　　）。

A. 数字签名　　　B. 消息加密函数　　　C. 消息鉴别码（MAC）　　D. 散列函数

7.（多选题）根据国家市场监督管理总局与中国国家标准化管理委员会的规范，按照消息鉴别码的构造方法可将 MAC 分为三类：（　　）。

A. 基于分组密码的 MAC　　　　　　　　B. 基于公钥密码的 MAC

C. 基于专门设计的杂凑函数的 MAC　　　D. 基于泛杂凑函数的 MAC

6.6　拓展阅读：消息鉴别码国际标准

ISO/IEC 9797 是国际标准化组织（ISO）和国际电工委员会（IEC）联合发布的一系列关于消息鉴别码的标准。ISO/IEC 9797 标准包括以下几个部分。

ISO/IEC 9797-1:2011 及 ISO/IEC 9797-1:2011/Amd.1:2023 一共给出了 6 种采用分组密码的 MAC 算法。ISO/IEC 9797-2:2021 给出了 4 种采用专门设计的杂凑函数的 MAC 算法。使用杂凑函数构造 MAC 的方法统称为 HMAC（Hash MAC）。采用泛杂凑函数的 MAC 算法指的是使用了一种加密算法，如分组密码算法、序列密码算法或伪随机数生成器算法。ISO/IEC 9797-3:2011 及 ISO/IEC 9797-3:2011/Amd 1:2020 规定了 4 种泛杂凑函数 MAC 算法。

ISO/IEC 9797 只是给出了 MAC 的构造方法，即利用分组密码构造 MAC，或者是利用杂凑函数构造 MAC。这需要利用已有的分组密码算法及杂凑函数。ISO/IEC 18033-3:2010 及 ISO/IEC 18033-3:2010/Amd 1:2021 定义了分组密码，ISO/IEC 10118-3:2018 定义了专门设计的杂凑函数。

第7章 公钥密码

在传统的对称密码体制中，加密密钥是整个密码通信系统的核心机密，一旦加密密钥暴露，整个密码体制也就失去了保密作用。随着信息加密技术应用领域的扩大，尤其是从单纯的军事外交情报领域的使用扩大到民用领域，对称密码体制在应用中暴露出越来越多的缺陷。

1）密钥分配和管理的复杂性：传统密码体制要求双方的共享密钥通过秘密信道传输，在一个有 n 个实体的网络中，每个都需要保存其余的 $n-1$ 个实体的密钥，这就需要 $n(n-1)/2$ 个密钥和同样数目的保密信道。而当一个用户要加入通信网络或一个用户要改变其密钥时，n 或 $n-1$ 个新的密钥必须通过同样数目的信道进行传输，这样密钥的分配、传送和管理就非常困难。

2）签名和认证问题：传统的对称密码系统可以对数据进行加解密处理，提供数据的机密性，但因为由两个实体共享密钥，所以收方可以伪造原文，发方也可以否认，这使得在没有仲裁者的情况下不能直接提供认证和数字签名服务。而在网络通信发展中，认证和签名的需求是必不可少的，这就限制了传统密码体制的应用范围。

为了应对密钥失窃所带来的损失和危害，最好采用一次一密的密码体制，即每次通信都采用不同的密钥。这要求密钥的分配迅速、保密和经济，而传统密码体制是做不到这一点的。为此，人们希望能设计一种新的密码，从根本上解决传统密码所不能解决的问题，从而适合计算机网络环境的各种应用。

7.1 公钥密码的基本概念

20世纪70年代，美国学者 Diffie 和 Hellman，以及以色列学者 Merkle，分别独立地提出了一种全新的密码体制的概念。Diffie 和 Hellman 首先将这个概念公布在1976年的美国国家计算机会议上，他们开创性的论文《密码学的新方向》是一篇具有里程碑意义的论文。由于印刷原因，Merkle 对这一领域的贡献直到1978年才出版。不同于以前采用相同加密和解密密钥的对称密码体制，Diffie 和 Hellman 提出采用双钥体制的每个用户都有一对选定的密钥：一个可以是公开的，另一个则是秘密的。公开的密钥可以像电话号码一样公布，因此称为公钥密码体制（Public Key Cryptosystem，PKC）或双钥密码体制（Two-key Cryptosystem）。

7.1.1 公钥密码体制的原理

公钥密码的基本思想是将传统密码的密钥一分为二，分为加密密钥 K_e 和解密密钥 K_d，用加密密钥 K_e 控制加密，用解密密钥 K_d 控制解密。而且通过计算复杂性确保加密密钥 K_e 在计算上不能推出解密密钥 K_d。这样，

即使将 K_e 公开也不会暴露 K_d。于是便可将 K_e 公开，而只对 K_d 保密。由于 K_e 是公开的，只有 K_d 是保密的，因此从根本上克服了传统密码在密钥分配上的困难。

根据公钥密码的基本思想可知，一个公钥密码应当满足下面 3 个条件。

1) 解密算法 D 与加密算法 E 互逆，即对于所有的明文 M 都有 $D(E(M,K_e),K_d)=M$。

2) 在计算上不能由 K_e 求出 K_d。

3) 算法 E 和 D 都是高效的。

条件 1) 是构成密码的基本条件，是传统密码和公钥密码都必须具备的基本条件。

条件 2) 是公钥密码的安全条件，是公钥密码的安全基础，而且这一条件是最难满足的。目前尚不能从数学上证明一个公钥密码完全满足这一条件。

条件 3) 是公钥密码的工程实用条件。因为只有算法 E 和 D 都是高效的，密码才能实际应用。否则，只有理论意义，而不能实际应用。

公钥密码算法的最大特点是采用两个相关密钥将加密和解密分开。其中一个密钥是公开的，称为公开密钥，简称公钥，用于加密；另一个密钥是用户专用的，因而是保密的，称为私有密钥，简称私钥，用于解密。因此，公钥密码体制也称为双钥密码体制，它有一个很重要的特性，即已知密码算法和加密密钥，求解密密钥在计算上是不可行的。

图 7.1 所示是公钥密码算法的框图，主要分为以下几步。

1) B 产生一对用来加密和解密的密钥，如图中的接收者 B，产生一对密钥 PK_B、SK_B，其中 PK_B 是公钥，SK_B 是私钥。

2) B 将加密密钥（图中的 PK_B）公开，另一个密钥则保密（图中的 SK_B）。

3) A 要想向 B 发送消息 m，则使用 B 的公钥加密 m，表示为：

$$c=E_{PK_B}[m]$$

式中，c 是密文，E 是加密算法。

4) B 收到密文 c 后，用自己的私钥 SK_B 解密，表示为：

$$m=D_{SK_B}[c]$$

式中，D 是解密算法。因为只有 B 知道 SK_B，所以其他人无法对 c 解密。

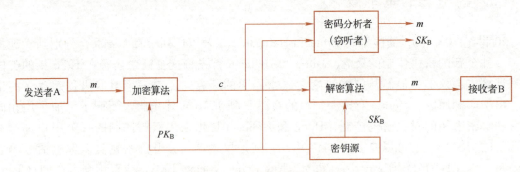

图 7.1 公钥密码算法的框图

7.1.2 公钥密码算法应满足的要求

公钥密码算法应满足以下要求。

1) 收方 B 产生密钥对（公钥 PK_B 和私钥 SK_B）在计算上是容易的。

2) 发方 A 用收方的公钥对消息 m 加密以产生密文 c,即 $c=E_{PK_B}[m]$ 在计算上是容易的。

3) 收方 B 用自己的私钥对 c 解密,即 $m=D_{SK_B}[c]$ 在计算上是容易的。

4) 密码分析者由 B 的公钥 PK_B 求私钥 SK_B 在计算上是不可行的。

5) 密码分析者由密文 c 和 B 的公钥 PK_B 恢复明文在计算上是不可行的。

以上要求的本质在于要求一个单向陷门函数。单向陷门函数是两个集合 X、Y 之间的一个映射,使得 Y 中的每一元素 y 都有唯一的一个原像 $x\in X$,且由 x 易于计算它的像 y,由 y 计算它的原像 x 是不可行的。例如,函数的输入是 n 位,如果求函数值所用的时间是 2^n 的某个倍数,则认为求函数值是不可行的。注意,这里的易于计算和不可行两个概念与计算复杂性理论中复杂度的概念极为相似,然而又存在着本质的区别。在复杂性理论中,算法的复杂度是以算法在最坏情况或平均情况时的复杂度来度量的。而此处所说的两个概念是指算法在几乎所有情况下的情形。我们说一个函数是单向陷门函数,是指该函数是易于计算的,但求它的逆是不可行的,除非再已知某些附加信息。当附加信息给定后,求逆可在多项式时间完成。总的来说,单向陷门函数是一组可逆函数 f_k,它满足以下 3 点要求。

1) $y=f_k(x)$ 易于计算(当 k 和 x 已知时)。
2) $x=f_k^{-1}(y)$ 易于计算(当 k 和 y 已知时)。
3) $x=f_k^{-1}(y)$ 在计算上是不可行的(当 y 已知但 k 未知时)。

因此,研究公钥密码算法实际上就是要找出合适的单向陷门函数。

7.1.3 对公钥密码的攻击

和单钥密码体制一样,如果密钥太短,公钥密码就易受到穷举搜索攻击,因此密钥必须足够长才能抗击穷举搜索攻击。然而,又由于公钥密码所使用的可逆函数的计算复杂性与密钥长度常常不呈线性关系,而是增大得更快,因此密钥太长又会使得加解密运算太慢而不实用。因此,公钥密码目前主要用于密钥管理和数字签名。

对公钥密码算法的第二种攻击是寻找从公钥计算私钥的方法。到目前为止,对于常用公钥算法,还都未能够证明这种攻击是不可行的。

还有一种仅适用于对公钥密码算法的攻击法,称为可能字攻击。例如,对 56 位的 DES 密钥用公钥密码算法加密后发送,密码分析者用算法的公钥对所有可能的密钥加密后与截获的密文相比较,如果一样,则相应的明文即 DES 密钥就被破解出,因此不管公钥算法的密钥多长,这种攻击的本质都是对 56 位 DES 密钥的穷举搜索攻击。抵抗方法是在欲发送的明文消息后添加一些随机位。

7.2 Rabin 密码体制

Rabin 密码体制有两个特点:一是同一密文可能有 4 种对应的明文;二是破译 Rabin 密码的计算复杂性等价于大整数的因子分解。

1. 密钥生成

随机选择两个大素数 p、q,计算 $n=pq$,将 n 作为公钥,将 p、q 作为私钥。

2. 加密

$c \equiv m^2 (\bmod\ n)$

式中，m 是明文，c 是对应的密文。

3. 解密

解密就是求 c 模 n 的平方根，即解 $x^2 \equiv c \pmod{n}$，由于 n 可以分解为 p 和 q，因此该方程等价于方程组：

$$\begin{cases} x^2 \equiv c \pmod{p} \\ x^2 \equiv c \pmod{q} \end{cases}$$

其中的每个方程都有两个解，设为：

$x \equiv y \pmod{p}, x \equiv -y \pmod{p}$

$x \equiv z \pmod{q}, x \equiv -z \pmod{q}$

经过组合可得 4 个同余方程组，即：

$$\begin{cases} x \equiv y \pmod{p} \\ x \equiv z \pmod{q} \end{cases} \begin{cases} x \equiv y \pmod{p} \\ x \equiv -z \pmod{q} \end{cases} \begin{cases} x \equiv -y \pmod{p} \\ x \equiv z \pmod{q} \end{cases} \begin{cases} x \equiv -y \pmod{p} \\ x \equiv -z \pmod{q} \end{cases}$$

由中国剩余定理可以解出每一个方程组的解，一共有 4 组解。可以看出，每一个密文所对应的明文均不唯一。为了解决这个问题，可以在加密 m 时在 m 的明文信息中加入标识信息，供解密使用。

当 $p \equiv 3 \pmod{4}$ 时，如果 $c \in Z_p^*$，且 c 是模 p 的二次剩余，则存在满足 $x^2 \equiv c \pmod{p}$ 的 x 的简单有效算法，即 $x = \pm c^{\frac{p+1}{4}} \pmod{p}$。

因为 $p \equiv 3 \pmod{4}$，所以 $\frac{p+1}{4}$ 是整数。因 c 是模 p 的二次剩余，故：

$$\left(\frac{c}{p}\right) \equiv c^{\frac{p-1}{2}} \equiv 1 \pmod{p}$$

这里的 $\left(\frac{c}{p}\right)$ 为勒让德符号，于是：

$$(c^{\frac{p+1}{4}})^2 \equiv c^{\frac{p+1}{2}} \equiv c^{\frac{p-1}{2}} \times c \equiv c \pmod{p}$$

例如，在 Rabin 密码体制中，设 $p = 7$，$q = 11$，计算得 $n = 77$，若明文为 $m = 20$，则密文 $c = 20^2 \bmod 77 = 15$。如果已知密文为 15，求解明文 m。由于 $p \equiv q \equiv 3 \pmod{4}$，因此，求解明文等价于解方程组：

$$\begin{cases} x^2 \equiv 15 \pmod{7} \\ x^2 \equiv 15 \pmod{11} \end{cases}$$

式中的每个方程都有两个解，设为：

$x = \pm c^{\frac{p+1}{4}} \bmod p = \pm 15^2 \bmod 7 = \pm 1$

$x = \pm 15^3 \bmod 11 = \pm 9$

经过组合可得 4 个同余方程组，即：

$$\begin{cases} x \equiv 1 \pmod{7} \\ x \equiv 9 \pmod{11} \end{cases} \begin{cases} x \equiv 1 \pmod{7} \\ x \equiv -9 \pmod{11} \end{cases} \begin{cases} x \equiv -1 \pmod{7} \\ x \equiv 9 \pmod{11} \end{cases} \begin{cases} x \equiv -1 \pmod{7} \\ x \equiv -9 \pmod{11} \end{cases}$$

可以求解 m 为 $\{64, 20, 13, 57\}$。

4. 安全性

对任何整数 n，若 $x^2 \equiv y^2 \pmod{n}$，且 $x \bmod n \neq \pm y$，则 $\gcd(x+y, n)$ 和 $\gcd(x-y, n)$ 是 n 的真因子。因为 $n \mid (x^2 - y^2)$，所以 $n \mid (x+y)(x-y)$。那么 $p \mid (x+y)(x-y)$，所以 p 整除其中

的一项，不妨假定 $p|(x+y)$，这时若 $q|(x+y)$，则 $n|(x+y)$，但这是不可能的，这与 $x \bmod n \neq -y$ 矛盾。因此，n 的真因子 p 整除 $(x+y)$，可见 $p=\gcd(x+y,n)$，$1<p<n$，且 $q=\gcd(x-y,n)$，$1<q<n$。也就是说，在 Rabin 加密算法中，知道 $c \bmod n$ 的两个不同平方根 x 和 y，$x \bmod n \neq \pm y$，则可以分解 n。

7.3 RSA 密码体制

RSA 密码是 1978 年由美国麻省理工学院的 3 名密码学者 R. Rivest、A. Shamir 和 L. Adleman 提出的一种基于大数因子分解困难性的公钥密码，也是迄今为止理论上最为成熟和完善的公钥密码。由于 RSA 密码既可用于加密，又可用于数字签名，安全、易懂，因此该密码已成为应用广泛的公钥密码。

7.3.1 加密算法描述

1. 密钥的产生

1) 选两个保密的大素数 p 和 q。
2) 计算 $n=p\times q$，$\varphi(n)=(p-1)(q-1)$，其中 $\varphi(n)$ 是 n 的欧拉函数。
3) 选一个整数 e，满足 $1<e<\varphi(n)$，且 $\gcd(\varphi(n),e)=1$。
4) 计算 d，满足 $de\equiv 1(\bmod \varphi(n))$。即 d 是 e 在模 $\varphi(n)$ 下的乘法逆元，因 e 与 $\varphi(n)$ 互素，由模运算可知，它的乘法逆元一定存在。
5) 以 $\{e,n\}$ 为公钥，以 $\{d,n\}$ 为私钥。

2. 加密

加密时，首先将明文位串分组，使得每个分组对应的十进制数小于 n，即分组长度小于 $\log_2 n$。然后对每个明文分组 m 进行加密运算：$c=m^e \bmod n$。

3. 解密

对密文分组的解密运算为 $m=c^d \bmod n$。

4. 正确性

下面对 RSA 算法中解密过程的正确性进行证明。

证明 由加密过程知 $c=m^e \bmod n$，所以：
$$c^d \equiv m^{ed} (\bmod n) \equiv m^{1 \bmod \varphi(n)} (\bmod n) \equiv m^{k\varphi(n)+1} (\bmod n)$$

不妨分两种情况讨论：

1) m 与 n 互素，则由 Euler 定理：
$$m^{\varphi(n)} \equiv 1 (\bmod n), \quad m^{k\varphi(n)} \equiv 1 (\bmod n), \quad m^{k\varphi(n)+1} \equiv m (\bmod n)$$

即 $c^d (\bmod n) \equiv m$。

2) $\gcd(m,n) \neq 1$，先看 $\gcd(m,n)=1$ 的含义，由于 $n=p\times q$，因此 $\gcd(m,n)=1$ 意味着 m 不是 p 的倍数，也不是 q 的倍数。因此 $\gcd(m,n) \neq 1$ 意味着 m 是 p 的倍数或 q 的倍数，不妨设 $m=cp$，其中 c 为正整数。此时必有 $\gcd(m,q)=1$，否则 m 也是 q 的倍数，从而是 pq 的倍数，与 $m<n=pq$ 矛盾。

根据 $\gcd(m,q)=1$ 以及 Euler 定理可以得到 $m^{\varphi(q)} \equiv 1 (\bmod q)$，所以 $m^{k\varphi(q)} \equiv 1 (\bmod q)$，$[m^{k\varphi(q)}]^{\varphi(p)} \equiv 1 (\bmod q)$，$m^{k\varphi(n)} \equiv 1 (\bmod q)$，因此存在一个整数 r，使得 $m^{k\varphi(n)}=1+rq$，两边同乘以 $m=cp$ 得 $m^{k\varphi(n)+1}=m+rcpq=m+rcn$，即 $m^{k\varphi(n)+1} \equiv m (\bmod n)$，所以 $c^d (\bmod n) \equiv m$。

例7.1 设 $p=7$，$q=17$，$n=p \times q$，$\varphi(n)=(p-1)(q-1)=96$，验证 RSA 解密算法。

解 取 $e=5$，满足 $1<e<\varphi(n)$，且 $\gcd(\varphi(n),e)=1$。确定 $de \equiv 1 (\mod 96)$ 且小于 96 的 d，因为 $77 \times 5 = 385 = 4 \times 96 + 1$，所以 d 为 77，因此公钥为 $\{5, 119\}$，私钥为 $\{77, 119\}$。设明文 $m=19$，则由加密过程得密文为：

$$c = 19^5 \mod 119 = 2476099 \mod 119 = 66$$

解密为：

$$66^{77} \mod 119 = 19$$

例7.2 设 $p=43$，$q=59$，$n=pq=43 \times 59 = 2537$，$\varphi(n) = 42 \times 58 = 2436$，取 $e=13$，求 e 的乘法逆元 d。

解 解方程 $de \equiv 1 (\mod 2436)$

$\because$ $2436 = 13 \times 187 + 5$，$13 = 2 \times 5 + 3$

$5 = 3 + 2$，$3 = 2 + 1$

$\therefore$ $1 = 3 - 2$，$2 = 5 - 3$，$3 = 13 - 2 \times 5$

$5 = 2436 - 13 \times 187$

$\therefore$ $1 = 3 - 2 = 3 - (5 - 3) = 2 \times 3 - 5$

$= 2(13 - 2 \times 5) - 5 = 2 \times 13 - 5 \times 5$

$= 2 \times 13 - 5 \times (2436 - 13 \times 187)$

$= 937 \times 13 - 5 \times 2436$

即 $937 \times 13 \equiv 1 (\mod 2436)$，当 $e=13$ 时，$d=937$。

若有明文 public key encryptions，将明文分块为：

pu bl ic ke ye nc ry pt io ns

再将明文数字化（令 a，b，…，z 分别为 00，01，…，25）得：

1520　0111　0802　1004　2404

1302　1724　1519　0814　1418

利用加密可得密文：

0095　1648　1410　1299　1365

1379　2333　2132　1751　1289

5. 优点

RSA 密码体制不仅能实现保密通信，还能实现数字签名，因而特别适用于现代密码通信的要求。在众多的公钥密码中，RSA 公钥密码被认为是比较完善的。从它问世至今，尽管有许多密码学家对它进行了长期而深入的分析，但是一直没有发现它有明显的脆弱性。RSA 公钥密码有以下优点。

1）数学表达式简单，在公钥密码中是最容易理解和实现的一种，这种体制的密码也是目前国际上比较流行的公钥密码之一。

2）RSA 公钥密码的安全性基于大数分解的困难性，到目前为止，除了大数分解之外，人们还没有发现一种其他的方法能够对 RSA 公钥密码进行有效的密码分析。虽然 RSA 公钥密码也有一些弱点，但是只要设计密码参数时仔细一点，这些弱点都是可以避免的，所以说 RSA 公钥密码的安全性比较高。

3）RSA 公钥密码具有一些传统密码体制不能实现的一些功能，如数字签名，特别适合于现代密码通信。

7.3.2 RSA 算法中的计算问题

1. 加解密

RSA 的加解密过程都为求一个整数的整数次幂，再取模。如果按其含义直接计算，则中间结果非常大，有可能超出计算机所允许的整数取值范围。如例 7.1 中的解密运算 66^{77} mod 119，先求 66^{77} 再取模，则中间结果就已远远超出了计算机允许的整数取值范围。而用模运算的性质：

$$(a \times b) \bmod n = [(a \bmod n) \times (b \bmod n)] \bmod n$$

就可减小中间结果。

再者，考虑如何提高加解密运算中指数运算的有效性。例如求 x^{16}，直接计算的话须做 15 次乘法，即 $x^{16} = x \cdot x \cdot x \cdot x \cdot x \cdot x \cdot x \cdot x \cdot x \cdot x \cdot x \cdot x \cdot x \cdot x \cdot x \cdot x$。然而，如果重复对每个部分的结果做平方运算，即求 x、x^2、x^4、x^8、x^{16}，则只须做 4 次乘法。

一般，求 a^m 可按照下面的算法进行，其中 a、m 是正整数。

将 m 表示为二进制形式 $b_k b_{k-1} \cdots b_1 b_0$，即：

$$m = \sum_{b_i \neq 0} 2^i$$

因此：

$$a^m = a^{\sum_{b_i \neq 0} 2^i} = \prod_{b_i \neq 0} a^{2^i}$$

$$a^m \bmod n = \left[\prod_{b_i \neq 0} a^{2^i} \right] \bmod n = \prod_{b_i \neq 0} \left[a^{2^i} \bmod n \right]$$

从而可得以下快速指数算法：

```
c = 0; d = 1
for i = k down to 0 do  {
    c = 2×c;
    d = (d×d) mod n;
    if b_i = 1 then  {
        c = c + 1;
        d = (d×a) mod n
    }
}
return d
```

其中，d 是中间结果，d 的终值即为所求结果，c 在这里表示指数的部分结果，终值即为指数 m，c 对计算结果无任何贡献，算法中完全可将之去掉。

例 7.3 求 $7^{560} \bmod 561$。

解 将 560 表示为 1000110000，算法的中间结果如表 7.1 所示。

表 7.1 快速指数算法的中间结果

i	9	8	7	6	5	4	3	2	1	0
b_i	1	0	0	0	1	1	0	0	0	0
c	0	1	2	4	8	17	35	70	140	280	560
d	1	7	49	157	527	526	160	241	298	166	1

所以 $7^{560} \bmod 561 = 1$。

2. 密钥的产生

产生密钥时，需要考虑两个大素数 p、q 的选取，以及 e 的选取和 d 的计算。由于 $n=pq$ 在体制中是公开的，为了防止密码分析者通过穷举搜索发现 p、q 这两个素数，应在一个足够大的整数集合中选取大数，因此如何有效地寻找大素数是第一个需要解决的问题。

寻找大素数时，一般先随机选取一个大的奇数（如用伪随机数发生器），然后用素性检验算法检验这一奇数是否为素数，如果不是素数，则选取另一个大奇数，重复这一过程，直到找到素数为止。素性检验算法通常都是概率算法，但如果算法被多次重复执行，每次执行时输入不同的参数，并认为被检验的数是素数，那么我们就可以比较有把握地认为被检验的数是素数，如 Miller-Rabin 算法。寻找大素数是一个比较烦琐的工作。然而在 RSA 体制中，只有在产生新密钥时才需要执行这一工作。

p 和 q 确定后，下一个需要解决的问题是如何选取满足 $1<e<\varphi(n)$ 和 $\gcd(\varphi(n),e)=1$ 的 e，并计算满足 $de \equiv 1 (\bmod \varphi(n))$ 的 d。这一问题可由推广的 Euclidean 算法完成。

7.3.3　RSA 加密算法的安全性

对密码分析者来说，攻击 RSA 体制最显而易见的方法就是分解模数 n，因为一旦求出 n 的两个素因子 p 和 q，n 的欧拉数 $\varphi(n)=(p-1)(q-1)$ 就会立即可得，再求出以 $\varphi(N)$ 为模的公钥 e 的乘法逆元 d，从而破译 RSA 的秘密密钥。目前普遍使用的 RSA 密钥长度是 3072 位。

分解大合数是众所周知的数学难题。最近 300 多年来，许多著名的数学家对这个问题进行了大量研究。2020 年，RSA 因子分解挑战赛中，250 位十进制的大合数（829 位）被成功分解。

1. 公共模数攻击

如果有一种方法能够不分解 n 而方便地计算出 $\varphi(n)$，则 RSA 密码体制可轻而易举地被攻破。不过，目前还没有什么人能够证明直接计算 $\varphi(n)$ 比分解 n 更容易。从另一个方面也说明了为什么 RSA 密码体制的模数 n 必须选择合数而不能选择素数。因为如果模数 n 选择素数，那么公布了 n，也就公布了 $\varphi(n)$，从 $\varphi(n)$ 和公钥 e 就可以很容易地推导出秘密密钥 d。

既然秘密密钥 d 不能推导出来，那么它能不能直接计算出来呢？最显而易见的方法当然是穷举搜索法，但是只要密码设计者仔细选取 d，并使它本身足够大，就可以挫败密码分析者穷举搜索攻击的信心。

如果密码分析者知道了 d，则可以方便地按下述方法实现对 n 的分解。首先计算出 $(ed-1)$，由 RSA 密码体制的协议可知，$(ed-1)$ 必然是 $\varphi(n)$ 的一个倍数。密码学家 Miller 指出，利用 $\varphi(N)$ 的任何倍数都能成功实现对 n 的分解。但是到目前为止，还没有人能够提出这类对 n 进行因子分解的实际方法。因此，可以断言密码分析者不可能用比分解 n 更容易的方法直接计算秘密密钥，否则大合数分解的难题就不存在了。但这并不意味着密码分析者不能通过其他途径来破译 RSA 密码体制。美国学者 Simmons 指出 RSA 公钥密码存在着一种潜在的弱点，这就是幂剩余变换的周期性。利用这种特殊的周期性，可以不必破译秘密密钥而直接得到明文。其方法如下：

设 m 是待加密的明文，(e,n) 是 RSA 密码体制的公开密钥，则密文为 $c=m^e \bmod n$。密码分析者从公开信道上得到密文 c 后，并不是设法获取秘密密钥 d，而是利用公开密钥对密文 c 依次进行如下变换：

$$c_1 = c^e \bmod n$$
$$c_2 = c_1^e \bmod n$$
$$\vdots$$
$$c_k = c_{k-1}^e \bmod n$$
$$c_{k+1} = c_k^e \bmod n$$

上述变换经过 $k+1$ 步迭代之后，幂剩余变换的结果恰好等于密文 c。对照式 $c=m^e \bmod n$ 可知，第 k 步的变换结果 c_k 就是明文 m。这样，利用众所周知的公开密钥 (e,n) 和截获的密文成功地破译了 RSA 密码体制。

例 7.4　设 RSA 密码体制的一组参数为 $p=383$，$q=563$，$N=pq=215\,629$，$e=49$，$d=56\,957$，加密和解密变换式分别为：

$$c = m^{49} \bmod 215\,629$$
$$m = c^{56\,957} \bmod 215\,629$$

如果明文信息 $m=123\,456$，则相应的密文为：

$$123\,456^{49} \bmod 215\,629 = 1603$$

密码分析者利用公钥 $(215\,629, 49)$ 和密文 1603 按所示的一组变换进行运算，得到 $c_1 = 180\,661$，$c_2 = 109\,265$，$c_3 = 131\,172$，$c_4 = 98\,178$，$c_5 = 56\,372$，$\cdots$，$c_8 = 85\,978$，$c_9 = 123\,456$，$c_{10} = 1603$。由此可见，仅仅经过 10 步变换就得到 $c_{10} = c$，于是立即推知 $c_9 = m = 123\,456$。

由于幂剩余函数满足下述周期性定理，即若 n 为素数或不同素数之积，且 $\gcd(e, \varphi(n)) = 1$，则：

$$a = a^{e^k} \bmod n$$

式中，k 为正整数。当上述例子中模数的欧拉数为 $\varphi(n) = 214\,684$ 时，49 的指数是 10。也就是说周期 k 仅为 10，这固然是由加密指数 e 的特定选择所决定的。这种结果也很容易理解，因为 $\gcd(e, \varphi(n)) = 1$，所以每次变换均一一映射。由于信息空间是有限的，因此连续映射最终一定会恢复到初始状态。

要避免密码分析者利用幂剩余的周期性破译 RSA 密码体制，就要使 k 足够大以至于密码分析者在合理的时间内不能够破译 RSA 密文。事实上，幂剩余函数的周期 k 与模数 n 的两个素因子的欧拉数 $\varphi(p)$ 和 $\varphi(q)$ 的最小公倍数 l 有关，l 越大，幂剩余函数的周期就越长，反之，l 越小，周期就越短。显然，为了使 RSA 公钥密码实际上是不可能破译的，理当选择 l 较大的素因子 p 和 q。

还有一个值得注意的问题，在以 RSA 公钥密码作为加密标准的通信网中，每个用户的密钥不能有相同的模值。这里最显而易见的问题是，同一明文用相同的模数但用不同的指数加密，而且这两个指数是互素的，那么无需任何一个解密密钥就可恢复出明文。

假设 m 是明文信息，有两个不同用户的加密密钥分别是 e_1 和 e_2，它们有共同的模数 n，两个密文信息分别为：

$$c_1 = m^{e_1} \bmod n$$
$$c_2 = m^{e_2} \bmod n$$

密码分析者知道 n、e_1、e_2、c_1 和 c_2，他们用下述方法恢复出明文 m。

由于 e_1 和 e_2 互素，由欧几里得算法能够找出 r 和 s 使之满足 $re_1 + se_2 = 1$，在 r 和 s 中，有一个是负数。假定 r 是负数，那么用欧几里得算法算出 c_1^{-1}，然后有：

$$(c_1^{-1})^{-r} c_2^s = m^{e_1 r + e_2 s} \equiv m (\bmod n)$$

这样，无须破译秘密密钥 d，就可以得到明文 m。这种方法称为 RSA 的共模攻击。避免这种攻击的措施是不在一组用户之间共享 n。

2. 选择密文攻击

RSA 的模幂运算有保持输入的乘法结构的特性，即有 $E_K(ab) \equiv E_K(a) E_K(b) (\bmod n)$，这将影响 RSA 算法的安全性。

（1）破译密文

用户甲发布了他的公钥 (e,n)，攻击者监听到一段发给甲的密文 c，$c = m^e \bmod n$。为了解析出明文 m，攻击者随机选取了一个小于 n 的数 r，计算 $y = r^e \bmod n$，$t = y c (\bmod n)$，并且令 $k = r^{-1} (\bmod n)$，则 $k = y^{-d} \bmod n$。现在攻击者使用 t 给用户甲签名（甲用私钥签名），当甲把签名返回给攻击者时，攻击者就得到了 $s = t^d \bmod n$。这样攻击者就可以计算：

$$ks (\bmod n) = y^{-d} \times t^d (\bmod n) = y^{-d} \times y^d \times c^d (\bmod n) = c^d \bmod n = m$$

于是攻击者获得了明文 m。

（2）骗取签名

同样对于用户甲，攻击者有非法消息 m_i 要获得甲的签名，若将 m_i 直接给甲，不能被接受，于是攻击者选择一个 r，计算得 $y \equiv r^e (\bmod n)$，再计算 $m \equiv y m_i (\bmod n)$，将 m 给甲签名，获得 $s \equiv m^d (\bmod n)$，这样就可计算：

$$sr^{-1} \equiv y^d m_i^d r^{-1} (\bmod n) = r \times r^{-1} \times m_i^d (\bmod n) = m_i^d (\bmod n)$$

于是攻击者得到了 m_i 的签名，所以，安全起见，不要给陌生人提交随机性文件签名，并且最好先采用单向的杂凑函数。

3. 低加密指数攻击

在 RSA 系统中，使用小的加密公钥可以加快加密和验证签名的速度，但过小的公钥易受到攻击。如果用户组中的 3 个用户都使用 3 作为公钥，当用这种公钥对同一个明文 m 加密时，则 $c_1 = m^3 \bmod n_1$，$c_2 = m^3 \bmod n_2$，$c_3 = m^3 \bmod n_3$，n_1、n_2、n_3 各不相同，且 $m < n_1$，$m < n_2$，$m < n_3$。出于安全性考虑，n_1、n_2、n_3 是互素的，这样由中国剩余定理可从 c_1、c_2、c_3 计算出 c，且 $c = m^3 \bmod (n_1 n_2 n_3)$，显然 $m^3 < n_1 n_2 n_3$，所以 $m = c^{1/3}$。

Hastad 证明如果采用不同的模 n、相同的公钥 e，则对 $e(e+1)/2$ 个线性相关的消息加密，系统就会受到威胁。所以一般选取 16 位以上的素数，不仅速度快，并且可防止这样的攻击。而对短的消息，使用独立随机数填充以保证 $m^e \bmod n \neq m^e$，从而杜绝低加密指数攻击。

4. 定时攻击

定时攻击主要针对 RSA 核心运算是非常耗时间的模乘，只要能够精确监视 RSA 的解密过程，获得解密的时间，就能够估算出私有密钥 d。模幂是通过一位一位来计算的，每次迭代执行一次模乘，并且如果当前位是 1，则还需要进行一次模乘。对于有些密码，后一次模乘的执行速度会极慢，攻击者就可以在观测数据解密时，根据执行时间判断当前位是 1 或者 0。不过，这种方法只是理论上可以考虑的，实际操作很困难。如果在加密前对数据做盲化处理，再进行加密，使得加密时间具有随机性，最后进行去盲，这样可以抵抗定时攻击，不过增加了数据处理步骤。

综上所述，在使用 RSA 公钥密码时必须注意以下问题。

1）选择素数 p 和 q 时，应使这两个素数的欧拉数 $\varphi(p)$ 和 $\varphi(q)$ 的最小公倍数 l 尽可能大。l 越大，幂剩余函数的周期就越长。这样就可以避免密码分析者利用剩余函数的周期性破译该密码体制。

2）密钥中的各项参数应选得足够大，以避免密码分析者利用穷举搜索来破译该密码体制。

3）在同一个通信网络中，不同的用户不应该使用共同的模数。

7.3.4 RSAES-OAEP

PKCS 标准由美国 RSA 数据安全公司和国际电信联盟（ITU）共同制定，已经被广泛采用。PKCS#1 v2.2 RSA 算法标准的加密机制有两种方案，一个是 RSAES-OAEP，另一个是 RSAES-PKCS1-v1_5。PKCS#1 推荐在新的应用中使用 RSAES-OAEP，保留 RSAES-PKCS1-v1_5 跟旧的应用兼容。它们的区别仅仅在于加密前编码的方式不同。而加密前的编码是为了提供抵抗各种活动的敌对攻击的安全机制。

最优非对称加密填充（OAEP）是对消息编码的一种方法，由 Mihir Bellare 和 Phil Rogaway 提出。OAEP 首先对消息使用 OAEP 编码，然后使用 RSA 加密。该方法是可证明安全的。

1. 加密操作

（1）长度检查

1）如果附加在消息上的标签 L 的长度大于 Hash 函数的输入限制，那么输出"标签太长"并停止。

2）如果消息 M 的长度 $mLen$ 大于 $k-2hLen-2$，其中 k 是密文长度，$hLen$ 表示 Hash 函数输出的长度，那么输出"消息太长"并停止。

（2）EME-OAEP 编码（见图 7.2）

1）如果没有提供标签 L，则让 L 为空字符串，且 $lHash = hash(L)$，$lHash$ 长度为 $hLen$。

2）生成包括 $k-mLen-2hLen-2$ 个 0 的字节串 PS，PS 的长度可能为 0。

3）连接 $lHash$、PS、十六进制值 $0x01$ 以及消息 M，得到长度为 $k-hLen-1$ 的数据块 DB：$DB = lHash \| PS \| 0x01 \| M$。

4）生成随机字节串 $seed$，其长度为 $hLen$。

5）使用掩码生成函数 MGF，得到 $dbMask = \text{MGF}(seed, k-hLen-1)$。

6）$maskedDB = DB \oplus dbMask$。

7）$seedMask = \text{MGF}(maskedDB, hLen)$。

8）$maskedSeed = seed \oplus seedMask$。

9）连接十六进制值为 $0x00$ 的字节串、$maskedSeed$ 和 $maskedDB$，得到长度为 k 的编码消息 EM：$EM = 0x00 \| maskedSeed \| maskedDB$。

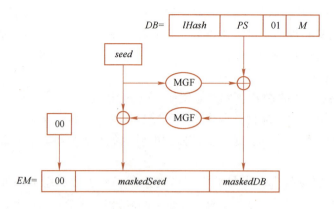

图 7.2　EME-OAEP 编码

（3）RSA 加密

1）把编码消息 EM 转换成整数消息 m：$m=\mathrm{OS2IP}(EM)$。

2）对 RSA 公钥 (n,e) 和消息 m 使用 RSAEP 加密，得到整数密文 c：$c=\mathrm{RSAEP}((n,e),m)$。

3）把 c 转换成长度为 k 字节的密文 C：$C=\mathrm{I2OSP}(c,k)$。

4）输出密文 C。

2. 解密操作

$hLen$ 表示 Hash 函数输出的字节长度，MGF 表示掩码生成函数，K 表示 RSA 私钥，C 表示待解密的密文，其长度为 k，且 $k\geqslant 2hLen+2$。消息 M 的长度为 $mLen$，且 $mLen\leqslant k-2hLen-2$。

（1）长度检查

1）如果附加在消息上的标签 L 的长度大于 Hash 函数的输入限制，那么输出"解密错误"并停止。

2）如果密文 C 的长度不是 k，那么输出"解密错误"并停止。

3）如果 $k<2hLen+2$（其中 $hLen$ 表示 Hash 函数输出的字节长度），则停止。

（2）RSA 解密

1）把密文 C 转换成整数密文 c：$c=\mathrm{OS2IP}(C)$。

2）对 RSA 私钥 K 和密文 c 使用 RSADP，解密得到整数消息 m：$m=\mathrm{RSADP}(K,c)$。如果 RSADP 输出"密文超出长度"，则输出"解密错误"并停止。

3）把消息 m 转换成长度为 k 字节的编码消息 EM：$EM=\mathrm{I2OSP}(m,k)$。

（3）EME-OAEP 解码

1）如果没有提供标签 L，则让 L 为空字符串，且 $lHash=\mathrm{hash}(L)$，$lHash$ 的长度为 $hLen$。

2）把编码消息 EM 分离为字节 Y、长度为 $hLen$ 的 $maskedSeed$ 及长度为 $k-hLen-1$ 的 $maskedDB$：$EM=Y\|maskedSeed\|maskedDB$。

3）$seedMask=\mathrm{MGF}(maskedDB,hLen)$。

4）$seed=maskedSeed\oplus seedMask$。

5）$dbMask=\mathrm{MGF}(seed,k-hLen-1)$。

6）$DB=maskedDB\oplus dbMask$。

7) 分离 DB 得到长度为 $hLen$ 的 $lHash$（可能为空的）填充字节 PS、十六进制值 0x00 以及消息 M：$DB=lHash'\|PS\|0x01\|M$。如果分离 M 和 PS 得到的十六进制值不是 0x01，或者 $lHash$ 不等于 $lHash'$，再或者 Y 非零，则输出"解密错误"并停止。

8) 输出消息 M。

7.4 ElGamal 密码体制

ElGamal 密码体制是 T. ElGamal 于 1984 年提出的，它至今仍然是一个安全性良好的公钥密码体制。

7.4.1 ElGamal 算法描述

ElGamal 算法的安全性是建立在有限域上的离散对数的难解性这一数学难题的基础上的。

(1) 密钥产生过程

选择一个素数 p 以及两个小于 p 的随机数 g 和 x，计算 $y=g^x \pmod p$。以 (y,g,p) 作为公开密钥，以 x 作为秘密密钥。

(2) 加密过程

设加密明文消息 M，随机选取一个与 $p-1$ 互素的整数 k，计算 $C_1=g^k \bmod p$，$C_2=y^k M \bmod p$，密文为 $C=(C_1,C_2)$。

(3) 解密过程

计算 $C_2 C_1^{-x} \bmod p$，就可以得到正确的解密结果。

解密过程的正确性证明如下：

$$C_2 C_1^{-x} \bmod p = (y^k M)(g^k)^{-x} \bmod p$$
$$= (g^{xk} M)(g^k)^{-x} \bmod p$$
$$= M \bmod p$$

下面的这个例子可以简单说明在 ElGamal 密码体制中所进行的计算。

例 7.5 设 $p=11$，$g=7$，在 GF(11) 上有 $7^0=1$，$7^1=7$，$7^2=5$，$7^3=2$，$7^4=3$，$7^5=10$，$7^6=4$，$7^7=6$，$7^8=9$，$7^9=8$，$7^{10}=1$，g 是 GF(11) 上的本原元素。

设 A 的私钥 $x_A=3$，公钥 $y_A=2$；B 的私钥 $x_B=5$，公钥 $y_B=10$。

假定 A 欲将消息 $m=6$ 保密寄给 B。A 取 $k=7$，A 计算：

$$C_1 = g^7 \bmod 11 = 6$$
$$K = (10)^7 \bmod 11 = 10$$
$$C_2 = Km \bmod 11 = 60 \bmod 11 = 5$$

A 将 (6,5) 作为密文寄给 B。B 收到后计算：

$$K = 6^5 \bmod 11 = 10$$
$$K^{-1} = 6^{10-5} \bmod 11 = 6^5 \bmod 11 = 10$$
$$m = K^{-1} C_2 \bmod 11 = 50 \bmod 11 = 6$$

故恢复得原文 $m=6$。

7.4.2 ElGamal 公钥密码体制的安全性

设 p 是一个素数，$\alpha \in Z_p^*$，α 是一个本原元，$\beta \in Z_p^*$。已知 α 和 β，求满足 $\alpha^n \equiv \beta \pmod{n}$ 的唯一整数 n，$0 \leq n \leq p-2$，称为有限域上的离散对数问题，常将 n 记为 $\log_\alpha \beta$。

ElGamal 公钥密码体制可以在计算离散对数困难的任何群中实现，不过，通常使用的是有限域，但不局限于有限域。

关于有限域上的离散对数问题已进行了许多深入的研究，取得了许多重要成果，但到目前为止，还没有找到一个非常有效的多项式时间算法来计算有限域上的离散对数。一般而言，只要素数 p 选取适当，有限域 Z_p 上的离散对数问题是难解的。反过来，已知 α 和 n，计算 $\beta = \alpha^n \bmod p$ 是容易的。因此，对于适当的素数 p，模 p 指数运算是一个单向函数。

在 ElGamal 公钥密码体制中，$\beta = \alpha^d \bmod p$，从公开的 α 和 β 求保密的解密密钥 d，就是计算一个离散对数。因此，ElGamal 公钥密码体制的安全性主要是基于有限域 Z_p 上离散对数问题的难解性。

为了抵抗目前已知的一些对 ElGamal 公钥密码体制的攻击，素数 p 使用二进制表示，至少应该有 3072 位，并且 $p-1$ 至少应该有一个大的素因子。

7.5 Diffie-Hellman 密钥交换协议

Diffie-Hellman（DH）密钥交换（也称为密钥协商）协议为密钥分配问题提供了第一个实用的解决方案。它基于公钥密码学。W. Diffie 和 M. E. Hellman 于 1976 年的著名论文《密码学的新方向》中发表了他们的密钥交换的基本技术以及公钥密码学的思想。密钥交换能够让以前从未通信过的双方通过公共信道交换消息来建立共同的密钥。然而，该方案只能抵御被动的攻击。

1. 原始 Diffie-Hellman 密钥交换

设 p 是一个足够大的素数，q 是奇素数，是由 g 生成的 $GF(p)^*$ 的乘法子群的阶。注意，q 整除 $p-1$。设 g 是 Z 中的原根。p 和 g 是公开的。用户 A 和 B 可以通过执行以下协议来建立秘密共享密钥。

1) 用户 A 随机选择临时私钥 r_A，$0 \leq r_A \leq p-2$，设置临时公钥 $t_A = g^{r_A}$ 并发送 t_A 给 B。

2) B 随机选择临时私钥 r_B，$0 \leq r_B \leq p-2$，设置临时公钥 $t_B = g^{r_B}$ 并发送 t_B 给 A。

3) A 计算共享密钥 $Z_e = t_B^{r_A} = g^{r_A r_B}$。

4) B 计算共享密钥 $Z_e = t_A^{r_B} = g^{r_A r_B}$。

2. 密钥生成算法

设 N 是要生成的私钥的（最大）位长度，s 为密钥对支持的最大安全强度。密钥生成过程如下。

1) 如果 s 不是 (p, q, g) 所能支持的最大安全强度，那么返回错误。

2) 如果 $N < 2s$ 或 $N > \text{len}(q)$，则返回错误。

3) 使用安全强度为 s 位或更多位的随机数发生器（Random Bit Generator，RBG）获得 $N+64$ 位的位串。

4）将获得的位串转换为区间$[0, 2^{(N+64)}-1]$内的非负整数c。

5）设置$M = \min(2^N, q)$。

6）设置私钥$x = (c \bmod (M-1)) + 1$。

7）设置公钥$y = g^x \bmod p$。

8）返回(x, y)作为密钥对。

3. dhHybrid1 方案

dhHybrid1 方案是 NIST SP 800-56A Rev. 3 中推荐的基于 DH 的密钥建立方案。假设 A 的静态私钥为x_A，已经获得了 B 的静态公钥y_B，并且 B 的静态私钥为x_B，B 已经获得了 A 的静态公钥y_A。A 与 B 共享密钥$Z_s = y_B^{x_A} = y_A^{x_B} = g^{x_A x_B}$。

1）A 生成临时密钥对(r_A, t_A)。向 B 发送临时公钥t_A。接收 B 的临时公钥t_B。

2）验证t_B是有效的临时公钥。如果不能保证公钥的有效性，则错误终止。

3）导出共享密钥Z_s。

4）导出共享密钥Z_e。

5）计算共享密钥$Z = Z_e \| Z_s$。

6）使用约定的密钥推导方法从共享密钥Z和其他输入中（如约定的密钥长度、盐值、初始向量及其他固定值）推导出指定长度的密钥。

7.6 思考与练习

1．（单选题）1976 年，Diffie 和 Hellman 发表了一篇著名论文（　　），提出了著名的公钥密码体制的思想。

　　A.《密码学的新方向》　　　　　　　　B.《保密系统的通信理论》
　　C.《战后密码学的发展方向》　　　　　D.《公钥密码学理论》

2．（多选题）公钥密码体制主要基于（　　）3 种数字难题。

　　A. 大整数分解问题　　　　　　　　　　B. 离散对数问题
　　C. 椭圆曲线离散对数问题　　　　　　　D. 生日悖论

3．（单选题）设在 RSA 公钥密码体制中，公钥为$(e, n) = (13, 35)$，则私钥$d = (　　)$。

　　A. 11　　　　　B. 13　　　　　C. 15　　　　　D. 17

4．（单选题）若 Bob 给 Alice 发送一封邮件，并想让 Alice 确信邮件是保密传送的，则 Bob 应该选用（　　）对邮件加密。

　　A. Alice 的公钥　　B. Alice 的私钥　　C. Bob 的公钥　　D. Bob 的私钥

5．公钥密码体制的安全基础是某些复杂的含有陷门的数学难题。根据公钥密码体制的安全性基础来分类，现在被认为安全、实用、有效的公钥密码体制有 3 类。请说明这 3 类公钥密码体制的具体含义。

6．Diffie-Hellman 密钥交换协议的系统参数为$g = 43$，$q = 197$，Alice 选择个人私钥$x_a = 17$，Bob 选择个人私钥$x_b = 33$。计算会话密钥。

7.7 拓展阅读：RSA 整数因子分解挑战赛

RSA 整数因子分解挑战赛在 1991—2007 年间举行，期间设有多级难度的挑战，每个级别对应一个特定的 100~617 位十进制数字的大合数，提供了不同规模的现金奖励，最高可达 200 000 美元。大合数由 RSA 实验室于 1991 年 3 月创建。挑战于 2007 年结束。截至 2024 年 11 月，列出的 54 个数字中最小的 23 个已被分解。

RSA-129 有 129 位十进制数字（426 位），不是 1991 年 RSA 整数因子分解挑战赛的一部分，而是与 Martin Gardner 在 1977 年 8 月的《科学美国人》杂志上的数学游戏专栏有关。RSA-129 于 1994 年 4 月由 Derek Atkins、Michael Graff、Arjen K. Lenstra 和 Paul Leyland 领导的团队使用来自大约 600 名通过互联网连接的志愿者的大约 1600 台计算机分解。RSA Security 为分解颁发了 100 美元的代币奖励，该奖励捐赠给了自由软件基金会。RSA-155 有 155 位十进制数字（512 位），于 1999 年 8 月 22 日由 Herman te Riele 领导的团队在 6 个月内分解。RSA-250 有 250 位十进制数字（829 位），由 Fabrice Boudot、Pierrick Gaudry、Aurore Guillevic、Nadia Heninger、Emmanuel Thomé 和 Paul Zimmermann 于 2020 年 2 月分解。

第 8 章 数字签名

数字签名又称为数字签字、电子签名、电子签章等，主要用于在网络环境中模拟日常生活中的手工签字或印章。与传统签字或印章有根本的不同，每个消息的数字签名都是不同的，否则数字签名就会被获取并复制到另一个文件中。数字签名的基础是公钥密码学，通过数学的手段来达到传统签名的功能。

8.1 数字签名的基本概念

数字签名最早是由 Diffie 和 Hellman 在他们开创公钥密码学的著名论文《密码学的新方向》中首次提出的。数字签名是一种使用公钥密码技术来鉴别数字信息的方法，它可以确保消息在传输过程中没有被篡改，同时鉴别消息的来源。

8.1.1 数字签名的定义与分类

1. 数字签名的定义

ISO 对数字签名是这样定义的：数字签名是指附加在数据单元上的一些数据，或是对数据单元所做的密码变换，这种数据或变换允许数据单元的接收者用以确认数据单元来源和数据单元的完整性，并保护数据，防止被人伪造。简单地说，数字签名是指消息的发送者通过某种签名方法产生的别人无法伪造的一段"特殊报文"，该"报文"就是签名。

签名方案是满足下列条件的五元组 (P,A,K,S,V)：P 是所有可能的消息组成的有限集；A 是所有可能的签名组成的有限集；K 是所有可能的密钥组成的有限集；对于每一个 $k \in K$，都有一个签名算法 $S_k \in S$ 和一个相应的验证算法 $V_k \in V$。对于每一个消息 $x \in P$ 和每一个签名 $y \in A$，每一个签名算法 $S_k : P \to A$ 和验证算法 $V_k : P \times A \to \{0,1\}$ 都满足：当 $y = S_k(x)$ 时，$V_k(x,y) = 1$，否则 $V_k(x,y) = 0$。

数字签名方案一般包括 3 个过程。

1）系统初始化：产生数字签名方案中的所有系统和用户参数，包括公开的和秘密的参数。这一过程生成密钥对，每一个密钥对都由一个签名密钥（私钥）和对应的一个验证密钥（公钥）组成。

2）签名：用户利用给定的签名算法对消息签名，通常先对消息做杂凑运算。

3）验证：验证者利用公开的验证方法对给定消息的签名进行验证。验证一个数字签名需要使用签名者的验证密钥，因此，验证者要能将正确的验证密钥与签名者关联起来，或者要和签名者的（部分）标识数据关联起来，这种关联由验证密钥自身提供，称这种机制是"基于标识的"。这种关联由包含验证密钥的证书提供，这种机制被称为"基于证书的"。

数字签名生成与验证过程如图 8.1 所示。

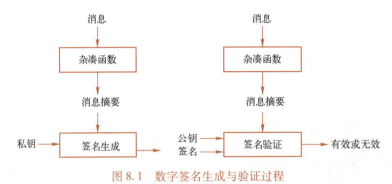

图 8.1　数字签名生成与验证过程

2. 数字签名分类

1）按生成的签名是否随机。对于一个给定消息和签名密钥，若获得两个相同签名的概率是可忽略的，则称运算是概率性的（或称为随机的）；对于一个给定消息和签名密钥，若生成的所有签名都相同，则称运算是确定性的。

2）按是否带附录。当从签名中可以恢复整个或者部分消息时，该方案称作"带消息恢复的签名方案"。当整个消息需要存储或随着签名一起传输时，该方案称作"带附录的签名方案"。在带附录的数字签名方案的签名过程中，签名者对一个给定的消息计算数字签名。这个数字签名和一个可选的文本字段构成附录，附录附加在消息上形成已签消息。根据实际应用，有多种生成附录并附加在消息上的方法。这些方法能使验证者将消息和正确签名关联起来。

3）按基于的数学难题。包括基于因子分解难题的数字签名方案（RSA、Rabin）、基于离散对数难题的数字签名方案（DSA、ElGamal）、基于椭圆曲线离散对数问题的数字签名方案（ECDSA、EdDSA、SM2）、基于格困难问题的数字签名方案等。

4）按具有的特殊性质。包括盲签名（签名者不知道所签署的数据内容；在签名被接收者泄露后，不能追踪是哪次签名的）、群签名（群的成员可以代表群进行签名，签名可用单一的群公开密钥验证；一旦消息被签名，除了指定的群管理者，没有人能够确定该签名是哪个特定的群成员签署的）、环签名（环中的任何一个成员都可以代表整个环进行签名，而验证者只知道签名来自这个环，不知道谁才是真正的签名者）、门限签名（将一个群体的签名密钥分发给群体中的每个成员，使得任何成员个数不少于门限值的子集都可以产生签名；而任何成员个数少于门限值的子集都无法产生签名）等。

8.1.2　数字签名的攻击模型

数字签名的目的是保证信息的完整性和真实性，即消息没有被篡改，而且签名也没有被篡改，消息只能始发于所声称的一方。

扫码看视频

1. 数字签名的安全属性

数字签名具备以下安全属性。

1）不可伪造性。在不知道签名者私钥的情况下，很难有效地伪造一个合法的数字签名。只有掌握签名私钥的签名者，才能有效地生成数字签名。也就是说，对任何给定的消息生成一个有效的签名在计算上是不可行的。即使拥有签名方已生成的大量签名，也不能为一个新消息生成一个有效的签名。对于签名者，知道私钥，但找到带有相同签名的两个不同的消息在计算上是不可行的。

2）公开可验证性。对于普通的数字签名，任何人都可利用签名者的公钥对签名进行验证，并通过公钥证书确定签名者的身份。若当事双方对签名真伪发生争执，则能通过公正的仲裁者验证签名来确定其真伪。

3）不可否认性。签名的公开可验证性保证了签名者无法否认自己对消息的签名，即签名具有不可否认性。不可否认性使得签名的接收者可以确认消息及相应签名的原始来源，并可用来进行身份认证。

2. 按攻击者利用的资源对攻击进行分类

根据攻击者利用的资源，可以将攻击分为以下几类。
1）唯密文攻击：攻击者只知道公钥。
2）已知消息攻击：攻击者知道公钥，并获得了一些消息和对应的签名。
3）选择消息攻击：攻击者知道公钥，并能选取一些消息，得到相应的签名。
4）自适应的选择消息攻击：攻击者知道公钥，并可以根据所获得的签名来生成新消息的签名。

3. 按攻击目标对攻击进行分类

根据攻击者的攻击目标，可以将攻击分为以下几类。
1）完全攻破：攻击者找到签名者的私钥。
2）一般性伪造：攻击者有一个可以对任意消息进行有效签名的算法。
3）选择性伪造：攻击者有一个可以对特定消息集合中的任意消息签名的算法。
4）存在性伪造：攻击者可以找到一个新的消息和签名。

8.2　RSA 数字签名算法

Diffie 和 Hellman 给出了公钥密码系统实现数字签名的方法，但他们并没有给出具体的数字签名方案。第一个数字签名方案是 1978 年由美国麻省理工学院的 Rivest、Shamir 和 Adleman 这 3 人提出的 RSA 数字签名方案。

8.2.1　利用 RSA 算法实现数字签名

签名方产生一对公开密钥 (e,n) 和私有密钥 (d,n)，给定消息 M，签名过程如下：计算 $s = M^d \bmod n$。签名方将 (M,s) 发送给验证方，验证方计算 $s_1 = s^e \bmod n$。如果 $s_1 = M$，那么验证通过，否则拒绝接受签名。

为提高安全性，首先利用杂凑算法计算 M 的杂凑值 $H(M)$；然后计算 $s = [H(M)]^d \bmod n$。验证方收到签名 (M,s) 之后通过以下步骤进行验证：计算 $s_1 = s^e \bmod n$。如果 $s_1 = H(M)$，那么验证通过，否则拒绝接受签名。

8.2.2　对 RSA 数字签名的攻击

RSA 数字签名很简单，但在实际应用时还要注意许多问题。设签名方公开密钥为 (e,n)，私有密钥为 (d,n)，e 和 n 是用户的公开密钥，因此任何人都可以获得并使用 e 和 n。对于给定消息 M，计算 $s = M^d \bmod n$，将 (M,s) 作为签名，接收者通过判断 s^e 是否等于 M 验证签名，则存在以下问题。

1. 一般攻击

攻击者首先随意选择一个数据 Y，并用公开密钥计算 $X = Y^e \bmod n$，于是便可以声称 Y 是消息 M 的签名，因为 (X, Y) 是一个有效签名。

这种攻击的实际成功率不高，因为对于随意选择的 Y，通过模幂运算后得到的 X 具有正确语义的概率是很小的。可以通过认真设计数据格式或采用 Hash 函数与数字签名相结合的方法阻止这种攻击。

2. 利用已有的签名进行攻击

假设攻击者想要伪造 A 对 M_3 的签名，那么会很容易找到另外两个数据 M_1 和 M_2，使得

$$M_3 = M_1 M_2 \bmod n$$

攻击者设法让 A 分别对 M_1 和 M_2 进行签名：

$$S_1 = (M_1)^d \bmod n$$
$$S_2 = (M_2)^d \bmod n$$

于是攻击者就可以用 S_1 和 S_2 计算出 A 对 M_3 的签名 S_3：

$$(S_1 S_2) \bmod n = ((M_1)^d (M_2)^d) \bmod n = (M_3)^d \bmod n = S_3$$

对付这种攻击的方法是用户不要轻易地对其他人提供的随机数据进行签名。更有效的方法是不直接对数据签名，而是对数据的 Hash 值签名。

3. 利用签名进行攻击获得明文

设攻击者截获了密文 C，$C = M^e \bmod n$，此时攻击者想求出明文 M，于是他选择一个小的随机数 r，并计算：

$$x = r^e \bmod n$$
$$y = x\,C \bmod n$$
$$t = r^{-1} \bmod n$$

因为 $x = r^e \bmod n$，所以 $x^d = (r^e)^d \bmod n$，$r = x^d \bmod n$。然后攻击者设法让发送者对 y 签名，于是攻击者又获得：

$$S = y^d \bmod n$$

攻击者计算：

$$t\,S \bmod n = r^{-1} y^d \bmod n = r^{-1} x^d C^d \bmod n = C^d \bmod n = M$$

于是攻击者获得了明文 M。

对付这种攻击的方法也是用户不要轻易地对其他人提供的随机数据进行签名，最好是不直接对数据签名，而是对数据的 Hash 值签名。

4. 对先加密后签名方案的攻击

假设用户 A 采用先加密后签名的方案把 M 发送给用户 B，则他先用 B 的公开密钥 e_B 对 M 加密，然后用自己的私钥 d_A 签名。再设 A 的模为 n_A，B 的模为 n_B，于是 A 发送如下的数据给 B：

$$((M)^{e_B} \bmod n_B)^{d_A} \bmod n_A$$

如果 B 是不诚实的，则他可以用 M_1 抵赖 M，而 A 无法争辩。因为 n_B 是 B 的模，所以 B 知道 n_B 的因子分解，于是他就能计算模 n_B 的离散对数，即他就能找出满足 $(M_1)^x = M \bmod n_B$ 的 x，然后公布他的新公开密钥为 $x e_B$。这时就可以宣布他收到的是 M_1，而不是 M。

A 无法争辩的原因在于下式成立：

$$((M_1)^{xe_B} \bmod n_B)^{d_A} \bmod n_A = ((M)^{e_B} \bmod n_B)^{d_A} \bmod n_A$$

为了对付这种攻击，发送者应当在发送的数据中加入时间戳，从而可证明是用 e_B 对 M 加密的，而不是用新公开密钥 xe_B 对 M_1 加密的。对付这种攻击的另一种方法是经过 Hash 处理后再签名。

这里介绍了 4 种对数字签名的攻击，由此可以得出以下结论。
1) 不要直接对数据签名，而应对数据的 Hash 值签名。
2) 要采用先签名后加密的数字签名方案，而不要采用先加密后签名的数字签名方案。

8.2.3 RSASSA-PSS

RSA 数字签名算法是在 IETF RFC 8017 中规定的，之前在 PKCS#1 中规定。FIPS 186-5 批准使用这两个标准中的一个或两个，并指定密钥对生成以及其他要求。PKCS#1 v2.2 RSA 算法标准的签名机制有两种方案：RSASSA-PSS 和 RSASSA-PKCS1-v1_5。RSASSA-PSS 是带有附录的概率签名方案（Probabilistic Signature Scheme，PSS）。推荐 RSASSA-PSS 用于新的应用，而 RSASSA-PKCS1-v1_5 只用于兼容旧的应用。

编码方法将可选的杂凑函数、掩码生成函数以及盐值长度参数化。对于特定的 RSA 密钥，除了盐值的长度是可变的外，这些可选项是固定的。编码方法基于 Bellare 和 Rogaway 的随机签名方案。该方法是随机化的，而且包括编码操作和验证操作。

设 e 是用来验证签名的公钥，要求 $2^{16}<e<2^{256}$，$hLen$ 为杂凑函数 Hash 输出的长度，$sLen$ 为盐值 $salt$ 的长度，且 $0 \leq sLen \leq hLen$，$emLen$ 为编码消息 EM 的长度。这里的长度均为 8 位字节的个数。MFG 为掩码生成函数。RSASSA-PSS 采用 EMSA-PSS 编码方法。图 8.2 所示为 EMSA-PSS 编码操作，它的具体步骤如下。

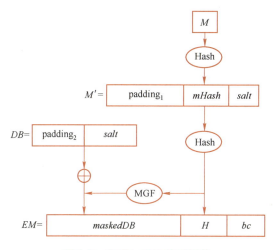

图 8.2 EMSA-PSS 编码操作

1) 如果消息 M 的长度大于 Hash 函数的输入限制，则输出"消息太长"并停止。
2) $mHash = \mathrm{Hash}(M)$，长度为 $hLen$。
3) 如果 $emLen<hLen+sLen+2$，则输出"编码错误"并停止。
4) 生成长度为 $sLen$ 的盐值 $salt$，如果 $sLen=0$，那么盐值是空字节串。

5) $M'=(0\mathrm{x})0000000000000000\|mHash\|salt$,$M'$的长度为 $8+hLen+sLen$,其中包括 8 个初始的 8 位字节 0。

6) $H=\mathrm{Hash}(M')$,长度为 $hLen$。

7) 生成字节串 PS,其中包括 $emLen-sLen-hLen-2$ 字节个 0。PS 的长度可能为 0。

8) $DB=PS\|0\mathrm{x}01\|salt$,$DB$ 是长度为 $emLen-hLen-1$ 的字节串。

9) $dbMask=\mathrm{MGF}(H,emLen-hLen-1)$。

10) $maskedDB=DB\oplus dbMask$。

11) 设置 $maskedDB$ 最左边的 $8emLen-emBits$ 位为 0,其中,$emBits$ 是整数 OS2IP(EM) 的最大长度,至少为 $8hLen+8sLen+9$。

12) $EM=maskedDB\|H\|0\mathrm{xbc}$。

13) 输出 EM,即编码后的消息,长度为 $emLen=\lceil emBits/8\rceil$。

IETF RFC 8017、PKCS#1 v2.2 定义了使用 RSA 算法加密和签名数据的机制。特别是它规定了两种数字签名过程和相应的格式:RSASSA-PKCS1-v1_5 和 RSASSA-PPS。这两种签名方案都被 FIPS 186-5 数字签名标准批准使用,但除了 IETF RFC 中指定的约束之外,还施加了额外的约束,如杂凑函数 Hash 应使用经批准的杂凑函数或可扩展输出函数(Extendable-Output Function,XOF)。FIPS 202 定义了两个可扩展输出函数 SHAKE 128 和 SHAKE 256。与固定长度的散列函数不同,这些 SHAKE 函数支持可变长度的输出,并以其预期的安全强度命名。对于 RSASSA-PSS,当 SHAKE 128 或 SHAKE 256 用作函数 Hash 时,输出长度应分别为 256 或 512 位。

验证过程如下。

1) 如果 M 的长度大于 Hash 函数的输入限制,则输出"长度不一致"并停止。

2) $mHash=\mathrm{Hash}(M)$,长度为 $hLen$。

3) 如果 $emLen<hLen+sLen+2$,则输出"长度不一致"并停止。

4) 如果 EM 的最右边没有十六进制值 0xbc,则输出"不一致"并停止。

5) 让 EM 的最左边为 $maskedDB$,长度为 $emLen-hLen-1$,H 在其旁边,长度为 $hLen$。

6) 如果 $maskedDB$ 最左边的 $8emLen-emBits$ 位不等于 0,则输出"不一致"并停止。

7) $dbMask=\mathrm{MGF}(H,emLen-hLen-1)$。

8) $DB=maskedDB\oplus dbMask$。

9) 让 DB 最左边的 $8emLen-emBits$ 位为 0。

10) 如果 DB 最左边的 $emLen-hLen-sLen-2$ 字节不等于 0,或者 $emLen-hLen-sLen-1$ 字节未知处没有十六进制值 0x01,则输出"不一致"并停止。

11) 盐值 $salt$ 为 DB 最后的 $sLen$ 字节。

12) 让 $M'=(0\mathrm{x})0000000000000000\|mHash\|salt$,$M'$是长度为 $8+hLen+sLen$ 的字节串,且有 8 个初始化的 0 字节。

13) $H'=\mathrm{Hash}(M')$,长度为 $hLen$。

如果 $H=H'$,则输出"一致",否则输出"不一致"。

8.3 DSA 数字签名算法

1991 年,美国政府颁布了数字签名标准(Digital Signature Standard,DSS),这标志着数

字签名已得到政府的支持。DSS 的签名算法称为 DSA。

DSA 的规范见 FIPS 186-4。DSS 使用的算法只能提供数字签名功能。DSS 签名利用一个单向 Hash 函数产生消息的一个 Hash 值，Hash 值连同随机数 k 一起作为签名函数的输入，签名函数还需使用发送方的私钥和供所有用户使用的一组参数。签名函数的两个输出 s 和 r 构成了消息的签名(s,r)。接收方收到消息后再产生消息的 Hash 值，将 Hash 值与收到的签名一起输入验证函数。此外，还须输入全局参数和发送方的公钥。如果验证函数的输出与收到的签名成分 r 相等，则证明签名是有效的。

1. 算法参数

DSA 使用以下参数。

1) p 为素数，要求 $2^{L-1}<p<2^L$，其中 L 为 p 的位长。
2) q 为素数，它是$(p-1)$的因子，$2^{N-1}<q<2^N$ 位其中 N 为 q 的位长。
3) $g(1<g<p)$ 是 $GF(p)$ 的乘性群中 q 阶子群的生成元。
4) x 为必须保密的私钥，x 是随机或伪随机生成的整数，使得 $0<x<q$。
5) y 是公钥，这里 $y=g^x \bmod p$。
6) k 是每个消息唯一的秘密数，k 是随机或伪随机生成的整数，因此 $0<x<q$。

这里，参数 p、q、g 可以公开，且可为一组用户公用。x 和 y 分别为一个用户的私钥和公钥。所有这些参数都可在一定时间内固定。参数 x 和 k 用于产生签名，必须保密。参数 k 必须对每一个签名都重新产生，且每一个签名使用不同的 k。标准规定了 L 和 N（分别为 p 和 q 的位长）的以下选择：

$L=1024$，$N=160$

$L=2048$，$N=224$

$L=2048$，$N=256$

$L=3072$，$N=256$

2. 签名的产生

设 N 是 q 的位长。设 $\min(N,outlen)$ 表示正整数 N 和 $outlen$ 的较小值，其中，$outlen$ 是杂凑函数 Hash 输出块的位长。

对数据 M 的签名为数 r 和 s，它们分别进行如下计算：

$$r=(g^k \bmod p) \bmod q$$

$$z = \text{Hash}(M) \text{最左边} \min(N,outlen) \text{位}$$

$$s=k^{-1}(z+xr) \bmod q$$

其中，k^{-1} 为 k 的乘法逆元，即 $k^{-1}k \equiv 1 \bmod q$，且 $0<k^{-1}<q$。

检验计算所得的 r 和 s 是否为 0，若 $r=0$ 或 $s=0$，则重新产生 k，并重新计算产生签名 r 和 s。

最后，把签名 r 和 s 附在数据 M 后面发给验证者：$(M\|r\|s)$。

3. 验证签名

为了验证签名，要使用参数 p、q、g，用户的公开密钥 y 和其标识符。令 M'、r'、s' 分别为接收到的 M、r 和 s。

1) 首先检验是否有 $0<r'<q$，$0<s'<q$，若其中之一不成立，则签名为假。
2) 计算：

$$w=(s')^{-1} \bmod q$$

$$z = \text{Hash}(M') \text{ 最左边 } \min(N, outlen) \text{ 位}$$
$$u_1 = (zw) \bmod q$$
$$u_2 = ((r')w) \bmod q$$
$$v = (((g)^{u_1}(y)^{u_2}) \bmod p) \bmod q$$

3) 若 $v = r'$，则签名为真，否则签名为假或数据被篡改。

4. DSA 算法的安全性

和当年推出 DES 时一样，DSS 一提出便引起了一场激烈的争论。反对派的代表人物是 Rivest 和 Hellman。反对的意见主要是，DSA 的密钥太短，效率不如 RSA 高，不能实现数据加密，并怀疑 NIST 在 DSA 中留有"后门"。2023 年，FIPS 186-5 不再批准使用 DSA 生成数字签名。但是，DSA 可用于验证之前生成的签名。

参数 k 必须对每一个签名都重新产生，该值必须是随机选择的，否则攻击者会获得使用同一个 k 签名的两个消息，即使不知道 k，也可以恢复私钥 x。

参数 k 必须保密，一旦攻击者恢复了用来签名消息的 k，就可以恢复出私钥 x。

8.4 其他数字签名方案

数字签名方案众多，这里再介绍 4 种常用的数字签名方案。

8.4.1 离散对数签名方案

1. 体制参数

p：大素数。

q：$p-1$ 的大素因子。

g：$g \in_R Z_p^*$，$g^q \equiv 1 (\bmod p)$。

x：用户秘密，x 为 $1 < x < q$ 范围内的随机数。

y：用户公钥 $y = g^x \bmod p$。

2. 签名产生过程

1) 计算消息 m 的杂凑值。

2) 选择随机数 k：$1 < k < q$，计算 $r = g^k \bmod p$。

3) 从方程 $ak \equiv b + cx \pmod{q}$ 中解出 s，(r, s) 为数字签字。系数 a、b 和 c 根据情况而变，表 8.1 所示为 a、b、c 的可能置换。

表 8.1　a、b、c 的可能置换

a	b	c
$\pm r$	$\pm s$	$H(m)$
$\pm rH(m)$	$\pm s$	1
$\pm rH(m)$	$\pm H(m)s$	1
$\pm H(m)r$	$\pm rs$	1
$\pm H(m)s$	$\pm rs$	1

3. 签名验证

$$\text{Ver}(y, (r, s), m) = \text{True} \Leftrightarrow r^a \equiv g^b y^c \pmod{p}$$

8.4.2 ElGamal 签名方案

选 p 是一个大素数，$p-1$ 是大素因子。α 是一个模 p 的本原元，将 p 和 α 公开。用户随机地选择一个整数 x 作为自己的私钥，$1 \leq x \leq p-1$，计算 $y = \alpha^x \mod p$，取 y 为自己的公钥。公开参数 p 和 α 可以由一组用户共用。

1. 产生签名

设用户 A 要对明文消息 m 签名，$0 \leq m \leq p-1$，其签名过程如下。

1) 用户 A 随机地选择一个整数 k，$1 < k \leq p-1$，且 $(k, p-1) = 1$。
2) 计算 $r = \alpha^k \mod p$。
3) 计算 $s = (m - x_A r) k^{-1} (\mod (p-1))$。
4) 取 (r, s) 作为 M 的签名，并以 $<m, r, s>$ 的形式发给用户 B。

2. 验证签名

用户 B 验证 $\alpha^m \equiv y_A^r r^s \mod p$ 是否成立，若成立，则签名为真，否则签名为假。签名的可验证性证明如下：

因为 $s = (m - x_A r) k^{-1} (\mod (p-1))$，所以 $m = (x_A r + ks) \mod (p-1)$，从而有：
$$\alpha^m \equiv \alpha^{x_A r + ks} (\mod p) \equiv y_A^r r^s \mod p$$

故签名可验证。

对于上述 ElGamal 数字签名，为了安全，随机数 k 应当是一次性的，否则可用过去的签名冒充现在的签名。

注意，由于取 (r, s) 作为 M 的签名，因此 ElGamal 数字签名的数据长度是明文的两倍，即数据扩展一倍。

例 8.1 取 $p = 11$，生成元 $\alpha = 2$，私钥 $x = 8$。计算公钥：
$$y = \alpha^x \mod p = 2^8 \mod 11 = 3$$

取明文 $m = 5$，随机数 $k = 9$，因为 $(9, 11) = 1$，所以 $k = 9$ 是合理的。计算：
$$r = \alpha^k \mod p = 2^9 \mod 11 = 6$$

再利用 Euclidean 算法从下式求出 s，过程如下：
$$m = (ks + x_A r) \mod (p-1)$$
$$5 = (9s + 8 \times 6) \mod 10$$
$$s = 3$$

于是，签名 $(r, s) = (6, 3)$。

为了验证签名，需要验证 $\alpha^m = y_A^r r^s$ 是否成立，为此计算：
$$\alpha^m \mod 11 = 2^5 \mod 11 = 32 \mod 11 = 10$$
$$y_A^r r^s \mod p = 3^6 \times 6^3 \mod 11 = 729 \times 216 \mod 11 = 157464 \mod 11 = 10$$

因为 $10 = 10$，通过签名验证，这说明签名是真的。

3. 安全性分析

下面探讨有关 ElGamal 签名方案安全性的几个结果。

1) 在签名验证过程中，检验 $r < p$ 的重要性。Bleichenbacher 发现了下面的攻击，条件是在 Bob 接收的签名中有 $r > p$ 成立。设 (r, s) 表示消息 m 的签名，Malice 可以通过下面的方法伪造消息 m' 的一个新签名。

① $u = m' m^{-1} \mod (p-1)$。

② $s' = su \bmod (p-1)$。

③ 计算 r'，使之满足 $r' = ru \bmod (p-1)$ 和 $r' = r \bmod p$，这可以应用中国剩余定理来完成。

然后，例行的做法是检验下面的同余等式成立：

$$y_A^{r'} r'^{s'} \equiv y_A^{ru} r^{su} \equiv (y_A^r r^s)^u \equiv \alpha^{mu} \equiv \alpha^{m'} \pmod{p}$$

如果 Bob 对 $r<p$ 进行验证，就会阻止这样的攻击。这是因为在第③步中由中国剩余定理所计算的 r' 是一个 $p(p-1)$ 量级的量。

2) 这个攻击也是由 Bleichenbacher 发现的：Alice 应该从 F_p^* 中随机地选取公开参数 α。如果该参数不是由 Alice 选取的，那么必须有一个所有用户都知道的公共过程来检验（选择的随机性）。

现在假设公共参数 α、p 是由 Malice 选择的。参数 p 可以按如下方法来建立：设 $p-1 = bq$，其中 q 可以是一个足够大的素数，而 b 可以是平滑的（也就是说，b 仅有一个小的素因子，因此在 b 阶群上计算离散对数是容易的）。

Malice 可以产生 α：

$$\alpha \equiv \beta^t \pmod{p}$$

对于某个 $\beta = cq$，有 $c<b$。

对于 Alice 的公钥 y_A，我们知道，当底为 α 时，求 y_A 的离散对数是困难的。但是，当底为 α^q 时，求取 y_A^q 的离散对数是容易的。该离散对数为 $z \equiv x_A \pmod{b}$，也就是说，下面的同余等式成立：

$$y_A^q \equiv (g^q)^z \pmod{p}$$

有了 z，Malice 可以伪造 Alice 的签名如下：

$$r = \beta = cq$$
$$s \equiv t(m - cqz) \pmod{p-1}$$

然后，例行的做法是检验下面的同余等式成立：

$$y_A^r r^s \equiv y_A^{cq} (\beta^t)^{(m-cqr)} \pmod{p} \equiv \alpha^{cqr} \alpha^{rq-cqr} \pmod{p} \equiv g^m \pmod{p}$$

因此，(r,s) 实际上是 m 的一个有效签名，其生成过程没有使用 x_A，而是使用 $x_A \pmod{b}$。

在这个签名伪造攻击中，r 是一个可以被 q 整除的值。而在 p 的标准参数建立阶段，p 满足 $p = bp$，其中 q 是一个大的素数。因此，在验证过程中，如果 Bob 验证 $(q \times r)$，那么就可以防范 Bleichenbacher 所发现的攻击。

3) 最后一个关于短暂密钥 k。类似于 ElGamal 加密，ElGamal 签名的生成过程也是一个随机的算法。它的随机性是由于这个短暂密钥 k 的随机性。

Alice 永远不要在不同的签名过程中重复使用同一个短暂密钥。如果重复使用一个短暂密钥 k 对两个消息 $m_1 \not\equiv m_2 \pmod{p-1}$ 进行签名，那么就有：

$$k(s_1 - s_2) \equiv m_1 - m_2 \pmod{p-1}$$

因为 $k^{-1} \pmod{p-1}$ 存在，$m_1 \not\equiv m_2 \pmod{p-1}$ 意味着：

$$k^{-1} \equiv (s_1 - s_2)/(m_1 - m_2) \pmod{p-1}$$

即得到了 k^{-1}。依次地，可以计算出 Alice 的私钥 x_A：

$$x_A \equiv (m_1 - ks_1)/r \pmod{p-1}$$

还应该注意，这个短暂的密钥必须从空间 Z_{p-1}^* 中随机均匀地选取。当一个签名是由小型计算机生成时（比如智能卡或掌上设备等），应该特别注意，必须要确保这些设备配足了够的、可依赖的随机资源。

只要保证 k 在每次签名中仅使用一次，并且它是随机均匀产生的，那么签名过程的 $s=(m-x_A r)k^{-1}(\bmod\ p-1)$ 说明它实质上是为签名者的私钥 x 提供了一次性的乘法加密。因此，这两个密钥在信息论安全的意义上彼此互相保护。

8.4.3 Schnorr 签名方案

1. 体制参数

p、q：大素数，$q|p-1$。q 是大于或等于 160 位的整数，p 是大于或等于 512 位的整数，保证 Z_p 中求解离散对数困难。

g：Z_p^* 中的元素，且 $g^q \equiv 1(\bmod\ p)$。

x：用户密钥 $1<x<q$。

y：用户公钥 $y \equiv g^x(\bmod\ p)$。

空间 $M=Z_p^*$，签字名空间 $S=Z_p^* \times Z_q$，密钥空间 $K=\{(p,q,g,x,y): y \equiv g^x(\bmod\ p)\}$。

2. 签名过程

令待签消息为 M，对 M 做下述运算。

1) 发送者任选一个秘密随机数 $k \in Z_q$。

2) 计算：
$$r \equiv g^k(\bmod\ p)$$
$$s \equiv k-xe(\bmod\ p)$$

式中，$e=H(r\|M)$。

3) 签字 $S=\mathrm{Sig}_k(M)=(e,s)$。

3. 验证过程

收信人收到消息 M 及签字 $S=(e,s)$ 后，执行以下操作。

1) 计算 $r' \equiv g^s y^e(\bmod\ p)$，而后计算 $H(r'\|M)$。

2) 验证 $Ver(M,r,s) \Leftrightarrow H(r'\|M)=e$。

因为，若 $(e\|s)$ 是 M 的合法签字，则有：
$$g^s y^e \equiv g^{k-xe} g^{xe}(\bmod\ p) \equiv g^k(\bmod\ p) \equiv r(\bmod\ p)$$

8.4.4 Nyberg-Rueppel（消息恢复签名）方案

本小节介绍 Nyberg-Rueppel 方案。消息恢复签名是指合法的签名接收者能够通过所得到的数字签名自行恢复出被签名的消息。被恢复出来的消息的正确性一般用消息冗余方案进行检测，并且使用单向 Hash 函数和消息冗余方案来保证方案的可抵抗伪造攻击性。RSA 数字签名具有消息恢复的特性，最初的 ElGamal 签名方案没有这一特性。Nyberg 和 Rueppel 对原始的 ElGamal 签名方案进行了改进并提出了 6 种具有消息恢复功能的签名方案，这些方案对短消息具有较小签名计算量和通信量等多种优点。

Nyberg-Rueppel 签名方案包含系统初始化过程、签名过程和验证过程，具体步骤如下。

1. 系统初始化过程

设 p 是一个大素数，q 也是一个大素数，且 $q|p-1$；整数 $g \in Z_p$ 且 $g^q \equiv 1(\bmod\ p)$。签名者的私钥为 $x(1<x<p-1)$，公钥为 $y=g^x \bmod p$。

2. 签名过程

对于待签消息 m,签名者计算出 $\overline{m} = R(m)$,其中 R 是一个单一映射,且容易求逆。任意选取一个随机数 $k(1<k<q)$,计算 $r = g^{-k} \bmod p$,计算 $e = (\overline{m}r) \bmod p$,$s = (xe+k) \bmod q$。以 (e,s) 作为消息 m 的签名。

3. 验证过程

验证者在收到数字签名 (e,s) 后进行如下计算:验证 $0<e<p$,$0 \leqslant s<q$;计算 $v = (g^s y^{-c}) \bmod p$,$m' = (ve) \bmod p$;验证 $m' \in R(M)$,其中,$R(M)$ 表示 R 的值域;验证成功后恢复 $m = R^{-1}(m')$。证明过程如下。

$$m' = (ve) \bmod p \equiv g^s y^{-c} e (\bmod p) = g^{xe+k-xe} e (\bmod p) = g^k e (\bmod p) = \overline{m}$$

8.5 思考与练习

1. 判断题

1)只给定验证密钥,而不给定签名密钥,产生任一消息的有效签名在计算上是不可行的。(   )

2)签名者产生的签名不能用于生成新消息及其对应的有效签名,也不可用来恢复签名密钥。(   )

3)找到签名相同但内容不同的两条消息在计算上是不可行的(即便是签名者)。(   )

4)数字签名是在所传输的数据后附加一段和传输数据毫无关系的数字信息。(   )

2. Alice 和 Bob 使用 RSA 公钥密码体制进行信息交互。Alice 的公钥为 $(e_a, n_a) = (7, 143)$,私钥 $d_a = 103$;Bob 的公钥为 $(e_b, n_b) = (11, 221)$,私钥 $d_b = 35$。Alice 需要将文本 $m = 18$ 签名后加密发送给 Bob。

1)计算 Alice 的签名和密文文本。

2)Bob 如何解密和验证签名?

3. DSA 数字签名中,如果签名产生过程中出现 $s = 0$,则必须产生新的 k,并重新计算签名,为什么?

4. 对于 DSS 签名方案来说,每次签名都使用不同的 k 值,即使对同一消息签名两次,其签名结果也是不同的。这和 RSA 签名方案是不同的。这种不同有什么实际意义?

5. 假设在 ElGamal 签名方案中,$p = 31\,847$,$a = 5$,$y = 25\,703$。已知 $(23\,972, 31\,396)$ 是对消息 $m = 8\,990$ 的签名,$(23\,972, 204\,481)$ 是对消息 $m = 31\,415$ 的签名,求 k 和 x。

6. 椭圆曲线 $E_{23}(1,1): y^2 \equiv x^3 + x + 1 (\bmod 23)$,$G = (3, 10)$,$n = 28$,假设待发送消息 m 及其用户表示的杂凑值 $e = 3$,私钥 $d_a = 8$,公钥 $P_a = d_a G = 8G = (13, 16)$。选择 $k = 4$,生成 SM2 签名文本,并对签名进行验证。

7. ElGamal 签名方案对于一种称为存在伪造的攻击是脆弱的,这里是基本的存在伪造攻击。选择 u、v,使得 $\gcd(v, p-1) = 1$,计算 $r = (y_A)^v \alpha^u \bmod p$,$s = -rv^{-1} \bmod (p-1)$。

1)证明 (r, s) 数对是消息 $m = su \bmod (p-1)$ 的一个有效的签名(当然,m 很可能不是一个有意义的消息)。

2)假设使用杂凑函数 h,并对 $h(m)$ 签名,而不是直接对 m 签名。解释为什么这个方案能够抵御存在伪造攻击,就是说,为什么通过这种过程签名的消息很难伪造?

8.6 拓展阅读：电子签名法

《中华人民共和国电子签名法》是为了规范电子签名的使用，确立电子签名的法律效力，并保护相关各方的合法权益而制定的法律。该法由中华人民共和国第十届全国人民代表大会常务委员会第十一次会议于 2004 年 8 月 28 日通过，并于 2005 年 4 月 1 日起施行。当前版本为 2019 年 4 月 23 日第十三届全国人民代表大会常务委员会第十次会议修正的。

电子签名是指在数据电文中以电子形式所含、所附用于识别签名人身份并表明签名人认可其中内容的数据。该法明确规定，可靠的电子签名与手写签名或者盖章具有同等的法律效力，规定了电子签名使用者、签发者、依赖方以及认证服务机构的权利和义务。该法对电子签名的生成、验证和管理提出了安全和技术要求，包括签名的唯一性、完整性、不可否认性等。

第9章 椭圆曲线密码体制

椭圆曲线密码（Ellipse Curve Cryptography，ECC）体制，即基于椭圆曲线离散对数问题的各种公钥密码体制，最早由 Miller 和 Koblitz 于 1985 年分别提出，它是利用有限域上椭圆曲线的有限点群代替基于离散对数问题密码体制中的有限循环群所得到的一类密码体制。对于椭圆曲线密码的安全性，其数学基础是计算椭圆曲线离散对数问题（ECDLP）的难解性，并且可用短得多的密钥获得同 RSA 一样的安全性。现在，许多标准化组织已经将其作为信息安全标准。

9.1 椭圆曲线

有限域 F_q（包含 q 个元素的有限域）上的椭圆曲线是由点组成的集合。q 是一个奇素数或者是 2 的方幂。当 q 是奇素数 p 时，要求 $p>2^{191}$；当 q 是 2 的方幂 2^m 时，要求 $m>192$ 且为素数。在仿射坐标系下，椭圆曲线上点 P（非无穷远点）的坐标表示为 $P=(x_p,y_p)$，其中 x_p、y_p 为满足一定方程的域元素，分别称为点 P 的 x 坐标和 y 坐标。F_q 称为基域。

9.1.1 椭圆曲线基本概念

1. F_p 上的椭圆曲线

考虑有限域 F_p（p 是大于 3 的素数）上的椭圆曲线。有限域 F_p 上的椭圆曲线方程为：
$$y^2 = x^3 + ax + b, a, b \in F_p, 且 4a^3 + 27b^2 \neq 0 \pmod{p}$$
椭圆曲线 $E(F_p)$ 定义为：
$E(F_p) = \{(x,y) | x, y \in F_p, 且满足椭圆曲线方程\} \cup \{O\}$，其中 O 是无穷远点，$E(F_p)$ 也记成 $E_p(a,b)$。

O 是椭圆曲线上的一个特殊点，称为无穷远点或零点，是椭圆曲线加法群的单位元。

2. F_p 上的椭圆曲线群

椭圆曲线 $E(F_p)$ 的点按照下面的加法运算规则构成一个交换群：

1) $O+O=O$。
2) $\forall P=(x,y) \in E(F_p) \setminus \{O\}$，$P+O=O+P=P$。
3) $\forall P=(x,y) \in E(F_p) \setminus \{O\}$，$P$ 的逆元素 $-P=(x,-y)$，$P+(-P)=O$。
4) 两个非互逆的不同点相加的规则：设 $P_1=(x_1,y_1) \in E(F_p) \setminus \{O\}$，$P_2=(x_2,y_2) \in E(F_p) \setminus \{O\}$，且 $x_1 \neq x_2$，设 $P_3=(x_3,y_3)=P_1+P_2$，则 $x_3=\lambda^2-x_1-x_2$，$y_3=\lambda(x_1-x_3)-y_1$，其中 $\lambda = \dfrac{y_2-y_1}{x_2-x_1}$。
5) 倍点规则：设 $P_1=(x_1,y_1) \in E(F_p) \setminus \{O\}$，且 $y_1 \neq 0$，$P_3=(x_3,y_3)=P_1+P_1$，则 $x_3=$

λ^2-2x_1,$y_3=\lambda(x_1-x_3)-y_1$,其中 $\lambda=\dfrac{3x_1^2+a}{2y_1}$。

对 ECC 上 x 坐标不同的两点 P_1、P_2,用几何学来描述"相加"操作,P_1+P_2 可看作连接 P_1、P_2 的直线和曲线相交于点 R,P_1+P_2 的值为 R 的加法逆元。倍点运算可看作过 P_1 的切线,切线与 ECC 交于点 R,P_1+P_1 的值为 R 的加法逆元。

椭圆曲线上的"相加"也存在一个问题。如果 $P_1=(a,b)$,$P_2=(a,-b)$,那么通过 P_1 和 P_2 的直线是垂直线 $x=a$,这条线与椭圆曲线的交点只有 P_1 和 P_2。计算 P_1+P_2 的一种解决方法是创造一个额外的点 O(无穷远处),这个点不存在于 XY 平面中,但假设它在每一条垂直线上,所以有 $P_1+P_2=O$,从而可以得出 $P_1+O=P_1$,所以 O 在椭圆曲线加法中相当于零元。

3. 椭圆曲线多倍点运算

椭圆曲线上同一个点的多次加称为该点的多倍点运算。设 k 是一个正整数,P 是椭圆曲线上的点,称点 P 的 k 次加为点 P 的 k 倍点运算,记为 $Q=[k]P=P+P+\cdots+P$。因为 $[k]P=[k-1]P+P$,所以 k 倍点可以递归求得。多倍点运算的输出有可能是无穷远点 O。

例 9.1 由 $y^2=x^3+x+6$ 所确定的有限域 F_{11} 上的椭圆曲线 $E_{11}(1,6)$ 考察点 $P(2,7)$ 的倍点运算,可得:

$$\lambda=(3\times2^2+1)\times(2\times7)^{-1}\bmod 11=8$$
$$x_3=(8^2-2\times2)\bmod 11=5$$
$$y_3=(8\times(2-5)-7)\bmod 11=2$$
$$[2]P=(5,2)$$

然后计算 $[3]P=[2]P+P=(5,2)+(2,7)=(8,3)$,依次可以计算出 $[n]P$:

$P=(2,7)$,$[2]P=(5,2)$,$[3]P=(8,3)$,$[4]P=(10,2)$,$[5]P=(3,6)$,$[6]P=(7,9)$,$[7]P=(7,2)$,$[8]P=(3,5)$,$[9]P=(10,9)$,$[10]P=(8,8)$,$[11]P=(5,9)$,$[12]P=(2,4)$,$[13]P=O$。

4. 椭圆曲线的阶

椭圆曲线 $E(F_p)$ 上的点的数目用 $\#E(F_p)$ 表示,称为椭圆曲线 $E(F_p)$ 的阶。

定义 9.1 椭圆曲线上元素的阶:设 E 是有限域 F_p 上的椭圆曲线,P 是 E 上的点,称满足 $[n]P=O$ 的最小正整数 n 为元素 P 的阶,记为 $\mathrm{ord}(P)$。

定义 9.2 生成元(本原元):设 E 是有限域 F_p 上的椭圆曲线,G 是 E 上的点,若 $\mathrm{ord}(G)=\#E(F_p)$,则 G 为 $E(F_p)$ 的生成元。

P 是 E 上的点,$[n]P$ 的集合是椭圆曲线形成的群里的一个具有循环性质的子群,这里的点 P 叫作循环子群的生成元或者基点。子群中元素的个数称为子群的阶。

例 9.2 求解有限域 F_{11} 上椭圆曲线 $y^2=x^3+x+6$ 上的点。

首先编制乘法表 $c=a\cdot b\bmod 11$(如表 9.1 表示)。

表 9.1 乘法表

	0	1	2	3	4	5	6	7	8	9	10
0	**0**	0	0	0	0	0	0	0	0	0	0
1	0	**1**	2	3	4	5	6	7	8	9	10
2	0	2	**4**	6	8	10	1	3	5	7	9

(续)

	0	1	2	3	4	5	6	7	8	9	10
3	0	3	6	**9**	1	4	7	10	2	5	8
4	0	4	8	1	**5**	9	2	6	10	4	7
5	0	5	10	4	9	**3**	8	2	7	1	6
6	0	6	1	7	2	8	**3**	9	4	10	5
7	0	7	3	10	6	2	9	**5**	1	8	4
8	0	8	5	2	10	7	4	1	**9**	6	3
9	0	9	7	5	4	1	10	8	6	**4**	2
10	0	10	9	8	7	6	5	4	3	2	**1**

计算椭圆曲线上的点，记 $z=(x^3+x+6) \bmod 11$：

当 $x=0$ 时，$z=6$，查表不是平方剩余。

当 $x=1$ 时，$z=8$，查表不是平方剩余。

当 $x=2$ 时，$z=5$，查表是平方剩余，z 的平方剩余为 4 和 7。点 (2,4) 和 (2,7) 为椭圆曲线上的点。

通过计算得到有限域 F_{11} 上椭圆曲线 $y^2=x^3+x+6$ 上的点，点的分布如表 9.2 所示。

表 9.2 椭圆曲线上点的分布

x	y^2	$P(x, y)$	$P'(x, y)$
0	6		
1	8		
2	5	(2, 4)	(2, 7)
3	3	(3, 5)	(3, 6)
4	8		
5	4	(5, 2)	(5, 9)
6	8		
7	4	(7, 2)	(7, 9)
8	9	(8, 3)	(8, 8)
9	7		
10	4	(10, 2)	(10, 9)

椭圆曲线的阶即椭圆曲线中元素的个数，于是 $\#E_{11}(1,6)=13$。对于 $G=(2,7)$，可以验证 G 是 $E_{11}(1,6)$ 的生成元。

对于有限域上随机的椭圆曲线，其阶的计算是一个相当复杂的问题。目前有效的计算方法有 SEA 算法和 Satoh 算法。在 F_p（p 为素数，$p>3$）上定义的椭圆曲线 $\#E(F_p)$ 大致具有 p 个点。更准确地说，根据 Hasse 定理，E 上的点数满足以下不等式：

$$p+1-2\sqrt{p} \leq \#E(F_p) \leq p+1+2\sqrt{p}$$

5. 椭圆曲线上子群生成元的寻找

通常使用椭圆曲线算法，先选择曲线，计算椭圆曲线的阶，然后在这条曲线上找到最大的子群。找子群，就是寻找子群对应的生成元。

椭圆曲线的阶 $\#E(F_q)$ 为 N，子群的阶为 n，n 是 $\#E(F_q)$ 的素因子，定义余因子 $h=\#E(F_q)/n$。设 P 为椭圆曲线上随机的点，存在 $[N]P=O$，由拉格朗日定理可知，n 是 N 的因子，设 $h=N/n$，于是 $[n][h]P=O$，因此，$G=[h]P$ 为子群的生成元。

6. 椭圆曲线上点的寻找

给定有限域上的椭圆曲线 $E_p(a,b)$，可有效地找出曲线上的一个非无穷远点。

选取随机整数 x，$0 \leq x < p$，计算 $\alpha=(x^3+ax+b) \bmod p$。若 $\alpha=0$，则输出 $(x,0)$ 并终止；若 $\alpha \neq 0$，求 $\alpha \bmod p$ 的平方根。如果不存在平方根，则重新选择随机整数 x；如果存在平方根 y，则找到曲线上一个非无穷远点 (x,y)。

7. F_p 上椭圆曲线方程参数的拟随机生成

设函数 $H_{256}(\ )$ 是输出长度为 256 位的密码杂凑函数。

对给定素数 p，任意选择长度至少为 192 的位串 SEED，计算 $H=H_{256}(SEED)$，并记 $H=(h_{255},h_{254},\cdots,h_0)$，$b=\sum_{i=0}^{255}h_i 2^i \bmod p$，取 F_p 中的元素 a 为某固定值，若 $(4a^3+27b^2) \bmod p \neq 0$，则所选择的 F_p 上的椭圆曲线为 $E: y^2=(x^3+ax+b)$，否则重新生成 SEED 并计算。

8. 椭圆曲线离散对数问题（ECDLP）

已知椭圆曲线 $E(F_p)$、阶为 n 的点 $G \in E(F_p)$ 及 $Q \in <G>$，椭圆曲线离散对数问题是指确定整数 $l \in [0, n-1]$，使得 $Q=[l]G$ 成立。这里，$<G>$ 是基点 G 生成的循环群。

椭圆曲线离散对数问题关系到椭圆曲线密码系统的安全，因此必须选择安全的椭圆曲线。

9. 明文消息到椭圆曲线上的嵌入

在使用椭圆曲线构造密码体制时，需要将明文消息映射到椭圆曲线上，作为椭圆曲线上的点。设明文消息是 m，椭圆曲线为 $E_p(a,b)$，取 $k=40$，对明文消息 m，计算一系列 x：

$$x=(mk+j, j=0,1,2,\cdots,k-1)=(40m,40m+1,40m+2,\cdots,40m+k-1)$$

$(x^3+ax+b) \bmod p$ 是平方剩余，即得到椭圆曲线上的点 $(x, \sqrt{x^3+ax+b})$。因为在 $0 \sim p$ 的整数中，有一半是模 p 的平方剩余，另一半是模 p 的非平方剩余，所以经过 k 次计算找到 x，满足 $(x^3+ax+b) \bmod p$ 是平方剩余的概率不小于 $1-2^{-k}$。

反过来，为了从椭圆曲线上的点 (x,y) 得到明文消息 m，只须求 $m=\left\lfloor \dfrac{x}{40} \right\rfloor$。这里，$\lfloor w \rfloor$ 表示小于或等于 w 的最大整数。

9.1.2 椭圆曲线密码体制的优点

椭圆曲线密码所基于的曲线性质如下：有限域上，椭圆曲线在点加运算下构成有限交换群，且其阶与基域规模相近；类似于有限域乘法群中的乘幂运算，椭圆曲线多倍点运算构成一个单向函数。

在多倍点运算中，已知多倍点与基点，求解倍数的问题称为椭圆曲线离散对数问题。对于一般椭圆曲线的离散对数问题，目前只存在指数级计算复杂度的求解方法。与大数分解问题及有限域上离散对数问题相比，椭圆曲线离散对数问题的求解难度要大得多。因此，在相同安全程度的要求下，椭圆曲线密码较其他公钥密码所需的密钥规模要小得多。

与基于有限域上离散对数问题的公钥体制（Diffie-Hellman 密钥交换和 ElGamal 密码体制）相比，椭圆曲线密码体制有如下优点。

1）安全性高。攻击有限域上的离散对数问题有指数积分法，其运算复杂度为 $O(\exp\sqrt[3]{(\log p)(\log\log p)^2})$，其中 p 是模数，为素数，而它对椭圆曲线上的离散对数问题并不有效。目前，攻击椭圆曲线上的离散对数问题只有适合攻击任何循环群上离散对数问题的大步小步法，其运算复杂度为 $O(\exp(\log\sqrt{p_{\max}}))$，其中 $p_{\max}$ 是椭圆曲线所形成的 Abel 群的阶的最大素因子。因此，椭圆曲线密码体制比基于有限域上的离散对数问题的公钥体制更安全。

2）密钥量小。由攻击两者的算法复杂度可知，在实现相同的安全性能条件下，椭圆曲线密码体制所需的密钥量远比基于有限域上的离散对数问题的公钥体制的密钥量小。

3）灵活性好。在有限域 F_q 一定的情况下，其上的循环群（即 $F(q)\backslash(O)$）就定了。而 F_q 上的椭圆曲线可以通过改变曲线参数得到不同的曲线，形成不同的循环群。因此，椭圆曲线具有丰富的群结构和多选择性。

正是由于椭圆曲线具有丰富的群结构和多选择性，并可在保持和 RSA/DSA 体制同样安全性能的前提下大大缩短密钥长度，ECC 的密钥长度增加速度比其他的加密方法都慢，而 RSA 则是成倍数增长。目前，ECC 普遍使用 256 位密钥。

SP 800-57 pt1 r5 列出了对称密码与非对称密码算法的安全强度比较，如表 9.3 所示。

表 9.3 对称密码与非对称密码算法的安全强度比较

安全强度	对称密码	FFC(DSA, DH, MQV)	IFC(RSA)	ECC(ECDSA, EdDSA, DH, MQV)
≤80	2TDEA	$L=1024, N=160$	$k=1024$	$f=160\sim223$
112	3TDEA	$L=2048, N=224$	$k=2048$	$f=224\sim255$
128	AES-128	$L=3072, N=256$	$k=3072$	$f=256\sim383$
192	AES-192	$L=7680, N=384$	$k=7680$	$f=384\sim511$
256	AES-256	$L=15360, N=512$	$k=15360$	$f=512+$

表中第 1 列给出的是由特定行中列出的算法和密钥长度提供的估计的最大安全强度（以位为单位）。需要注意，由于存在一些具有计算优势的算法的攻击，因此安全强度不一定与密钥的长度相同。

第 2 列标识了可以提供第 1 列中指示的安全强度的对称密码，其中在 SP 800-67 中指定了 2TDEA 和 3TDEA，在 FIPS 197 中指定了 AES。2TDEA 是具有两个不同密钥的 TDEA；3TDEA 是具有 3 个不同密钥的 TDEA。

第 3 列标识了与使用有限域密码（FFC）的标准相关联的参数的最小值。这种算法的例子包括数字签名的 FIPS 186 中定义的 DSA，以及 SP 800-56A 中定义的 Diffie-Hellman（DH）和 MQV 密钥协议，其中 L 是公钥的大小，N 是私钥的大小。

第 4 列标识了基于整数因子分解密码（IFC）的算法的 k 的值（模 n 的大小）。这种类型的主要算法是 RSA 算法。RSA 在 FIPS 186 和 SP 800-56B 中分别被批准用于数字签名和用于密钥建立。k 的值通常被认为是密钥大小。

第 5 列标识了基于椭圆曲线密码（ECC）的算法的 f 的范围（n 的大小，其中 n 是基点 G 的阶数）。该算法在 FIPS 186 中被指定用于数字签名，并且在 SP 800-56A 中指定用于密钥建立。f 的值通常被认为是密钥大小。

9.2 椭圆曲线加密算法

椭圆曲线加密算法是一种基于椭圆曲线数学理论的非对称加密算法，具有使用更短的密钥长度实现同等安全性的优势。它利用椭圆曲线的特殊性质进行加密和解密操作，这里介绍 ElGamal 加密算法和 Menezes-Vanstone 加密算法。

9.2.1 椭圆曲线 ElGamal 公钥加密算法

关于椭圆曲线 ElGamal 公钥密码体制的描述如下。

1) 设 $p>3$ 是一个大素数，E 是有限域 F_P 上的椭圆曲线，$G \in E$ 是椭圆曲线上的一个点，并且 G 的阶足够大。p、E 以及 G 都公开。

2) 随机选取整数 x，$1 \leq x \leq \text{ord}(G)-1$。计算 $Y=[x]G$。Y 是公开的加密密钥，x 是保密的解密密钥。

3) 加密变换：明文消息映射到椭圆曲线上的点 M，随机选取一个整数 k，$1 \leq k \leq \text{ord}(G)-1$，密文为 $c=(c_1,c_2)$，其中 $c_1=[k]G$，$c_2=M+[k]Y$。

4) 解密变换：对任意密文 $c=(c_1,c_2)$，明文为 $M=c_2-[x]c_1$。

解密变换能正确地从密文恢复出相应的明文，是因为

$$c_2-[x]c_1=M+[k]Y-[x]c_1=M$$

例 9.3 设 $p=11$，E 是由

$$y^2 \equiv x^3+x+6 \pmod{11}$$

所确定的有限域 Z_{11} 上的椭圆曲线。

设 $G=(2,7)$，保密的解密密钥 $x=7$，计算：

$$Y=[7]G=(7,2)$$

假设明文 $M=(10,9)$，计算其对应的密文。首先随机选取 $k=3$，然后计算：

$$c_1=[k]G=[3](2,7)=(8,3)$$
$$c_2=M+[k]Y=(10,9)+[3](7,2)=(10,9)+(3,5)=(10,2)$$

$M=(10,9)$ 所对应的密文为 $c=(c_1,c_2)=((8,3),(10,2))$。

假设收到密文为 $c=((8,3),(10,2))$，现在来恢复它所对应的明文。

$$M=c_2-[x]c_1=(10,2)-[7](8,3)=(10,2)-(3,5)=(10,9)$$

因此，解密变换正确地恢复了明文。

9.2.2 Menezes-Vanstone 公钥加密算法

扫码看视频

Menezes-Vanstone 公钥密码体制是 ElGamal 公钥密码体制在椭圆曲线上的一个有效实现。它是由 A. J. Menezes 和 S. A. Vanstone 于 1993 年提出的。

Menezes-Vanstone 公钥密码体制描述如下。

1) 设 $p>3$ 是一个大素数，E 是有限域 Z_p 上的椭圆曲线，$G \in E$ 是椭圆曲线上的一个点，并且 G 的阶足够大，使得在由 G 生成的循环子群中离散对数问题是难解的。p、E 以及 G 都公开。

2) 随机选取整数 x，$1 \leq x \leq \mathrm{ord}(G)-1$。计算 $Y=[x]G$。Y 是公开的加密密钥，x 是保密的解密密钥。

3) 明文空间为 $Z_p^* \times Z_p^*$，密文空间为 $E \times Z_p^* \times Z_p^*$。

4) 加密变换：对任意明文 $m=(m_1, m_2) \in Z_p^* \times Z_p^*$，秘密随机选取一个整数 k，$1 \leq k \leq \mathrm{ord}(G)-1$，密文为 $c=(c_0, c_1, c_2)$，其中 $c_0=[k]G$，$(k_1, k_2)=[k]Y$，$c_1 = k_1 m_1 \bmod p$，$c_2 = k_2 m_2 \bmod p$。

5) 解密变换：对任意密文 $c=(c_0, c_1, c_2) \in E \times Z_p^* \times Z_p^*$，明文为 $m=(c_1 k_1^{-1} \bmod p, c_2 k_2^{-1} \bmod p)$，其中 $(k_1, k_2)=[x]c_0$。

现在说明解密变换为何能正确地从密文恢复相应的明文。

因为

$$(k_1, k_2) = [k]Y$$
$$c_0 = [k]G$$
$$Y = [x]G$$

所以

$$(k_1, k_2) = [k]Y = [kx]G = [x]c_0$$

又因为

$$c_1 = k_1 m_1 \bmod p$$
$$c_2 = k_2 m_2 \bmod p$$

所以

$$(c_1 k_1^{-1} \bmod p, c_2 k_2^{-1} \bmod p) = (k_1 m_1 k_1^{-1} \bmod p, k_2 m_2 k_2^{-1} \bmod p)$$
$$= (m_1, m_2)$$
$$= m$$

因此，解密变换能正确地从密文恢复出相应的明文。

在 Menezes-Vanstone 公钥密码体制中，密文依赖于明文 m 和秘密选取的随机整数 k，因此，明文空间中的一个明文对应密文空间中的许多不同的密文。

在 Menezes-Vanstone 公钥密码体制中，$Y=[x]G$。从公开的 G 和 Y 求保密的解密密钥 x，就是计算一个离散对数。当 G 的阶足够大时，这是一个目前众所周知的难解的问题。因此，Menezes-Vanstone 公钥密码体制的安全性主要是基于椭圆曲线上离散对数问题的难解性。

例 9.4 设 $p=11$，E 是由

$$y^2 \equiv x^3 + x + 6 \pmod{11}$$

所确定的有限域 Z_{11} 上的椭圆曲线。

解 设 $G=(2, 7)$，保密的解密密钥 $x=7$，计算：

$$Y=[7]G=(7, 2)$$

假设明文 $m=(m_1, m_2)=(9, 1)$，计算其对应的密文。首先随机选取 $k=6$，然后计算：

$$c_0=[k]G=[6](2, 7)=(7, 9)$$

$$(k_1, k_2) = [k]Y = 6(7, 2) = (8, 3)$$
$$c_1 = k_1 m_1 \bmod p = 8 \times 9 \bmod 11 = 6$$
$$c_2 = k_2 m_2 \bmod p = 3 \times 1 \bmod 11 = 3$$

$m = (m_1, m_2) = (9, 1)$ 所对应的密文为 $c = (c_0, c_1, c_2) = ((7,9), 6, 3)$。

假设密文为 $c = (c_0, c_1, c_2) = ((7,9), 6, 3)$，恢复它所对应的明文。计算 $(k_1, k_2) = xc_0 = 7(7,9) = (8,3)$，则明文为：

$$m = (c_1 k_1^{-1} \bmod p, c_2 k_2^{-1} \bmod p)$$
$$= (6 \times 8^{-1} \bmod 11, 3 \times 3^{-1} \bmod 11)$$
$$= (6 \times 7 \bmod 11, 3 \times 4 \bmod 11)$$
$$= (9, 1)$$

因此，解密变换正确地恢复了明文。

9.3 SM2 加密算法

SM2 是我国国家密码管理局组织制定并提出的椭圆曲线密码算法标准，用于替换 RSA 算法，包括数字签名算法（GB/T 32918.2—2016）、密钥交换协议（GB/T 32918.3—2016）和公钥加密算法（GB/T 32918.4—2016）。2018 年 11 月，ISO/IEC 14888—3:2018《信息安全技术—带附录的数字签名—第 3 部分：基于离散对数的机制》发布，SM2 正式成为 ISO/IEC 国际标准。

9.3.1 参数选取

椭圆曲线系统参数是可以公开的，系统的安全性不依赖于对这些参数的保密。

要保证 SM2 算法的安全性，就要使所选取的曲线能够抵抗各种已知的攻击，这就涉及选取安全椭圆曲线的问题。用于建立密码体制的椭圆曲线的主要参数有 p、a、b、G、n 和 h。其中，p 是有限域 F_p 中元素的数目；a、b 是方程中的系数，取值于 F_p；G 为基点（生成元）；n 为点 G 的阶；h 是椭圆曲线上点的个数 N 除以 n 的结果，也称余因子。

F_p 上椭圆曲线系统参数包括：

1) 域的规模 $q = p$，p 为大于 3 的素数。
2) （选项）一个长度至少为 192 的位串 SEED（若使用椭圆曲线方程参数的拟随机生成及验证）。
3) F_p 中的两个元素 a 和 b，它们定义椭圆曲线 E 的方程：$y^2 = x^3 + ax + b$。
4) 基点 $G \in E$，$G \neq O$。
5) 基点 G 的阶 n（要求：$n > 2^{191}$ 且 $n > 4\sqrt{p}$）。
6) （选项）余因子 $h = N/n$（若 h 没有，直接指定为 1）。

SM2 公钥密码加密算法涉及 3 类辅助函数，分别是 SM3 杂凑算法、密钥派生函数和随机位发生器。SM3 杂凑算法的输入是长度为 l（$l < 2^{64}$）位的消息位串，输出是长度为 256 位的杂凑值。密钥派生函数 KDF(Z, $klen$) 的作用是从一个共享的秘密位串 Z 中派生出密钥数据，在密钥协商过程中，密钥派生函数作用在密钥交换所共享的秘密位串上，从中产生所需的会话密钥或进一步加密所需的密钥数据。派生函数的输入包括位串 Z 和整数 $klen$，输出是

长度为 klen 的密钥数据位串 K。

SM2 密钥对的生成是在一个有效的 F_q（$q=p$ 且 p 为大于 3 的素数）上椭圆曲线系统参数的集合上确定，具体步骤为：

1) 用随机位发生器产生整数 $d \in [1, n-2]$。
2) 以 G 为基点，计算点 $P = (x_p, y_p) = [d]G$。
3) 密钥对是 (d, P)，其中 d 为私钥，P 为公钥。

SM2 推荐使用素数域 256 位的椭圆曲线，椭圆曲线方程表示为 $y^2 = x^3 + ax + b$。p 表示一个大于 3 的素数，n 表示基点 G 的阶，x_G、y_G 分别表示生成元的 x、y 坐标，因此 SM2 参数定义如表 9.4 所示。

表 9.4 SM2 参数定义

p	FFFFFFFF FFFFFFFF FFFFFFFF FFFFFFFF FFFFFFFF 00000000 FFFFFFFF FFFFFFFF
a	FFFFFFFF FFFFFFFF FFFFFFFF FFFFFFFF FFFFFFFF 00000000 FFFFFFFF FFFFFFFC
b	28E9FA9E 9D9F5E34 4D6A9E4B CF6509A7 F39789F5 15AB8F92 DDBCBD41 4D940E93
n	FFFFFFFE FFFFFFFF FFFFFFFF FFFFFFFF 7203DF6B 21C6052B 53BBF409 39D64123
x_G	32C4AE2C 1F198119 5F990446 6A39C994 8FE30BBF F2660BE1 715A4589 334C74C7
y_G	BC3736A2 F4F6779C 59BDCEE3 6B692153 D0A9877C C62A4740 02DF32E5 2139F0A0

9.3.2 SM2 算法的加密和解密算法

1. 加密算法

设需要发送的消息为位串 M，klen 为 M 的位长。为了对明文 M 进行加密，作为加密者的用户 A 应实现以下算法步骤。

1) 用随机位发生器产生随机数 $k \in [1, n-1]$。
2) 计算椭圆曲线点 $C_1 = [k]G = (x_1, y_1)$，将 C_1 的数据类型转换为位串。
3) 计算椭圆曲线点 $S = [h]P_B$，若 S 是无穷远点，则报错并退出。
4) 计算椭圆曲线点 $[k]P_B = (x_2, y_2)$，将坐标 x_2、y_2 的数据类型转换为位串。
5) 计算 $t = \text{KDF}(x_2 \| y_2, klen)$，若 t 为全 0 位串，则返回第 1) 步。
6) 计算 $C_2 = M \oplus t$。
7) 计算 $C_3 = \text{Hash}(x_2 \| M \| y_2)$。
8) 输出密文 $C = C_1 \| C_3 \| C_2$。

密文中的 C_1 是通过随机数计算出的曲线点；C_2 则是真正的密文，是对明文的加密结果，长度和明文一样；C_3 则是杂凑值，用来校验数据。按照国家密码局认定的国产密码算法推荐的 256 位椭圆曲线，明文加密结果会比原长度大 96 字节。

SM2 加密算法流程如图 9.1 所示。

2. 解密算法

设 klen 为密文中 C_2 的位长。为了对密文 $C = C_1 \| C_3 \| C_2$ 进行解密，解密者 B 应实现以下算法步骤。

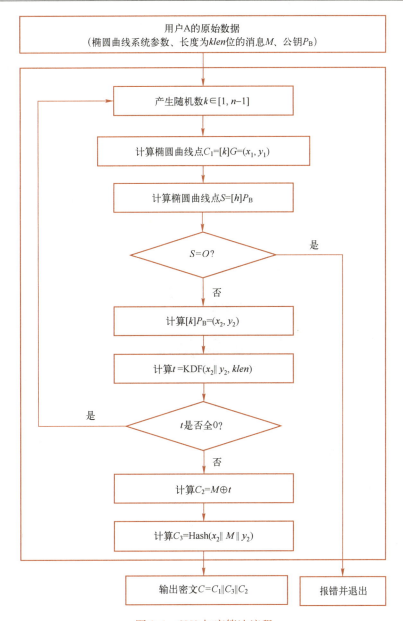

图 9.1　SM2 加密算法流程

1) 从 C 中取出位串 C_1，将 C_1 的数据类型转换为椭圆曲线上的点，验证 C_1 是否满足椭圆曲线方程，若不满足，则报错退出。

2) 计算椭圆曲线点 $S=[h]C_1$，若 S 是无穷远点，则报错并退出。

3) 计算 $[d_B]C_1=(x_2,y_2)$，并将坐标 x_2、y_2 的数据类型转换为位串。

4) 计算 $t=\text{KDF}(x_2\|y_2,klen)$，若 t 为全 0 位串，则报错并退出。

5) 从 C 中取出位串 C_2，计算 $M'=C_2\oplus t$。

6) 计算 $u=\text{Hash}(x_2\|M'\|y_2)$，从 C 中取得位串 C_3，若 $u\neq C_3$，则报错并退出。

7) 输出明文 M'。

SM2 解密算法流程如图 9.2 所示。

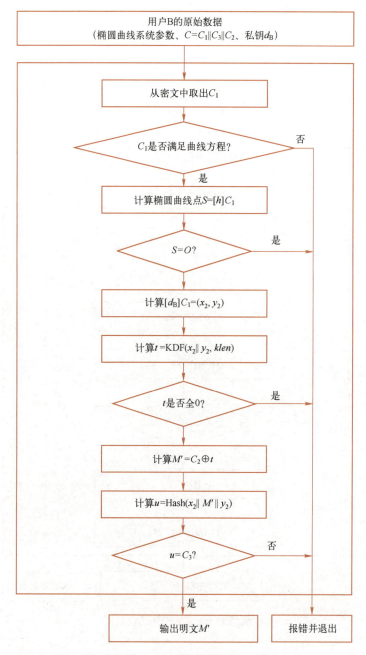

图 9.2　SM2 解密算法流程

9.3.3　安全性分析

SM2 算法的实质是求解椭圆曲线上点的倍数问题，该问题只存在指数级计算复杂度求解算法。ECC 算法在安全强度上显著优于 RSA 算法，能够在较低的计算资源下提供比 RSA 算法更高的安全保障。ECC 算法实现这种高强度安全所需的密钥长度远远小于 RSA 算法。目前，广泛使用的基于 ECC 的 SM2 算法通常采用 256 位的密钥长度，其加密强度相当于 3072 位 RSA 算法。经测试，采用 SM2 算法的 Web 服务器的响应时间比使用 RSA 算法的 Web 服务器快十几倍。

SM2 算法的安全性基于 ECDLP 的难解性，它强于基于有限域乘法群上离散对数问题的密码体制，求解有限域上离散对数问题的最有效的算法指标计算法对 ECDLP 不适用。多年来，ECDLP 一直受到各国数学家的关注，目前还没有发现 ECDLP 的明显弱点。

9.4 椭圆曲线数字签名标准 DSS

FIPS 186-5 规定了椭圆曲线数字签名算法（ECDSA）。ECDSA 最初在美国国家标准（ANS）X9.62 中有规定（已撤销）。IETF RFC 6979 中也批准并规定了一种具有确定性签名生成过程的 ECDSA 变体，称为确定性 ECDSA。

9.4.1 ECDSA 签名算法

扫码看视频

SP 800-186 提供了使用 ECDSA（包括确定性 ECDSA）的推荐椭圆曲线。

1. 参数选取与密钥对生成

ECDSA 全局参数 $D=(q,FR,h,n,Type,a,b,G)$，其中 q 是域大小，FR 是基使用的参数，a 和 b 是定义椭圆曲线方程的两个域元素，$Type$ 表示椭圆使用的曲线模型，G 是曲线上素数阶的基点（即 $G=(x_G,y_G)$），n 是 G 的阶，并且 h 是余因子（其等于曲线的阶数除以 n）。

ECDSA 签名者密钥对由私钥 d 和公钥 Q 组成，$Q=[d]G$。

2. 签名生成算法

签名的算法步骤描述如下。

1) 使用杂凑函数或可扩展输出函数计算 $H=\text{Hash}(M)$，其中位串 H 具有 $hashlen$ 位。
2) 从 H 导出整数 e，如果 $\text{len}(n) \geq hashlen$，则设置 $E=H$，否则设置 E 等于 H 的最左边 $\lceil \log_2(n) \rceil$ 位。将位串 E 转换为整数 e。
3) 生成每条消息的秘密数 k，$0<k<n$。
4) 计算 $k^{-1} \bmod n$。
5) 计算椭圆曲线点 $R=[k]G$。
6) 设置 x_R 为点 R 的 x 坐标，$R=(x_R,y_R)$。
7) 转换域元素 x_R 到整数 r_1。
8) $r=r_1$。
9) 计算 $s=k^{-1}(e+rd) \bmod n$。
10) 安全销毁 k 和 k^{-1}。
11) 如果 $r=0$ 或 $s=0$，则转到步骤 3）。
12) 输出签名 (r,s)。

3. 验证算法

当接收者收到消息 M 和签名 (r,s) 之后，验证对消息签名的有效性，需要取得如下参数：全局参数 $D=(q,FR,h,n,Type,a,b,G)$，发送者的公钥 Q。接收者利用合法性检验算法对参数 D 和 Q 的合法性进行检验。

签名验证算法描述如下。

1) 检验 r、s，要求 r、$s \in [1,n-1]$。

2）计算 $H = \text{Hash}(M)$，其中位串 H 具有 hashlen 位。

3）从 H 导出整数 e，如果 $\text{len}(n) \geq \text{hashlen}$，则设置 $E = H$，否则设置 E 等于 H 的最左边 $\lceil \log_2(n) \rceil$ 位。将位串 E 转换为整数 e。

4）计算 $s^{-1} \bmod n$。

5）计算 $u = es^{-1} \bmod n$ 和 $v = rs^{-1} \bmod n$。

6）计算 $R_1 = [u]G + [v]Q$。如果 R_1 是单位元素（位于无穷远处），则表示签名无效。

7）设置 x_{R_1} 为点 R_1 的 x 坐标，$R = (x_{R_1}, y_{R_1})$。

8）转换域元素 x_{R_1} 到整数 r_1。

9）验证 $r = r_1$。如果验证失败，则表示签名无效，否则表示签名有效。

下面来证明 ECDSA 算法成立。

证明 如果签名 (r, s) 是消息 M 的合法签名，有 $s = k^{-1}(e + rd) \bmod n$，由此可以得到：

$$\Rightarrow k = s^{-1}(e + dr) \bmod n$$
$$= (s^{-1}e + s^{-1}dr) \bmod n$$
$$= (u + vd) \bmod n$$

再有 $[u]G + [v]Q = [u + vd]G = [k]G$，其中的 $[k]G$ 横坐标为 r，验证者计算 $[u]G + [v]Q$ 得到的横坐标为 r_1，即有 $r = r_1$。

所以 ECDSA 签名验证算法成立。

9.4.2 EdDSA 签名算法

IETF RFC 8032 描述了椭圆曲线 Edwards 曲线数字签名算法（EdDSA）。EdDSA 是由 Schnorr 签名发展而来的。不同的曲线和参数可分为 Ed25519 和 Ed448 算法。它们分别基于曲线 Ed25519 和 Ed448。Ed25519 旨在提供大约 128 位的安全性，Ed448 旨在提供大约 224 位的安全性。EdDSA 签名是确定性的；在签名生成过程中根据私钥和消息的杂凑计算出唯一签名值。该过程可以防止生成每个消息的秘密数随机性不足引起的攻击。

1. 参数选取

EdDSA 签名方案的安全性取决于域参数的选择。EdDSA 的域参数包括 G（作为曲线上素数阶的基点，即 $G = (x_G, y_G)$）、n（作为点 G 的阶）、d（作为私钥）、Q（作为公钥）、整数 b 和整数 c（Ed25519 为 3，Ed448 为 2）。需要注意的是，EdDSA 的秘密标量是 2^c 的倍数。此外，H 是签名生成过程中使用的加密杂凑函数或可扩展输出函数。对于 Ed25519，H 应使用 SHA-512。对于 Ed448，应使用 SHAKE256（如 FIPS 202 中所规定）。

2. 密钥对生成算法

EdDSA 密钥对的生成过程如下。

1）私钥 d 是 b 位的位串，通过伪随机数发生器获得。

2）对于 Ed25519，使用 SHA-512 计算私钥 d 的杂凑值，$H(d) = (h_0, h_1, \cdots, h_{2b-1})$；对于 Ed448，使用 SHAKE256 计算 $H(d) = \text{SHAKE256}(d, 912)$。可以预先计算 $H(d)$。$H(d)$ 也用于 EdDSA 签名生成。

3）$H(d)$ 的前半部分，即 $h\text{digest}1 = (h_0, h_1, \cdots, h_{b-1})$ 用于生成公钥。按如下方式修改 $h\text{digest}1$：对于 Ed25519，设置 $h_0 = h_1 = h_2 = 0$，$h_{b-2} = 1$，以及 $h_{b-1} = 0$；对于 Ed448，$h_0 = h_1 = 0$，$h_{b-9} = 1$，并且 $h_i = 0$，$b-8 \leq i \leq b-1$。

4）使用小端字节序约定 $h\text{digest}1$，确定一个整数 s。

5) 计算点$[s]G$。相应的 EdDSA 公钥 Q 是点$[s]G$ 的编码。

3. 签名生成算法

使用私钥 d 对消息 M 的 EdDSA 签名被定义为 $2b$ 位串 $R\|S$。8 位位组串 R 和 S 的签名过程如下。

1) 对于 Ed25519，使用 SHA-512 计算私钥 d 的杂凑值，$H(d)=(h_0,h_1,\cdots,h2_{b-1})$，对于 Ed448，使用 SHAKE256 计算 $H(d)=$ SHAKE256$(d,912)$。

2) 使用杂凑值的后半部分 $hdigest2 = h_b\|\cdots\|h_{2b-1}$ 计算 r：对于 Ed25519，$r=$ SHA-512($hdigest2\|M$)；将 r 看作 64 个 8 位位组的小端字节序整数；对于 Ed448，$r=$ SHAKE256(dom4$(0,$ context$)\|hdigest2\|M,912$)。在 IETF RFC 8032 中，dom4(f,c) 被定义为 "SigEd448"$\|$octet$(f)\|$octet(octelength$(c)\|c$)。字符串 "SigEd448" 是 ASCII（8 个 8 位位组）。值 octet(f) 是值为 f 的 8 位位组，而 octelength(c) 是字符串 c 中 8 位位组的数量。将 r 看作 114 个 8 位位组的小端字节序整数。

3) 计算点$[r]G$。8 位位组串 R 是点$[r]G$ 的编码。

4) 如同在密钥对生成算法中那样，从 $H(d)$ 导出 s。使用 8 位位组字符串 R、Q 和 M 定义：对于 Ed25519，$digest =$ SHA$-512(R\|Q\|M)$。对于 Ed448，$digest=$ SHAKE256(dom4$(0,$ context$)\|R\|Q\|M,912$)。将杂凑值看作一个小端字节序整数。

5) 计算 $S=(r+digest\times s)\mod n$。8 位位组字符串 S 是结果的编码整数。

6) 签名为 8 位位组串 R 和 S 的连接 $R\|S$。

EdDSA 公钥有 b 位，EdDSA 签名有 $2b$ 位。值 b 是 8 的倍数，因此公钥和签名长度是 8 位位组的整数。对于 Ed25519，b 是 256，因此私钥是 32 个 8 位位组。对于 Ed448，b 是 456，私钥是 57 个 8 位位组。

4. 签名验证算法

对消息 M，签名 $R\|S$，验证者执行如下操作。

1) 将签名的前半部分解码为点 R，将签名的后半部分解码为整数 t。验证整数 t 是否在 $0<t<n$ 的范围内。将公钥 Q 解码为点 Q'。如果任何一个解码失败，则输出"无效"。

2) 对于 Ed25519，计算 $digest =$ SHA$-512(R\|Q\|M)$。$digest=$ SHAKE256(dom4$(0,$ context$)\|R\|Q\|M,912$)。将杂凑值看作一个小端字节序整数 u。

3) 检查验证方程$[2^c t]G=[2^c]R+[2^c u]Q'$是否成立。检查$[t]G=R+[u]Q'$就足够了，但不是必须做的。如果验证失败，则输出"无效"，否则输出"有效"。

5. 安全性分析

必须注意保护签名免受攻击，如侧信道攻击和故障攻击。加密设备可能通过侧信道攻击或允许提取内部数据或密钥材料的攻击来泄露关键信息而不破坏密码基元。验证 ECC 实现的组算术计算的正确性也很重要。这些类型的攻击尤其适用于确定性签名方案的硬件实现，以及嵌入式或物联网设备和智能卡。

9.5 SM2 签名算法

GB/T 32918.2—2016 规定了 SM2 椭圆曲线公钥密码算法的数字签名算法，包括数字签名生成算法和验证算法，适用于商用密码应用中的数字签名和验证，可以满足多种密码应用中的身份鉴别和数据完整性、真实性的安全需求。

9.5.1 参数选取

椭圆曲线系统参数包括有限域 F_q 的规模 q（当 $q=2^m$ 时，还包括元素表示法的标识和约化多项式）；定义椭圆曲线 $E(F_q)$ 方程的两个元素 $a,b \in F_q$；$E(F_q)$ 上的基点 $G=(x_G,y_G)$ $(G \neq O)$，其中 x_G 和 y_G 是 F_q 中的两个元素；G 的阶 n 及其他可选项（如 n 的余因子 h 等）。

用户 A 的密钥对包括其私钥 d_A 和公钥 $P_A=[d_A]G=(x_A,y_A)$。

SM2 签名算法涉及两类辅助函数：密码杂凑函数与随机位发生器。SM2 签名算法使用国家密码管理局批准的密码杂凑算法和随机位发生器。

作为签名者的用户 A 具有长度为 $entlen_A$ 位的可辨别标识 ID_A，记 $ENTL_A$ 是由整数 $entlen_A$ 转换而成的两个字节。在 SM2 椭圆曲线数字签名算法中，签名者和验证者都需要用密码杂凑函数求得用户 A 的杂凑值 Z_A。Z_A 是由椭圆曲线方程参数 a、b、G 的坐标 x_G,y_G 和 P_A 的坐标 x_A,y_A 转换而来的：$Z_A=H_{256}(entlen_A \| ID_A \| x_G \| y_G \| x_A \| y_A)$。

9.5.2 SM2 数字签名的生成算法与验证算法

1. SM2 数字签名的生成算法

设待签名的消息为 M，为了获取消息 M 的数字签名 (r,s)，作为签名者的用户 A 应实现以下算法步骤。

1）置 $\overline{M}=Z_A \| M$。
2）计算 $e=H_v(\overline{M})$，并将 e 的数据类型转换为整数。
3）用随机位发生器产生随机数 $k \in [1,n-1]$。
4）计算椭圆曲线点 $(x_1,y_1)=[k]G$，并将 x_1 的数据类型转换为整数。
5）计算 $r=(e+x_1) \bmod n$，若 $r=0$ 或 $r+k=n$，则返回步骤 3）。
6）计算 $s=((1+d_A)^{-1} \cdot (k-rd_A)) \bmod n$，若 $s=0$，则返回步骤 3）。
7）将 r、s 的数据类型转换为字节串，则消息 M 的签名为 (r,s)。

SM2 数字签名生成算法流程如图 9.3 所示。

2. SM2 数字签名的验证算法

为了检验收到的消息 M' 和其数字签名 (r',s')，作为验证者的用户 B 应该实现以下算法步骤。

1）检验 $r' \in [1,n-1]$，$s' \in [1,n-1]$，若不成立，则验证不通过。
2）置 $\overline{M'}=Z_A \| M'$。
3）计算 $e'=H_v(\overline{M'})$，将 e' 的数据类型转换为整数。
4）将 r'、s' 的数据类型转换为整数，计算 $t=(r'+s') \bmod n$，若 $t=0$，则验证不通过。
5）计算椭圆曲线点 $(x_1',y_1')=[s']G+[t]P_A$。
6）将 x_1' 的数据类型转换为整数，计算 $R=(e'+x_1') \bmod n$，检验 $R=r'$ 是否成立，若成立，则验证通过，否则验证不通过。

SM2 数字签名验证算法流程如图 9.4 所示。

3. 正确性证明

因为 A 的公钥 $P_A=[d_A]G$，所以：

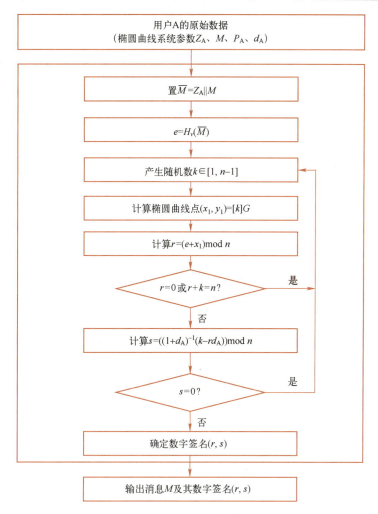

图 9.3　SM2 数字签名生成算法流程

$$(x_1', y_1') = [s']G + [t]P_A$$
$$= [(1+d_A)^{-1}(k-rd_A)]G + [r'+s']P_A$$
$$= [(1+d_A)^{-1}]([k-rd_A]G + [1+d_A][r'+(1+d_A)^{-1}(k-rd_A)]P_A)$$
$$= [(1+d_A)^{-1}]([k]G - [rd_A]G + [r'+r'd_A]P_A + [k-rd_A]P_A)$$
$$= [(1+d_A)^{-1}]([k]G + [k]P_A) = [k]G = (x_1, y_1)$$

从而 $R = (e' + x') \bmod n = r'$。

9.5.3　安全性分析

在 SM2 数字签名算法中,每一次签名都要选取随机数 k,且 $k \in [1, n-1]$,因此很难有两个签名使用的是同一个随机数 k。因此,即使对同一个消息进行多次签名,得到的签名 (r, s) 也是不同的。如果每次签名的 k 都是不同的,那么攻击者很难从算法上找到求解私钥的方法。若在两次签名中使用相同的 k,得到的签名分别为 (r_1, s_1) 和 (r_2, s_2),则可计算出私钥 $d_A = (s_1 - s_2)((e_2 - e_1) - (s_1 - s_2))^{-1} \bmod n$。

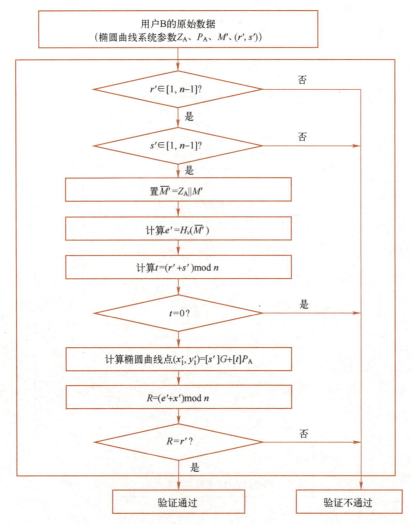

图 9.4 SM2 数字签名验证算法流程

9.6 SM2 密钥交换协议

GB/T 32918.3—2016 规定了 SM2 椭圆曲线公钥密码算法的密钥交换协议，适用于商用密码应用中的密钥交换，可满足通信双方经过两次或可选三次信息传递过程，通过计算获取一个由双方共同决定的共享秘密密钥（会话密钥）。

9.6.1 参数选取

椭圆曲线系统参数包括有限域 F_q 的规模 q（当 $q=2^m$ 时，还包括元素表示法的标识和约化多项式）；定义椭圆曲线 $E(F_q)$ 方程的两个元素 $a,b \in F_q$；$E(F_q)$ 上的基点 $G=(x_G,y_G)$ $(G \neq O)$，其中 x_G 和 y_G 是 F_q 中的两个元素；G 的阶 n 及其他可选项（如 n 的余因子 h 等）。

用户 A 的密钥对包括其私钥 d_A 和公钥 $P_A=[d_A]G=(x_A,y_A)$。用户 B 的密钥对包括其私钥 d_B 和公钥 $P_B=[d_B]G=(x_B,y_B)$。

SM2 椭圆曲线密钥交换协议涉及 3 类辅助函数：密码杂凑函数、密钥派生函数与随机位发生器。SM2 签名算法使用国家密码管理局批准的密码杂凑算法和随机位发生器。

用户 A 具有长度为 $entlen_A$ 位的可辨别标识 ID_A，记 $ENTL_A$ 是由整数 $entlen_A$ 转换而成的两个字节；用户 B 具有长度为 $entlen_B$ 位的可辨别标识 ID_B，记 $ENTL_B$ 是由整数 $entlen_B$ 转换而成的两个字节。参与密钥协商的 A、B 双方都需要用密码杂凑函数求得用户 A 的杂凑值 Z_A 和用户 B 的杂凑值 Z_B，$Z_A = H_{256}(entlen_A \| ID_A \| a \| b \| x_G \| y_G \| x_A \| y_A)$，$Z_B = H_{256}(entlen_B \| ID_B \| a \| b \| x_G \| y_G \| x_B \| y_B)$。

9.6.2 协议流程

设用户 A 和 B 协商获得密钥数据的长度为 $klen$ 位，用户 A 为发起方，用户 B 为响应方。用户 A 和 B 双方为了获得相同的密钥，应实现如下算法步骤。

记 $w = \lceil (\lceil (\log_2 n) \rceil / 2) \rceil - 1$。

用户 A：

1) 用随机位发生器产生随机数 $r_A \in [1, n-1]$。
2) 计算椭圆曲线点 $R_A = [r_A]G = (x_1, y_1)$。
3) 将 R_A 发送给用户 B。

用户 B：

1) 用随机位发生器产生随机数 $r_B \in [1, n-1]$。
2) 计算椭圆曲线点 $R_B = [r_B]G = (x_2, y_2)$。
3) 从 R_B 中取出域元素 x_2，将 x_2 的数据类型转换为整数，计算 $\overline{x_2} = 2^w + (x_2 \& (2^w - 1))$，这里的 & 表示两个整数按位与运算。
4) 计算 $t_B = (d_B + \overline{x_2} r_B) \mod n$。
5) 验证 R_A 是否满足椭圆曲线方程，若不满足，则协商失败，否则从 R_A 中取出域元素 x_1，将 x_1 的数据类型转换为整数，计算 $\overline{x_1} = 2^w + (x_1 \& (2^w - 1))$。
6) 计算椭圆曲线点 $V = [ht_B](P_A + [\overline{x_1}]R_A) = ((x_V, y_V))$，若 V 是无穷远点，则 B 协商失败，否将 x_V、y_V 的数据类型转换为位串。
7) 计算 $K_B = KDF(x_V \| y_V \| Z_A \| Z_B, klen)$。
8) （选项）将 R_A、R_B 的坐标数据类型转换为位串，计算 $S_B = Hash(0x02 \| y_V \| Hash(x_V \| Z_A \| Z_B \| x_1 \| y_1 \| x_2 \| y_2))$。
9) 将 R_B、（选项 S_B）发送给用户 A。

用户 A：

4) 从 R_A 中取出域元素 x_1，将 x_1 的数据类型转换为整数，计算 $\overline{x_1} = 2^w + (x_1 \& (2^w - 1))$，这里的 & 表示两个整数按比特与运算。
5) 计算 $t_A = (d_A + \overline{x_1} r_A) \mod n$。
6) 验证 R_B 是否满足椭圆曲线方程，若不满足，则协商失败，否则从 R_B 中取出域元素 x_2，将 x_2 的数据类型转换为整数，计算 $\overline{x_2} = 2^w + (x_2 \& (2^w - 1))$。
7) 计算椭圆曲线点 $U = [ht_A](P_B + [\overline{x_2}]R_B) = ((x_U, y_U))$，若 U 是无穷远点，则 B 协商失败，否将 x_U、y_U 的数据类型转换为位串。
8) 计算 $K_A = KDF(x_U \| y_U \| Z_A \| Z_B, klen)$。
9) （选项）将 R_A、R_B 的坐标数据类型转换为位串，计算 $S_B = Hash(0x02 \| y_U \| Hash(x_U$

$\|Z_A\|Z_B\|x_1\|y_1\|x_2\|y_2))$，并检验 $S_1 = S_B$ 是否成立，若等式不成立，则对 B 的密钥确认失败。若等式成立，则表明用户 A 确信用户 B 拥有共享的秘密密钥。

10)（选项）计算 $S_A = \text{Hash}(0x03\|y_U\|\text{Hash}(x_U\|Z_A\|Z_B\|x_1\|y_1\|x_2\|y_2))$，并将 S_A 发送给用户 B。

用户 B：

10)（选项）计算 $S_2 = \text{Hash}(0x03\|y_V\|\text{Hash}(x_V\|Z_A\|Z_B\|x_1\|y_1\|x_2\|y_2))$，并检验 $S_2 = S_A$ 是否成立，若等式不成立，则对 A 的密钥确认失败。若等式成立，则表明用户 B 确信用户 A 拥有共享的秘密密钥。

SM2 密钥交换协议流程如图 9.5 所示。

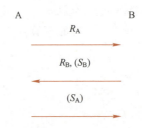

图 9.5 SM2 密钥交换协议流程

9.7 思考与练习

1. 求椭圆曲线 $E_{11}(1,1)$ 上的点分布。

2. 在椭圆曲线 $E_{23}(1,1)$ 上，若 $P=(3,10)$，$Q=(9,7)$，计算 $P+Q$。

3. F_{19} 上方程：$y^2 = x^3 + x + 1$。

1) 计算 $F_{19}(a,b)$ 上曲线的点。

2) 取 $P_1=(10,2)$，$P_2=(9,6)$，设 $P_3=(x_3,y_3)=P_1+P_2$，计算 P_3。

3) 设 $P_1=(10,2)$，计算 $[2]P_1$。

4. 利用椭圆曲线实现 ElGamal 密码体制，设椭圆曲线是 $E_{11}(1,6)$，生成元 $G=(2,7)$，A 的私钥 $n_A=3$。求：

1) A 的公钥是多少？

2) 发送方 B 欲发送消息 $P_m=(10,9)$，选择随机数 $k=5$，求密文 C_m。

3) 显示接收方 A 从密文 C_m 恢复消息 P_m 的计算过程。

5. 已知椭圆曲线 $E_{97}(2,3)$ 和点 $P=(3,6)$，求点 P 生成的循环子群。

6.（单选题）(   ) 算法使用同一个私钥对同一个消息签名后签名值始终一致，即该算法是一个确定性签名算法。

　　A. SM2 签名　　　　　　　　B. RSA-PKCS1-v1_5 签名
　　C. RSA-PSS 签名　　　　　　D. ECDSA

7.（单选题）利用 SM2 公钥密码体制加密相同的明文两次，密文（   ）。

　　A. 不同　　　　　　　　　　B. 相同
　　C. 有时相同，也有不同　　　D. 根据具体情况

8.（单选题）SM2 算法中的公钥加密算法的公钥是（   ）。

A. 基域的元素　　　　　　B. 椭圆曲线上的随机点
C. 椭圆曲线的 0 点　　　　D. 椭圆曲线的基点

9. （单选题）SM2 公钥加密算法的密文值包含（　　）部分。
A. 1　　　　　　　　　　B. 2
C. 3　　　　　　　　　　D. 4

10. （单选题）SM2 数字签名算法涉及的运算有（　　）。
A. 随机数生成　　　　　　B. 椭圆曲线点乘
C. 素性检测　　　　　　　D. 杂凑值计算

9.8　拓展阅读：椭圆曲线密码的高效实现

与 RSA 等其他公钥密码相比，椭圆曲线密码具有更高的安全性和更小的密钥长度。下面是椭圆曲线密码的高效实现方法。

选择适当的椭圆曲线：不同的椭圆曲线具有不同的参数，因此选择适当的椭圆曲线可以提高加密和解密的速度。同时，应确保所选的椭圆曲线满足安全性和实用性的要求。例如，可以选择具有快速点乘运算的特定类型的椭圆曲线，如 Montgomery 曲线或 twisted Edwards 曲线。

优化算法实现：对于椭圆曲线密码的实现，可以采用各种算法优化技术来提高其性能。例如，可以采用多线程和并行计算、矩阵运算、快速幂算法等优化技术，以提高椭圆曲线密码的计算速度。

硬件加速：利用现代处理器中的高级指令集，如 Intel 的 AES-NI 和 AVX2 指令集，或者专门的硬件加速器、FPGA（现场可编程门阵列）等硬件设备，以提高椭圆曲线密码的计算速度。

缓存和预取：为了提高椭圆曲线密码的读写速度，可以采用缓存和预取技术。例如，可以将常用的椭圆曲线点存储在缓存中，并预先读取所需的加密数据，以减少输入/输出操作的时间。

第 10 章　基于标识的密码体制

标识（也称作身份）是可唯一确定一个实体身份的信息。标识应由实体无法否认的信息组成，如实体的可识别名称、电子邮箱、身份证号、电话号码等。1984 年，Shamir 引入了基于标识加密（Identity-Based Encryption，IBE）的概念，他的想法是确保用户的公钥与其标识是直接关联的，以省去授权的步骤。确切地讲，用户的公钥直接来自于公共可知的信息，它们对用户而言是唯一的、不可否认的。在标识密码系统中，用户的私钥由密钥生成中心（Key Generation Center，KGC）根据主密钥和用户标识计算得出，用户的公钥由用户标识唯一确定，不需要通过第三方保证其公钥的真实性。与基于证书的公钥密码系统相比，标识密码系统中的密钥管理环节可以得到适当简化。

10.1　基于标识的密码学概述

扫码看视频

在公钥基础设施（Public Key Infrastructure，PKI）中，密钥对随机选择一个私钥，然后通过单向函数计算出公钥。在基于标识的密码系统中，密钥对是用不同的方法产生的。首先，公钥由用户的标识唯一确定，私钥需要从公钥计算产生。私钥的生成不可以由用户自己产生。因为如果某个用户可以生成自己的私钥，那么就可以生成其他人的私钥。因此，需要密钥生成中心（KGC）来生成用户的私钥。KGC 是负责选择系统参数、生成主密钥并产生用户私钥的可信机构。主密钥是处于标识密码密钥分层结构最顶层的密钥，包括主私钥和主公钥，其中主公钥公开，主私钥由 KGC 秘密保存。KGC 用主私钥和用户的标识生成用户的私钥。在标识密码中，主私钥一般由 KGC 通过随机位发生器产生，主公钥由主私钥结合系统参数产生。很明显，与用户自己生成密钥对的 PKI 相比，基于标识的公钥密码系统总是需要一个安全通道向用户传送其私钥，Shamir 建议使用智能卡存储用户私钥来解决这个问题。

2001 年，第一个真正实用的基于标识加密的方案由美国密码学家 Boneh 和 Franklin 独立地利用椭圆曲线上的双线性映射 Weil 配对设计出来。至今，国际上已经有多家机构将标识密码算法采纳为行业或组织的密码标准。

我国也非常重视标识密码算法的发展和应用。2008 年颁发了商用密码算法 SM9。SM9 算法于 2016 年发布为国家密码行业标准。2020 年，国家市场监督管理总局、国家标准化管理委员会发布 GB/T 38635.1—2020《信息安全技术 SM9 标识密码算法 第 1 部分：总则》、GB/T 38635.2—2020《信息安全技术 SM9 标识密码算法 第 2 部分：算法》两项国家标准，代表 SM9 算法正式成为国家标准。2017 年 11 月，SM9 数字签名算法正式成为 ISO/IEC 国际标准。2021 年 2 月，SM9 标识加密算法正式成为 ISO/IEC 国际标准。2021 年 10 月，国际标准化组织（ISO）正式发布我国 SM9 密钥交换协议 ISO/IEC 11770—3:2021《信息安全 密钥管理 第 3 部分：使用非对称技术的机制》。至此，SM9 算法成为我国密码技术领域首个全体系算法被纳为 ISO 标准的非对称密码算法。

下面把基于标识的密码系统和传统的 PKI 系统进行比较。

1. 参数的真实性

设想在基于标识的系统中，一个攻击者生成自己的主密钥和对应的系统参数，然后欺骗用户，使其相信这些伪造的系统参数是正确的。在主密钥之下，攻击者可以对所有标识生成对应的私钥。于是，攻击者可以解密任何在他的伪造参数下加密的信息，也可以创建任何标识名义下的签名。攻击者甚至会模仿 KGC，并且向请求的用户发布私钥。可见，KGC 对于如何保证系统参数的真实性是非常重要的。

在 PKI 中，用户需要确认 CA 公钥的真实性。也就是说，如果攻击者能使用户相信某个他所选择的公钥是 CA 公钥，那么攻击者就可以伪造公钥，并拥有对应的私钥。然后，攻击者就可以解密用伪造的公钥加密的信息，还可以伪造签名。

2. 注册

在两个系统中，想要参与的用户需要在注册机构进行注册。

在基于 PKI 的系统中，用户可以向 CA 展示身份标识和公钥，并证明他拥有与之对应的私钥。之后，CA 签发一个与身份标识、公钥绑定的数字证书。

在基于标识的系统中，用户向 KGC 展示他的身份标识，在核实标识的唯一性以及身份标识与物理用户之间关联的真实性后，KGC 从数字标识计算出相对应的私钥。基于标识的系统有一个额外的不足之处，就是 KGC 需要一个安全信道把私钥传递给用户。

3. 密钥托管

基于标识的密码系统天生带有密钥托管问题，即只要 KGC 拥有主密钥，KGC 就可以在任何时候生成任何私钥。在具体的应用情景下，密钥托管有时候并不是坏事。比如，密钥托管可被用来恢复用户丢失的密钥。但是对签名方案而言，密钥托管却是非常严重的问题，因为它不能保证不可抵赖性。

这种密钥托管能力在由中心机构产生密钥对的 PKI 中也是存在的，因为中心机构会存储其产生的私钥。另一个方面，如果用户自己生成密钥对，且中心机构不存储其产生的私钥，私钥就不可以恢复，也就不存在密钥托管问题。

4. 密钥撤销和更新

在基于 PKI 的方案中，当一个证书被撤销的时候，其他用户通过证书撤销列表被告知。这种情况可能会在用户离开一个组织或者私钥被破解或泄露时出现。在后一种情况中，或者在证书被终止后密钥对需要被替代时，用户可以简单地生成一个新的密钥对并且取得其证书。

在基于标识的系统中，因为用户的公钥由其身份标识产生，不能像在基于 PKI 的系统中一样，在撤销之后简单地生成一个新的密钥对。这样不方便或者说不可能每次都需要新的密钥对时就改变用户的身份标识。这个问题的部分解决方案是让公钥不完全从身份标识产生，在身份标识上加上一些通用的信息。比如，加上当前的年份，甚至日期等通用的公知的信息。但这种方法在时间跨度大时，一旦用户需要更改密钥对就需要等待太久，不方便使用；时间跨度小时，又会导致 KGC 过重的工作负担。

10.2 有限域 F_{q^m} 上的椭圆曲线

域由一个非空集合 F 和两种运算共同组成，这两种运算分别为加法（用"+"表示）

和乘法（用"·"表示）。另外，$(F,+)$对于加法运算构成加法交换群；$(F\setminus\{0\},\cdot)$对于乘法运算构成乘法交换群；满足分配律，即对于所有的$a,b,c\in F$，都有$(a+b)\cdot c=a\cdot c+b\cdot c$。若集合$F$是有限集合，则称域为有限域。有限域的元素个数称为有限域的阶。

1. 素域 F_p

阶为素数的有限域是素域。设p是一个素数，则整数模p的全体余数的集合$\{0,1,2,\cdots,p-1\}$关于模p的加法和乘法构成一个p阶素域，用符号F_p表示。

2. 有限域 F_{q^m}

设q是一个素数或素数方幂，$f(x)$是多项式环$F_q[x]$上的一个$m(m>1)$次不可约多项式（称为约化多项式或域多项式），商环$F_q[x]/(f(x))$是含q^m个元素的有限域（记为F_{q^m}），称F_{q^m}是有限域F_q的扩域，域F_q为域F_{q^m}的子域，m为扩张次数。F_{q^m}可以看成F_q上的m维向量空间。

F_{q^m}中的元素由多项式环$F_q[x]$中所有次数低于m的多项式构成，即：

$$F_{q^m}=\{a_{m-1}x^{m-1}+a_{m-2}x^{m-2}+\cdots+a_1x+a_0\mid a_i\in F_q, i=0,1,\cdots,m-1\}。$$

多项式集合$\{x^{m-1},x^{m-2},\cdots,x,1\}$是$F_{q^m}$作为向量空间在$F_q$上的一组基，称为多项式基。当$m$含有因子$d(1<d<m)$时，$F_{q^m}$可以由$F_{q^d}$扩张生成。$F_{q^m}$中的任意一个元素$a(x)$在$F_q$上的系数恰好构成了一个$m$维向量，用$\boldsymbol{a}=(a_{m-1},a_{m-2},\cdots,a_1,a_0)$表示，其中分量$a_i\in F_q, i=0,1,\cdots,m-1$。所以，$F_{q^m}=\{(a_{m-1},a_{m-2},\cdots,a_1,a_0)\mid a_i\in F_q, i=0,1,\cdots,m-1\}$。

乘法单位元1由$(0\cdots0,1)$表示，零元由$(0\cdots0,0)$表示。两个域元素的加法为向量加法，各个分量用域F_q的加法。域元素a和b的乘法定义如下：设a和b对应的F_q上的多项式为$a(x)$和$b(x)$，则$a\cdot b$定义为多项式$(a(x)\cdot b(x))\bmod f(x)$对应的向量。逆元定义为：设$a$对应的$F_q$上多项式为$a(x)$，$a$的逆元$a^{-1}$对应的$F_q$上多项式为$a^{-1}(x)$，那么有$a(x)a^{-1}(x)\equiv 1(\bmod f(x))$。

例如，F_{3^2}中的元素采用多项式基表示，取F_3上的一个不可约多项式$f(x)=x^2+1$，则F_{3^2}中的元素是$(0,0)$、$(0,1)$、$(0,2)$、$(1,0)$、$(1,1)$、$(1,2)$、$(2,0)$、$(2,1)$、$(2,2)$。

加法：$(2,1)+(2,0)=(1,1)$

乘法：$(2,1)\cdot(2,0)=(2,2)$

$(2x+1)\cdot 2x\equiv 4x^2+2x\equiv x^2+2x\equiv 2x+2(\bmod f(x))$

即$2x+2$是$(2x+1)\cdot 2x$除以$f(x)$的余式。

乘法单位元是$(0,1)$，$\alpha=x+1$是$F_{3^2}*$的一个生成元，则α的方幂为$\alpha_0=(0,1)$，$\alpha_1=(1,1)$，$\alpha_2=(2,0)$，$\alpha_3=(2,1)$，$\alpha_4=(0,2)$，$\alpha_5=(2,2)$，$\alpha_6=(1,0)$，$\alpha_7=(1,2)$，$\alpha_8=(0,1)$。

3. 有限域上的椭圆曲线

定义在有限域F_{q^m}上的椭圆曲线方程为：

$$y^2=x^3+ax+b,\quad a,b\in F_{q^m},\quad 且\ 4a^3+27b^2\not\equiv 0(\bmod p)$$

椭圆曲线$E(F_{q^m})$定义为$E(F_{q^m})=\{(x,y)\mid x,y\in F_{q^m},且满足椭圆方程\}\cup\{O\}$，其中，$O$是无穷远点。

椭圆曲线$E(F_{q^m})$上的点的数目用$\#E(F_{q^m})$表示，称为椭圆曲线$E(F_{q^m})$的阶。

设E和E'是定义在F_q上的椭圆曲线，如果存在一个同构映射$\phi:E'(F_{q^d})\to E(F_{q^d})$，其中$d$是使映射存在的最小整数，则称$E'$为$E$的$d$次扭曲线。

椭圆曲线$E(F_{q^m})$的点按照加法运算规则，构成一个交换群。

4. 有限域上的离散对数问题（DLP）

有限域 $E(F_{q^m})$（q 为奇素数，$m \geqslant 1$）的全体非零元素构成一个乘法循环群，记成 $F_{q^m}^*$。$F_{q^m}^*$ 中存在元素 g，使得 $F_{q^m}^* = \{g^i \mid 0 \leqslant i \leqslant q^m - 2\}$，称 g 为生成元。$F_{q^m}^*$ 中元素 a 的阶是满足 $a^t = 1$ 的最小正整数 t。群 $F_{q^m}^*$ 的阶为 $q^m - 1$，因此 $t \mid q^m - 1$。

设乘法循环群 $F_{q^m}^*$ 的生成元为 g，$y \in F_{q^m}^*$，有限域上的离散对数问题是指确定整数 $x \in [0, q^m - 2]$，使得 $y = g^x$ 在 $F_{q^m}^*$ 上成立。

5. 椭圆曲线离散对数问题（ECDLP）

已知椭圆曲线 $E(F_{q^m})$（$m \geqslant 1$），阶为 n 的点 $P \in E(F_{q^m})$ 及 $Q \in \langle P \rangle$，这里的 $\langle P \rangle$ 表示由椭圆曲线上点 P 生成的循环群。椭圆曲线离散对数问题是指确定整数 $l \in [0, n-1]$，使得 $Q = [l]P$ 成立。

6. 双线性对

设 $(G_1, +)$、$(G_2, +)$ 和 $(G_T, \cdot)$ 是 3 个循环群，G_1、G_2 和 G_T 的阶均为素数 N，P_1 是 G_1 的生成元，P_2 是 G_2 的生成元，存在 G_2 到 G_1 的同态映射 φ 使得 $\varphi(P_2) = P_1$。

双线性对 e 是 $G_1 \times G_2 : \to G_T$ 的映射，满足如下条件。

1) 双线性性：对任意的 $P \in G_1, Q \in G_2, a, b \in Z_N$，有 $e([a]P, [b]Q) = e(P, Q)^{ab}$。
2) 非退化性：$e(P_1, P_2) \neq 1_{G_T}$。
3) 可计算性：对任意的 $P \in G_1, Q \in G_2$，存在有效的算法计算 $e(P, Q)$。

定义在椭圆曲线群上的双线性对主要有 Weil 对、Tate 对、Ate 对、R-ate 对等。

7. 难解问题

双线性对的安全性主要建立在以下几个问题的难解性基础之上。

问题 1（双线性逆 DH(BIDH)）：对于 $a, b \in [1, N-1]$，给定 $([a]P_1, [b]P_2)$，计算 $e(P_1, P_2)^{b/a}$ 是困难的。

问题 2（判定性双线性逆 DH(DBIDH)）：对于 $a, b, r \in [1, N-1]$，区分 $(P_1, P_2, [a]P_1, [b]P_2, e(P_1, P_2)^{b/a})$ 和 $(P_1, P_2, [a]P_1, [b]P_2, e(P_1, P_2)^r)$ 是困难的。

问题 3（τ-双线性逆 DH(τ-BDHI)）：对于正整数 τ 和 $x \in [1, N-1]$，给定 $(P_1, [x]P_1, P_2, [x]P_2, [x^2]P_2, \cdots, [x^\tau]P_2)$，计算 $e(P_1, P_2)^{1/x}$ 是困难的。

问题 4（τ-Gap 双线性逆 DH(τ-Gap-BDHI)）：对于正整数 τ 和 $x \in [1, N-1]$，给定 $(P_1, [x]P_1, P_2, [x]P_2, [x^2]P_2, \cdots, [x^\tau]P_2)$ 和 DBIDH 确定算法，计算 $e(P_1, P_2)^{1/x}$ 是困难的。

上述问题的难解性是 SM9 标识密码的安全性的重要基础，这些问题的难解性意味着 G_1、G_2 和 G_T 上的离散对数问题难解，选取的椭圆曲线应首先使得离散对数问题难解。

8. 嵌入次数及安全曲线

设 G 是椭圆曲线 $E(F_q)$ 的 N 阶子群，使 $N \mid q^k - 1$ 成立的最小正整数 k 称为子群 G 相对于 N 的嵌入次数，也称为曲线 $E(F_q)$ 相对于 N 的嵌入次数。

设 G_1 是 $E(F_{q^{d_1}})$（d_1 整除 k）的 N 阶子群，G_2 是 $E(F_{q^{d_2}})$（d_2 整除 k）的 N 阶子群，则椭圆曲线双线性对的值域 G_T 是 $F_{q^k}^*$ 的子群，因此椭圆曲线双线性对可将椭圆曲线离散对数问题转换为有限域 $F_{q^k}^*$ 上的离散对数问题。嵌入次数越大，安全性越高，但双线性对的计算越困难，因而需要采用嵌入次数适中且达到安全性标准的椭圆曲线。要求 $q^k > 2^{1536}$ 并选用如下的曲线：基域 q 为大于 2^{191} 的素数、嵌入次数 $k=2^i3^j$ 的常曲线，其中 $i>0$，$j\geq 0$；基域 q 为大于 2^{768} 的素数、嵌入次数 $k=2$ 的超奇异曲线。对小于 2^{360} 的 N，建议：$N-1$ 含有大于 2^{190} 的素因子；$N+1$ 含有大于 2^{120} 的素因子。

对于超奇异曲线，双线性对的构造相对容易，但对于随机生成的曲线，构造可计算的双线性对比较困难，因此采用常曲线时需要构造适合双线性对的曲线。

10.3　SM9 标识密码算法

SM9 标识密码算法是一种基于双线性对的标识密码算法，它可以根据用户的身份标识生成用户的公/私密钥对，主要用于数字签名、密钥交换、密钥封装等。

10.3.1　系统参数组与密钥生成

1. 系统参数组

系统参数组包括曲线识别符 cid、椭圆曲线基域 F_q 的参数、椭圆曲线方程参数 a 和 b、扭曲线参数 β（若 cid 的低 4 位为 2）、曲线阶的素因子 N 和相对于 N 的余因子 cf、曲线 $E(F_q)$ 相对于 N 的嵌入次数 k、$E(F_{q^{d_1}})$（d_1 整除 k）的 N 阶循环子群 G_1 的生成元 P_1、$E(F_{q^{d_2}})$（d_2 整除 k）的 N 阶循环子群 G_2 的生成元 P_2、双线性对 e 的识别符 eid、（选项）G_2 到 G_1 的同态映射 φ。

cid 是用一个字节表示的曲线的识别符，其中，0x10 表示 F_p（素数 $p>2^{191}$）上的常曲线（即非超奇异曲线），0x11 表示 F_p 上的超奇异曲线，0x12 表示 F_p 上的常曲线及其扭曲线。

双线性对 e 的值域为 N 阶乘法循环群 G_T。

2. 系统加密主密钥和用户加密密钥的产生

KGC 产生随机数 $ke\in[1,N-1]$ 作为加密主私钥，计算 G_1 中的元素 $P_{\text{pub-e}}=[ke]P_1$ 作为加密主公钥，则加密主密钥对为 $(ke,P_{\text{pub-e}})$。KGC 秘密保存 ke，公开 $P_{\text{pub-e}}$。

KGC 选择并公开用一个字节表示的加密私钥生成函数识别符 hid。

用户 B 的标识为 ID_B。为产生用户 B 的加密私钥 de_B，KGC 首先在有限域 F_N 上计算 $t_1=H_1(ID_B\|hid,N)+ke$。若 $t_1=0$，则须重新产生加密主私钥，计算和公开加密主公钥，并更新已有用户的加密私钥；否则计算 $t_2=ke\cdot t_1^{-1}$，然后计算 $de_B=[t_2]P_2$。

10.3.2　辅助函数

在基于标识的公钥加密算法中，涉及 5 类辅助函数：密码杂凑函数、密钥派生函数、分组密码算法、消息鉴别码函数和随机位发生器。这 5 类辅助函数的强弱直接影响密钥封装机制和公钥加密算法的安全性。

1. 密码杂凑函数

1) 密码杂凑函数 $H_v()$：密码杂凑函数 $H_v()$ 的输出是长度为 v 位的杂凑值。SM9 标识密码算法中使用国家密码管理局批准的密码杂凑函数，如 SM3 密码杂凑算法。

2) 密码函数 $H_1()$：密码函数 $H_1(Z,n)$ 的输入为位串 Z 和整数 n，输出为一个整数 $h_1\in[1,n-1]$。$H_1(Z,n)$ 需要调用密码杂凑函数 $H_v()$。

3) 密码函数 $H_2()$：密码函数 $H_2(Z,n)$ 的输入为位串 Z 和整数 n，输出为一个整数 $h_2 \in [1, n-1]$。$H_2(Z,n)$ 需要调用密码杂凑函数 $H_v()$。

2. 密钥派生函数

密钥派生函数的作用是从一个共享的秘密位串中派生出密钥数据。密钥派生函数需要调用密码杂凑函数。

3. 分组密码算法

分组密码算法包括加密算法 $\text{Enc}(K_1, m)$ 和解密算法 $\text{Dec}(K_1, c)$。$\text{Enc}(K_1, m)$ 表示用密钥 K_1 对明文 m 进行加密，其输出为密文位串 c；$\text{Dec}(K_1, c)$ 表示用密钥 K_1 对密文 c 进行解密，其输出为明文位串 m 或"错误"。密钥 K_1 的位长记为 K_1_len。SM9 标识密码算法使用国家密码管理局批准的分组密码算法，如 SM4 分组密码算法。

4. 消息鉴别码函数

消息鉴别码函数 $\text{MAC}(K_2, Z)$ 的作用是防止消息数据被非法篡改，它在密钥 K_2 的控制下产生消息数据位串 Z 的鉴别码，密钥 K_2 的位长记为 K_2_len。在基于标识的加密算法中，消息鉴别码函数使用密钥派生函数生成的密钥对密文位串求消息鉴别码，从而使解密者可以鉴别消息的来源并检验数据的完整性。

5. 随机位发生器

SM9 标识密码算法使用国家密码管理局批准的随机位发生器。

10.3.3 加密算法

设需要发送的消息为位串 M，$mlen$ 为 M 的位长，K_1_len 为分组密码中密钥 K_1 的位长，K_2_len 为函数 $\text{MAC}(K_2, Z)$ 中密钥 K_2 的位长。

为了加密明文 M 给用户 B，作为加密者的用户 A 应实现以下算法步骤。

1) 计算群 G_1 中的元素 $Q_B = [H_1(ID_B \| hid, N)] P_1 + P_{\text{pub-e}}$。
2) 产生随机数 $r \in [1, N-1]$。
3) 计算群 G_1 中的元素 $C_1 = [r]Q_B$，将 C_1 的数据类型转换为位串。
4) 计算群 G_T 中的元素 $g = e(P_{\text{pub-e}}, P_2)$。
5) 计算群 G_T 中的元素 $w = g^r$，将 w 的数据类型转换为位串。
6) 按加密明文的方法分类进行计算：

如果加密明文的方法是基于密钥派生函数的序列密码算法，则计算整数 $klen = mlen + K_2\_len$，然后计算 $K = \text{KDF}(C_1 \| w \| ID_B, klen)$。令 K_1 为 K 最左边的 $mlen$ 位，K_2 为剩下的 K_2_len 位，若 K_1 为全 0 位串，则返回步骤 2)，重新产生随机数，计算 $C_2 = M \oplus K_1$。

如果加密明文的方法是结合密钥派生函数的分组密码算法，则计算整数 $klen = K_1\_len + K_2\_len$，然后计算 $K = \text{KDF}(C_1 \| w \| ID_B, klen)$。令 K_1 为 K 最左边的 K_1_len 位，K_2 为剩下的 K_2_len 位，若 K_1 为全 0 位串，则返回步骤 2)，重新产生随机数，计算 $C_2 = IV \| \text{Enc}(K_1, M, IV)$。且仅当分组密码算法模式为非 ECB 时，初始化向量 IV 才有效。

7) 计算 $C_3 = \text{MAC}(K_2, C_2)$。
8) 输出密文 $C = C_1 \| C_3 \| C_2$。

SM9 加密算法流程如图 10.1 所示。

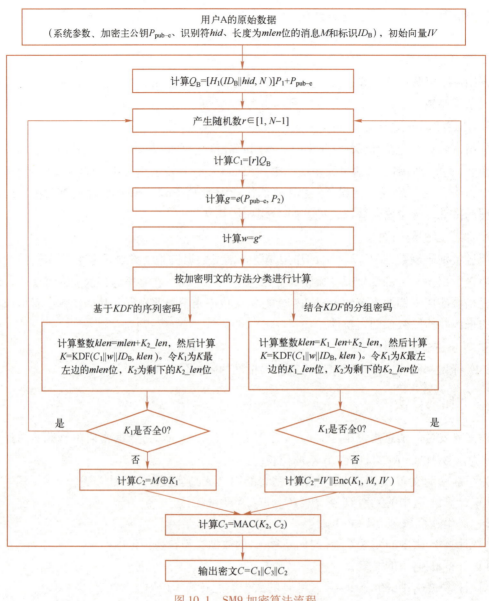

图 10.1 SM9 加密算法流程

10.3.4 解密算法

设 $mlen$ 为密文 $C=C_1\|C_3\|C_2$ 中 C_2 的位长，K_1_len 为分组密码算法中密钥 K_1 的位长，K_2_len 为函数 $MAC(K_2, Z)$ 中密钥 K_2 的位长。

为了对 C 进行解密，作为解密者的用户 B 应实现以下算法步骤。

1) 从 C 中取出位串 C_1，将 C_1 的数据类型转换为椭圆曲线上的点，验证 $C_1 \in G_1$ 是否成立，若不成立，则报错并退出。

2) 计算群 G_T 中的元素 $w'=e(C_1, de_B)$，将 w' 的数据类型转换为位串。

3) 按加密明文的方法分类进行计算：

如果加密明文的方法是基于密钥派生函数的序列密码算法，则计算整数 $klen=mlen+K_2\_len$，

然后计算 $K' = \mathrm{KDF}(C_1 \| w' \| ID_B, klen)$。令 K'_1 为 K' 最左边的 $mlen$ 位，K'_2 为剩下的 K_2_len 位，若 K'_1 为全 0 位串，则报错并退出，计算 $M' = C_2 \oplus K'_1$。

如果加密明文的方法是结合密钥派生函数的分组密码算法，则计算整数 $klen = K_1\_len + K_2\_len$，然后计算 $K' = \mathrm{KDF}(C_1 \| w' \| ID_B, klen)$。令 K'_1 为 K' 最左边的 $mlen$ 位，K'_2 为剩下的 K_2_len 位，若 K'_1 为全 0 位串，则报错并退出，计算 $M' = \mathrm{Dec}(K'_1, C_2)$。

4）计算 $u = \mathrm{MAC}(K'_2, C_2)$，从 C 中取出位串 C_3，若 $u \neq C_3$，则报错并退出。

5）输出明文 M'。

SM9 解密算法流程如图 10.2 所示。

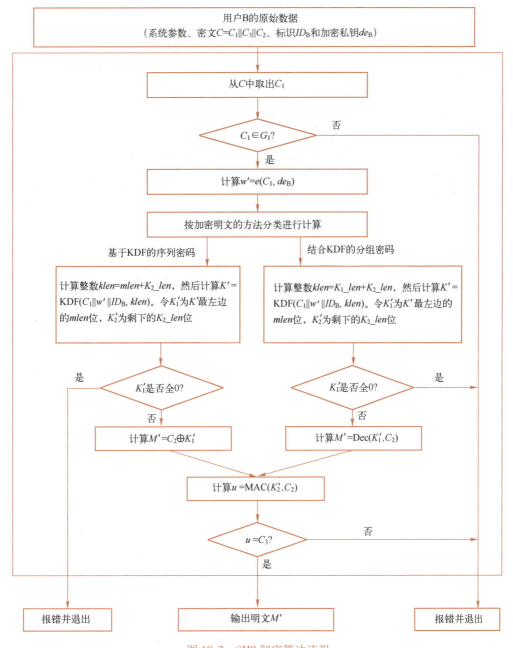

图 10.2 SM9 解密算法流程

10.4 SM9 数字签名算法

GB/T 38635.2—2020 规定了 SM9 标识密码算法中的数字签名算法。SM9 数字签名方案使用椭圆曲线对实现基于标识的数字签名算法。该算法的签名者持有一个标识和一个相应的签名私钥,该签名私钥由密钥生成中心通过签名主私钥和签名者的标识结合产生。签名者用自身签名私钥对数据产生数字签名,验证者用签名者的标识验证签名的可靠性。在签名的生成和验证过程之前,都要用密码杂凑函数对待签消息 M 和待验证消息 M' 进行压缩。

10.4.1 系统参数组与密钥生成

1. 系统参数组

系统参数组与 10.3.1 小节相同。

2. 系统签名主密钥和用户签名密钥的产生

KGC 产生随机数 $ks \in [1, N-1]$ 来作为签名主私钥,计算 G_2 中的元素 $P_{\text{pub-s}} = [ks]P_2$ 来作为签名主公钥,则签名主密钥对为 $(ks, P_{\text{pub-s}})$。KGC 秘密保存 ks,公开 $P_{\text{pub-s}}$。

KGC 选择并公开用一个字节表示的加密私钥生成函数识别符 hid。

用户 A 的标识为 ID_A。为产生用户 A 的签名私钥 ds_A,KGC 首先在有限域 F_N 上计算 $t_1 = H_1(ID_A \| hid, N) + ks$。若 $t_1 = 0$,则需要重新产生签名主私钥,计算和公开签名主公钥,并更新已有用户的签名私钥;否则计算 $t_2 = ks \cdot t_1^{-1}$,然后计算 $ds_A = [t_2]P_1$。

10.4.2 辅助函数

在基于标识的数字签名算法中涉及两类辅助函数:密码杂凑函数和随机位发生器。

1. 密码杂凑函数

1)密码杂凑函数 $H_v()$:密码杂凑函数 $H_v()$ 的输出是长度为 v 位的杂凑值。SM9 标识密码算法中使用国家密码管理局批准的密码杂凑函数,如 SM3 密码杂凑算法。

2)密码函数 $H_1()$:密码函数 $H_1(Z, n)$ 的输入为位串 Z 和整数 n,输出为一个整数 $h_1 \in [1, n-1]$。$H_1(Z, n)$ 需要调用密码杂凑函数 $H_v()$。

3)密码函数 $H_2()$:密码函数 $H_2(Z, n)$ 的输入为位串 Z 和整数 n,输出为一个整数 $h_2 \in [1, n-1]$。$H_2(Z, n)$ 需要调用密码杂凑函数 $H_v()$。

2. 随机位发生器

SM9 标识密码算法使用国家密码管理局批准的随机位发生器。

10.4.3 签名生成算法

设待签名的消息为位串 M,为了获取消息 M 的数字签名 (h, S),作为签名者的用户 A 应实现以下算法步骤。

1)计算群 G_T 中的元素 $g = e(P_1, P_{\text{pub-s}})$。

2)产生随机数 $r \in [1, N-1]$。

3)计算群 G_T 中的元素 $w = g^r$,将 w 的数据类型转换为位串。

4)计算整数 $h = H_2(M \| w, N)$。

5)计算整数 $l = (r - h) \mod N$,若 $l = 0$,则返回步骤 2)。

6)计算群 G_1 中的元素 $S=[l]ds_A$。

7)将 h 的数据类型转换为字节串,将 S 的数据类型转换为字节串,消息 M 的签名为 (h,S)。

SM9 数字签名生成算法流程如图 10.3 所示。

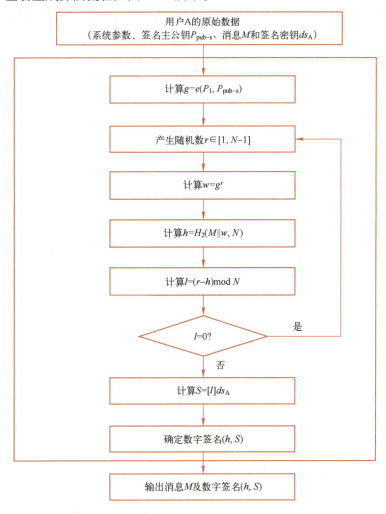

图 10.3 SM9 数字签名生成算法流程

10.4.4 签名验证算法

为了验证收到的消息 M' 及其数字签名 (h',S'),作为验证者的用户 B 应实现以下算法步骤。

1)将 h' 的数据类型转换为整数,检验 $h' \in [1,N-1]$ 是否成立,若不成立,则验证不通过。

2)将 S' 的数据类型转换为椭圆曲线上的点,检验 $S' \in G_1$ 是否成立,若不成立,则验证不通过。

3)计算群 G_T 中的元素 $g=e(P_1,P_{pub-s})$。

4)计算群 G_T 中的元素 $t=g^{h'}$。

5) 计算整数 $h_1 = H_1(ID_A \| hid, N)$。

6) 计算群 G_2 中的元素 $P = [h_1]P_2 + P_{\text{pub-s}}$。

7) 计算群 G_T 中的元素 $u = e(S', P)$。

8) 计算群 G_T 中的元素 $w' = u \cdot t$，将 w' 的数据类型转换为位串。

9) 计算整数 $h_2 = H_2(M' \| w', N)$，检验 $h_2 = h'$ 是否成立，若成立，则验证通过，否则验证不通过。

SM9 数字签名验证算法流程如图 10.4 所示。

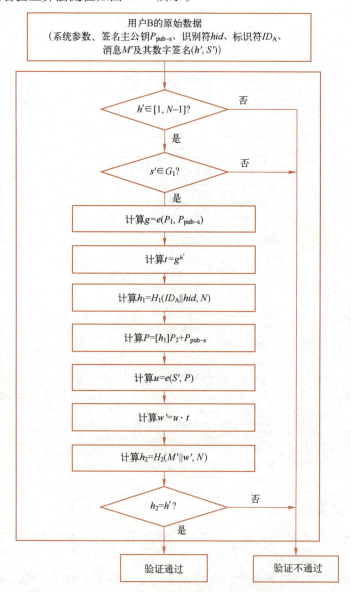

图 10.4　SM9 数字签名验证算法流程

10.5　SM9 密钥交换协议

SM9 密钥交换协议是 SM9 密码体系中的密钥交换协议，它基于标识密码算法，通过双方交换信息共同计算出共享的密钥。

10.5.1 系统参数组与密钥生成

KGC 产生随机数 $ke \in [1, N-1]$ 来作为加密主私钥，计算 G_1 中的元素 $P_{\text{pub-e}} = [ke]P_1$ 作为加密主公钥，则加密主密钥对为 $(ke, P_{\text{pub-e}})$。KGC 秘密保存 ke，公开 $P_{\text{pub-e}}$。

KGC 选择并公开用一个字节表示的加密私钥生成函数识别符 hid。

用户 A 和用户 B 的标识为 ID_A 和 ID_B。为产生用户 A 的加密私钥 de_A，KGC 首先在有限域 F_N 上计算 $t_1 = H_1(ID_A \| hid, N) + ke$。若 $t_1 = 0$，则须重新产生加密主私钥，计算和公开加密主公钥，并更新已有用户的加密私钥，否则计算 $t_2 = ke \cdot t_1^{-1}$，然后计算 $de_A = [t_2]P_2$。为产生用户 B 的加密私钥 de_B，KGC 首先在有限域 F_N 上计算 $t_3 = H_1(ID_B \| hid, N) + ke$。若 $t_3 = 0$，则须重新产生加密主私钥，计算和公开加密主公钥，并更新已有用户的加密私钥，否则计算 $t_4 = ke \cdot t_3^{-1}$，然后计算 $de_B = [t_4]P_2$。

10.5.2 协议流程

设用户 A 和用户 B 协商获得密钥数据的长度为 $klen$ 位，用户 A 为发起方，用户 B 为响应方。用户 A 和用户 B 双方为了获得相同的密钥，应实现如下算法步骤。

用户 A：

1) 计算群 G_1 中的元素 $Q_B = [H_1(ID_B \| hid, N)]P_1 + P_{\text{pub-e}}$。
2) 产生随机数 $r_A \in [1, N-1]$。
3) 计算群 G_1 中的元素 $R_A = [r_A]Q_B$。
4) 将 R_A 发送给用户 B。

用户 B：

1) 计算群 G_1 中的元素 $Q_A = [H_1(ID_A \| hid, N)]P_1 + P_{\text{pub-e}}$。
2) 产生随机数 $r_B \in [1, N-1]$。
3) 计算群 G_1 中的元素 $R_B = [r_B]Q_A$。
4) 验证 $R_A \in G_1$ 是否成立，若不成立，则协商失败，否则计算群 G_T 中的元素 $g_1 = e(R_A, de_B)$，$g_2 = e(P_{\text{pub-e}}, P_2)^{r_B}$，$g_3 = g_1^{r_B}$，将 g_1、g_2、g_3 的数据类型转换为位串。
5) 把 R_A 和 R_B 的数据类型转换为位串，计算 $SK_B = \text{KDF}(ID_A \| ID_B \| R_A \| R_B \| g_1 \| g_2 \| g_3, klen)$。
6) （选项）计算 $S_B = \text{Hash}(0x82 \| g_1 \| \text{Hash}(g_2 \| g_3 \| ID_A \| ID_B \| R_A \| R_B))$。
7) 将 R_B、（选项 S_B）发送给用户 A。

用户 A：

5) 验证 $R_B \in G_1$ 是否成立，若不成立，则协商失败，否则计算群 G_T 中的元素 $g_1' = e(P_{\text{pub-e}}, P_2)^{r_A}$，$g_2' = e(R_B, de_A)$，$g_3' = (g_2')^{r_A}$，将 g_1'、g_2'、g_3' 的数据类型转换为位串。
6) 将 R_A 和 R_B 的数据类型转换为位串，（选项）计算 $S_1 = \text{Hash}(0x82 \| g_1' \| \text{Hash}(g_2' \| g_3' \| ID_A \| ID_B \| R_A \| R_B))$，并检验 $S_1 = S_B$ 是否成立，若等式不成立，则对 B 的密钥确认失败。
7) 计算 $SK_A = \text{KDF}(ID_A \| ID_B \| R_A \| R_B \| g_1' \| g_2' \| g_3', klen)$。
8) （选项）计算 $S_A = \text{Hash}(0x83 \| g_1' \| \text{Hash}(g_2' \| g_3' \| ID_A \| ID_B \| R_A \| R_B))$，并将 S_A 发送给用户 B。

用户 B：

8)（选项）计算 $S_2 = \text{Hash}(0x83\|g_1\|\text{Hash}(g_2\|g_3\|ID_A\|ID_B\|R_A\|R_B))$，并检验 $S_2 = S_A$ 是否成立，若等式不成立，则对 A 的密钥确认失败。

10.6　思考与练习

1.（单选题）SM9 标识密码算法是一种基于（　　）的标识密码算法。
A. RSA　　　　B. 椭圆曲线　　　　C. 双线性对　　　　D. 离散对数

2.（单选题）以下不是 SM9 算法的应用场景的有（　　）。
A. 生成随机数　B. 密钥封装　　　　C. 密钥交换　　　　D. 数字签名

3.（单选题）SM9 公钥加密算法的安全性与以下（　　）因素有关。
A. 密码杂凑函数　　　　　　　　B. 由密钥生成中心生成
C. 密钥派生函数　　　　　　　　D. 以上都对

4.（单选题）SM9 标识密码算法的密钥长度是（　　）位。
A. 256　　　　B. 64　　　　　　C. 128　　　　　　D. 不确定

5.（单选题）SM9 标识密码算法中，消息验证码函数的作用是（　　）。
A. 验证消息完整性　　　　　　　B. 防止消息数据被非法篡改
C. 数据来源确认　　　　　　　　D. 实现消息机密性

6.（单选题）（　　）是 SM9 密码算法的特点。
A. 基于数字证书　　　　　　　　B. 抗量子计算攻击
C. 基于标识　　　　　　　　　　D. 安全性基于大数分解问题难解性

10.7　拓展阅读：标识密码国际标准

基于标识的密码允许用户使用其身份标识信息作为公钥。国际标准提供了对基于标识的密码技术的规范和指南，有助于确保基于标识密码系统的安全性和互操作性。

IEEE 1363.3—2013《使用配对的基于标识的加密技术的 IEEE 标准》规定了使用配对的标识密码技术，包括密钥生成、加密、数字签名等数学原语，以及使用这些原语的密码方案。

IETF 发布了一系列关于基于标识密码的 RFC 标准，如 RFC 5091、RFC 6507 等，这些标准详细描述了基于标识加密、签名和密钥交换的实现和安全性。

ISO/IEC 14888—3：2018《IT 安全技术　带附录的数字签名　第 3 部分：基于离散对数的机制》和 ISO/IEC 18033—5：2015《信息技术　安全技术　加密算法　第 5 部分：基于标识加密》等国际标准描述了关于基于标识签名和加密的技术。

第 11 章 量子信息科学与密码学

量子信息科学是一门量子力学与信息科学交叉融合的新兴学科，其高速发展对经典密码体制造成了重大影响。目前，量子信息科学的两个主要研究方向是量子通信和量子计算，这两个方向的发展与密码学均有密切联系。

本章先从量子力学的基本假设开始，介绍量子比特、量子逻辑门和可逆计算等基本概念。再对量子计算和量子通信两个方面的内容进行介绍：关于量子计算方面，主要对著名的 Grover 算法和 Shor 算法进行介绍；关于量子通信方面，主要对量子密钥分发协议中的 BB84 协议进行简要介绍。最后，对基于几种不同类型数学问题的后量子密码进行简单介绍。

11.1 量子计算基础

量子计算是一种利用微观粒子的状态进行信息存储和处理的"并行计算"方式，其优势在于强大的"并行计算"能力（注意，此处的"并行"并非经典意义上的并行，因为根据测量坍缩原理，一旦进行测量，量子态会由叠加态坍缩为某个本征态，此时的叠加态信息就有所丢失）。历史上量子算法的提出，在很大程度上是针对一些特殊问题的。1992 年，Deutsch 和 Jozsa 提出的"判定一个函数是平衡函数还是常数函数"的 Deutsch-Jozsa 算法，首次体现了量子算法相较于经典算法的优越性，具有开创性的意义。1994 年，Shor 提出的大数分解量子算法，可以在多项式时间内求解大数质因子问题，理论上已经对 RSA 公钥密码系统构成了极大威胁。1996 年，Grover 提出了一种量子搜索算法，可以在 $O(N^{1/2})$ 次量子查询内求解一个规模为 N 的无结构数据搜索问题（设搜索目标数量为 1）。相较于经典算法而言，Grover 搜索算法能够实现平方加速的效果。1997 年，Bernstein 和 Vazirani 提出了 Bernstein-Vazirani（BV）算法，该算法成功用于解决线性函数系数的求解问题。

量子计算带来的潜在安全威胁已经引起了广泛的重视，应对"量子安全"问题成为必须考虑的问题。应对措施除了量子密钥分发技术之外，还有加强现有的对称密码及研究后量子密码（Post Quantum Cryptography，或称抗量子密码）。

现有对称密码的加强：美国国家安全局重新定义了其国家商用安全算法集合。在对称密码方面，弃用了原有的 AES-128 和 SHA-256 算法，使用更长密钥的 AES-256 和更长输出的 SHA-384 算法；在公钥密码方面，RSA 算法的密钥长度由 1024 位增加到 3072 位，并提请美国国家标准与技术研究院（NIST）尽快建立后量子时代的公钥算法密码标准。

后量子密码：指面对量子敌手时仍然安全的经典密码。目前，后量子密码方案的构造已经趋于成熟，认为可抵抗量子算法攻击的数学问题主要来源于格理论、编码理论、Hash 函数的抗强碰撞性理论、多变量多项式理论等领域。2022 年 7 月，NIST 公布了通过第三轮 NIST 后量子密码算法标准征集的 4 个算法，其中有 3 个都是基于格的，另一个则是基于 Hash 函数的。与此同时，NIST 宣布了启动第四轮后量子密码标准算法的征集工作，目的是丰富标准化算法中的种类，即不希望绝大多数标准化的算法都基于格理论。当前，该标准化的第四轮工作尚在进行中。

11.1.1 量子力学基本假设

量子密码的两个基本特征是无条件安全性和对窃听的可检测性。这些特征依赖于量子系统的量子测不准原理、量子不可克隆定理和测量坍缩原理。

量子测不准原理：该原理描述两个不可同时精确测量的变量之间的相互影响。在进行观测时，对其中一组量的精确测量必然导致另一组量的完全不确定。例如，我们不可能同时测量粒子的位置和速率，测量其中一个值就会破坏对另外一个值的测量。量子比特的不可精确测量性是由测不准原理所决定的。对于经典比特，任何条件下的经典比特都能够被精确测定；而对于量子比特，若测量基不合适，则不可能对该量子比特获取精确的信息。

量子不可克隆定理：该定理指出不可能在不损坏原量子比特的基础上精确翻版出一个完全相同的新的量子比特。在量子力学中，不存在这样一个物理过程：实现对一个未知量子态的精确复制，使得每个复制态与初始量子态完全相同。量子比特虽然不可克隆，但可以复制。这里，复制是指对原量子比特的无限逼真过程，复制结果的保真度小于 1，可逼近 1。

测量坍缩原理：该原理是指对一个由测量的量多个本征态叠加起来的态进行测量时，这个态会坍缩成其中的一个本征态。除非该量子态本身即为测量算符的本征态，否则对量子态进行测量会导致"坍缩"，即测量会改变量子本身的状态。

我们知道，光子在行进中会不断地振动。光子振动的方向是任意的，既可能沿垂直方向振动，也可能沿水平方向振动，更可能沿某一倾斜方向振动，通常的灯光、太阳光等都是非偏振光。当一大群光子沿同一方向振动时，就形成偏振光，偏振滤光器的作用是，只允许沿特定方向偏振的光子通过，并吸收其余的光子。

非偏振光通过垂直偏振滤光器后，只有沿垂直方向偏振的光子才能通过，其余的光子被吸收。若偏振滤光器倾斜 α 角，则沿倾斜角为 α 的方向的偏振光子通过，其余的光子被吸收。每个光子都有突然改变偏振方向并使这个偏振方向与偏振滤光器的倾斜方向一致的可能性。

设光子的偏振方向与偏振滤光器的倾斜方向之偏差为角 α。当 α 很小时，光子通过偏振滤光器的概率很大；当 $\alpha = 90°$ 时，这一概率为 0；当 $\alpha = 45°$ 时，这一概率为 1/2。这个重要性质是量子密码学应用的基础。

以+表示偏振滤光器为水平或垂直方向，以×表示偏振滤光器为对角线方向。以↔表示水平方向光子，以↕表示垂直方向光子，以↗表示 45° 角方向光子，以↘表示 135° 角方向光子。若用于测量偏振态的滤光器的方向为+，当所测光子是水平或垂直方向时，光子能完全通过；当所测光子是 45° 角方向光子或者 135° 角方向光子时，偏振滤光器不能精确测量光子态，光子被测成水平或垂直态的概率各为一半。

量子力学的规律只允许我们同时测量沿 45° 对角线方向或沿 135° 对角线方向的偏振光，或同时测量沿水平方向或垂直方向的偏振光。但是，不允许我们同时测量沿上述 4 个方向的偏振光，测量其中一组量就会破坏对另一组量的测量。

11.1.2 量子比特

在经典计算里，比特作为最基本的存储单元，取值只能为 0 或 1。与之相对应的，在量

子计算里，量子比特（qubit）作为最基本的存储单元，其状态可以处于$|0\rangle$和$|1\rangle$。但与经典比特不同的是，在进行测量之前，该量子比特会处于 1 和 0 的叠加态；在测量之后，该量子比特则会坍缩到经典状态的 0 或 1。一个量子比特可以用复数域中的一个二维希尔伯特空间进行表示，其状态则可以用该空间中的单位向量进行刻画。在物理层面上，一个量子比特可以是任意的量子体系，包括光子的极化、光子的路径信息、自旋 1/2 粒子的自旋等。一个量子比特的叠加态可以表示为这些基向量的线性组合：

$$|\psi\rangle = a_0|0\rangle + a_1|1\rangle$$

式中，a_0 和 a_1 表示的是对应状态的振幅，均为复数。振幅这一复数概念，是为了完整描述量子系统的干涉、叠加或纠缠而引入的，且满足归一化条件 $|a_0|^2 + |a_1|^2 = 1$。该式陈述了这一事实：对 $|\psi\rangle$ 进行一次测量，能够以 $|a_0|^2$ 的概率观测到 0，即此时的量子比特坍缩为 $|0\rangle$ 的状态；或者以 $|a_1|^2$ 的概率观测到 1，即此时的量子比特坍缩为 $|1\rangle$ 的状态。$|0\rangle$ 和 $|1\rangle$ 是狄拉克符号，分别表示量子力学中的经典 0 和 1，它们共同组成了希尔伯特空间中的单位正交向量，也可以用向量形式进行表示：

$$|0\rangle = \begin{bmatrix} 1 \\ 0 \end{bmatrix} \quad |1\rangle = \begin{bmatrix} 0 \\ 1 \end{bmatrix} \tag{11.1}$$

这种描述量子力学系统的符号表示方法称为狄拉克表示法，它是描述希尔伯特空间中向量的一种简便方式。

在一个量子比特中，最常用的基底有两组，一组基底如式（11.1）所示，常被称为"计算基"；还有一组常用基底，可以由计算基变换得来：

$$|+\rangle = \frac{|0\rangle + |1\rangle}{\sqrt{2}} = \frac{1}{\sqrt{2}}\begin{bmatrix} 1 \\ 1 \end{bmatrix} \quad |-\rangle = \frac{|0\rangle - |1\rangle}{\sqrt{2}} = \frac{1}{\sqrt{2}}\begin{bmatrix} 1 \\ -1 \end{bmatrix}$$

对于多个量子比特的希尔伯特空间，可以用不同状态空间的张量进行表示。张量运算能够让向量空间的维度增大，例如，假设 A 是 m 维的希尔伯特空间，B 是 n 维的希尔伯特空间，那么 $A \otimes B$ 就是 mn 维的希尔伯特空间。空间 $A \otimes B$ 的元素为 A 中向量 $|a\rangle$ 和 B 中向量 $|b\rangle$ 张量积 $|a\rangle|b\rangle$ 的线性组合。这里的 $|a\rangle|b\rangle$ 是 $|a\rangle \otimes |b\rangle$ 的简写，也可以进一步简写为 $|ab\rangle$。通常，对于 n 个量子比特的系统，其对应的空间就是 n 个二维希尔伯特空间的张量积，因此该空间具有 2^n 个相互正交的基态，亦即形如 $|x_1 x_2 \cdots x_n\rangle (x_1, x_2, \cdots, x_n \in F_2)$ 的计算基态，其任意状态由 2^n 个振幅确定。

11.1.3 量子逻辑门

算子是作用到态矢上的一种运算或操作，在量子力学中所有用到的算子都是线性的。在希尔伯特空间中，一个算子对应的是一个矩阵。类比于线性代数中矩阵的乘积运算、可逆矩阵、转置矩阵、共轭矩阵、特征值和特征向量的定义，同样可以定义算子的复合运算、可逆算子、转置算子、共轭算子、本征值和本征向量。其中，对一个算子的转置再取复共轭，所得的结果称为原算子的厄米共轭算子。若一个算子的厄米共轭算子等于其逆算子，则该算子称为酉算子。

一个酉算子对应一个酉变换，它具有许多良好的性质。例如，它是可逆的，不改变两个态矢的内积，不改变算子的本征值、算子对应的矩阵的迹、算子的线性性质和厄米性质，也不改变算子之间的代数关系。这些良好的性质，决定了酉算子可以描述孤立量子系统状态随时间的变化以及量子计算中的一切逻辑操作。量子信息处理就是对量子系统的状态进行一系列演化，这些演化都是通过酉算子来实现的。对量子系统进行状态演化的线路称为量子线路，组成量子线路的基本操作单元称为量子逻辑门。每一个量子逻辑门都对应一个酉算子，我们可以用 $2^k \times 2^k$ 的酉矩阵表示一个对 k 个量子比特进行演化操作的量子逻辑门，如单量子比特的 Hadamard 门，其矩阵可以表示为：

$$H = \frac{1}{\sqrt{2}} \begin{bmatrix} 1 & 1 \\ 1 & -1 \end{bmatrix}$$

将其作用于 $|1\rangle$ 上，可得：

$$H|1\rangle = \frac{1}{\sqrt{2}} \begin{bmatrix} 1 & 1 \\ 1 & -1 \end{bmatrix} \begin{bmatrix} 0 \\ 1 \end{bmatrix} = \frac{1}{\sqrt{2}} \begin{bmatrix} 1 \\ -1 \end{bmatrix} = |-\rangle$$

一些常见的量子逻辑门的符号表示及矩阵形式如表 11.1 所示。

表 11.1 常见的量子逻辑门的符号表示及矩阵形式

量子逻辑门	符号表示	矩阵形式
Hadamard 门	—[H]—	$\frac{1}{\sqrt{2}} \begin{bmatrix} 1 & 1 \\ 1 & -1 \end{bmatrix}$
n 阶 Hadamard 门	—[$H^{\otimes n}$]—	$\begin{bmatrix} H^{\otimes(n-1)} & H^{\otimes(n-1)} \\ H^{\otimes(n-1)} & -H^{\otimes(n-1)} \end{bmatrix}$
NOT 门（泡利 X 门）	—[X]—	$\begin{bmatrix} 0 & 1 \\ 1 & 0 \end{bmatrix}$
泡利 Y 门	—[Y]—	$\begin{bmatrix} 0 & -i \\ i & 0 \end{bmatrix}$
泡利 Z 门	—[Z]—	$\begin{bmatrix} 1 & 0 \\ 0 & -1 \end{bmatrix}$
CNOT 门（受控非门）		$\begin{bmatrix} 1 & 0 & 0 & 0 \\ 0 & 1 & 0 & 0 \\ 0 & 0 & 0 & 1 \\ 0 & 0 & 1 & 0 \end{bmatrix}$
SWAP 门（交换门）		$\begin{bmatrix} 1 & 0 & 0 & 0 \\ 0 & 0 & 1 & 0 \\ 0 & 1 & 0 & 0 \\ 0 & 0 & 0 & 1 \end{bmatrix}$

11.1.4 可逆计算与量子黑盒

由于量子计算是可逆的，且量子门的输入比特数量等于输出比特数量，因此对于经典条件下的不可逆函数，我们需要引入一些辅助的量子比特使其能够运行于量子线路之中。另外，为了不造成这些辅助比特可能引起的空间资源浪费，并防止其对干涉性质造成的破坏，我们需要考虑将输出的量子比特还原为输入前的初始状态。例如，构造一个不可逆函数 $f(x)$ 的量子模块，其形式化定义可以表示为：

$$F: |x,a\rangle \rightarrow |f(x), g(x)\rangle \tag{11.2}$$

式中，辅助比特 $|a\rangle$ 的输出 $|g(x)\rangle$ 的具体形式与 $|x\rangle$ 有关，故记为 $|g(x)\rangle$。从式 (11.2) 中

可知，经过酉变换 F 之后，原本处于纯态的两个寄存器的值现在处于纠缠态了，使得辅助比特 $|a\rangle$ 不能再被后续的量子线路使用，所花费的存储代价太高。并且，该辅助比特 $|a\rangle$ 也无法如经典条件那样进行重置操作以便再次使用，因为量子本身具有不可克隆的性质，一个未知的量子叠加态 $|x\rangle$ 是无法复制的。此时，需要一种操作将该辅助比特重新设置为它的初始值，这种操作就被称作"可逆计算"。

以式 (11.2) 为例，构造可逆计算的量子线路（如图 11.1 所示），设 $|x\rangle$ 为输入自变量，$|a\rangle$ 为辅助比特，$|y\rangle$ 为目标比特。F 算子先对 $|x\rangle$ 和 $|a\rangle$ 进行计算，得到所需函数值 $|f(x)\rangle$ 以及辅助比特的输出 $|g(x)\rangle$。由于 F 算子的酉性质，我们可以通过 F^{-1} 算子将 $|f(x), g(x)\rangle$ 的状态重新还原为 $|x, a\rangle$，从而消除掉不需要的 $|g(x)\rangle$，且能够保证辅助比特 $|a\rangle$ 的再利用。同时，$|f(x)\rangle$ 需要与目标比特 $|y\rangle$ 进行异或，以存储我们需要的 $|f(x)\rangle$。将整个可逆计算的模块记为 U_f，并忽略用于辅助的量子比特 $|a\rangle$，则有：

$$U_f: |x, y\rangle \rightarrow |x, y \oplus f(x)\rangle$$

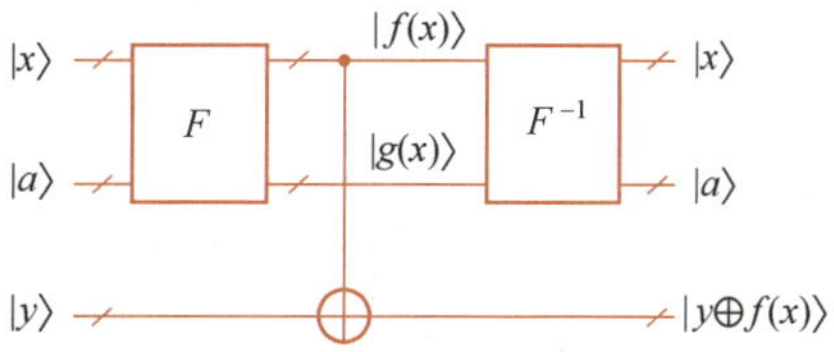

图 11.1 可逆计算的量子线路

特别地，若限定函数 $f(x)$ 的取值只为 0 或 1，则可以得到量子算法里最常用的量子黑盒（Oracle）。它实现的功能是：当满足目标条件时，辅助位量子比特的值翻转；反之，辅助位量子比特的值不变。根据它的作用，定义 $O: |x\rangle|y\rangle \mapsto |x\rangle|y \oplus f(x)\rangle$。因此，可通过判断辅助位量子比特 $|y \oplus f(x)\rangle$ 的值来识别量子系统是否处于需要标记的状态。

通常，U_f 定义式中的 $|y\rangle$ 通常在量子算法里的状态设置为 $|-\rangle = \frac{|0\rangle - |1\rangle}{\sqrt{2}} = \frac{1}{\sqrt{2}}\begin{bmatrix}1\\-1\end{bmatrix}$。而 $\left|\left(\frac{|0\rangle - |1\rangle}{\sqrt{2}}\right) \oplus f(x)\right\rangle = \frac{|0 \oplus f(x)\rangle - |1 \oplus f(x)\rangle}{\sqrt{2}} = \frac{(-1)^{f(x)}(|0\rangle - |1\rangle)}{\sqrt{2}}$。于是，当 $f(x) = 1$ 时，整个状态变为 $-|x\rangle|y\rangle$；当 $f(x) = 0$ 时，整个状态仍旧为 $|x\rangle|y\rangle$。注意到在这个过程中，辅助位量子比特 $|y\rangle$ 的状态始终保持不变，因此在上述条件下，该定义式可以简化为：$O: |x\rangle \rightarrow (-1)^{f(x)}|x\rangle$。

总而言之，一个 Oracle 具有类似"黑盒子"的功能，这意味着它可以观察和修改这个量子系统的特定量子比特的相位，而不会令其坍缩。具体到算法而言，在 Grover 算法中，Oracle 的作用就是对搜索目标的解空间进行标记，使得目标元素的振幅翻转（翻转之后再进行反射变换，两者结合来实现振幅的放大）。由此可见，可逆计算是量子计算中非常重要的思想，在特定函数运算和量子黑盒中都有广泛的应用。

11.2 量子算法

量子算法的优越性在于能够解决经典环境下需要大量资源的问题，其中最具典型性的量子算法有两大类。第一类是基于 Grover 提出的量子搜索算法，这些算法的加速比虽然没有达到指数级别，但相对于最优秀的经典算法能达到平方量级的加速。量子搜索算法的重要性在于经典算法中基于搜索技术的广泛使用，这在许多情况下使得直接修改经典算法就能给出更快的量子算法。第二类是基于 Shor 提出的量子傅里叶变换，包括求解因子分解和离散对数问题的著名算法，相比于最优秀的经典算法呈显著指数级加速。

本节仅对上述两类量子算法进行简要介绍。近年来，量子近似优化算法也成为一个研究方向，它主要用于求解一些组合优化问题，由于该类算法涉及更深的知识，故本节不再对其进行介绍。

11.2.1 Grover 算法

Grover 算法可以对无特定结构的集合元素进行平方加速效果的搜索，它的一个推广版本被称为"振幅放大算法"。这里对振幅放大算法进行简要介绍，再将 Grover 算法以特例的形式给出。

假设集合 X 中有若干被标记的元素，被标记元素构成的集合记为 M，现在需要在 X 中找到一个被标记的元素。令 A 是在 q 量子比特规模上运行的、未经量子测量的一个量子算法，分类函数 $B: F_2^q \to \{0,1\}$ 是把算法 A 的结果分类为 GOOD 态或 BAD 态的一个映射，其中 GOOD 代表了解空间。设 $p > 0$ 是对 $A|0\rangle$ 进行测量得到 GOOD 态的初始化概率，迭代次数 $k = \lfloor \pi/4\theta \rfloor$，其中 $\theta = \arcsin\sqrt{p}$。另外，定义酉算子 $Q = -AS_0A^{-1}S_B$，其中 S_B 的作用是改变 GOOD 态的符号：

$$|x\rangle \mapsto \begin{cases} -|x\rangle, & B(x) = 1 \\ |x\rangle, & B(x) = 0 \end{cases}$$

而 S_0 只改变零态 $|0\rangle$ 的符号。经过 k 次迭代后得到结果 $Q^k A|0\rangle$ 并对其进行测量，测量结果为 GOOD 态的概率至少为 $\max(p, 1-p)$。

设 $A|0\rangle$ 在空间 GOOD 和空间 BAD 上的投影分别为 $|\psi_1\rangle$ 和 $|\psi_0\rangle$，则 $A|0\rangle$ 与空间 BAD 的夹角为 θ，每次通过含有 S_B 和 S_0 两个反射的酉算子 Q 的一次变换，就能够将这个角度增加 2θ。k 次迭代后，这个角度约为 $(2k+1)\theta \approx \pi/2$。此时得到的这个态几乎完全落在 GOOD 空间上，因此通过测量该状态能够以一个很高的概率获得一个 GOOD 态的向量，即得到一个被标记的元素。

在上述的振幅放大算法中，令 A 为作用于 q 个量子比特上的 Hadamard 变换，即可获得 Grover 算法。

Grover 算法作为一种通用的量子搜索算法，对密码的安全性提出了更高的要求。在量子环境下，单纯使用 Grover 算法对密钥进行搜索，可以起到密钥折半的效果。故在敌手具备量子攻击的假设下，若要使密码算法达到与经典环境同等的安全性，最直接的办法是将密钥长度增加至少一倍。Grover 算法可以看作量子条件下的一种穷举攻击方法，故 Grover 算法在用于攻击时，通常会考虑与其他量子算法结合进行使用，如 Simon 算法、BV 算法等。

下面给出一个特殊问题：考虑一个黑盒函数 $f: \{0, 1, \cdots, n\} \to S$，其中 S 是一个有限集。现给出 f 的量子 Oracle 访问，判断是否存在一对碰撞 $x, y \in \{0, 1, \cdots, n\}$ 使得 $f(x) = f(y)$？该问题又被称为"元素区分问题"（Element Distinctness Problem），读者可尝试用 Grover 搜索解决元素区分问题，该问题留作习题。事实上，量子游走（Quantum Walk）算法对于该问题能得到一个更优的复杂度。对量子游走算法的介绍会涉及较多随机过程的知识，故此处不再赘述。

11.2.2 Shor 算法

1. 量子傅里叶变换

量子傅里叶变换（Quantum Fourier Transform，QFT）是相位估计（Phase Estimation）的关键操作，而相位估计又是 Shor 算法的关键所在，因此先对量子傅里叶变换进行简要介绍。QFT 是定义在一组标准正交基 $|0\rangle, |1\rangle, \cdots, |N-1\rangle$ 上的一个线性算子，它的形式化定义如下：

$$|j\rangle \to \frac{1}{\sqrt{N}} \sum_{k=0}^{2^n-1} e^{\frac{2\pi i k}{N} j} |k\rangle, \quad j = 0, 1, \cdots, N-1$$

虽然定义看起来不够明显，但该变换确实是一个酉变换，因此可以在量子计算机上实现。可以通过一些数学运算给出 QFT 的乘积形式。

取 $N = 2^n$，其中 n 是整数。将状态 $|j\rangle$ 写成二进制的形式：$j = j_1 j_2 \cdots j_n$。更正式的写法为 $j = j_1 2^{n-1} + j_2 2^{n-2} + \cdots + j_n 2^0$。为便于书写，用记号 $0.j_l j_{l+1} \cdots j_m$ 来表示二进制小数 $j_l/2 + j_{l+1}/4 + \cdots + j_m/2^{m-l+1}$。通过一些数学处理，可以给出 QFT 的乘积形式：

$$|j\rangle \to \frac{1}{2^{n/2}} \sum_{k=0}^{2^n-1} e^{2\pi i j k / 2^n} |k\rangle$$

$$= \frac{1}{2^{n/2}} \sum_{k_1=0}^{1} \cdots \sum_{k_n=0}^{1} e^{2\pi i j \left(\sum_{l=1}^{n} k_l 2^{-l}\right)} |k_1 \cdots k_n\rangle$$

$$= \frac{1}{2^{n/2}} \sum_{k_1=0}^{1} \cdots \sum_{k_n=0}^{1} \otimes_{l=1}^{n} e^{2\pi i j k_l 2^{-l}} |k_l\rangle$$

$$= \frac{1}{2^{n/2}} \otimes_{l=1}^{n} \left[\sum_{k_l=0}^{1} e^{2\pi i j k_l 2^{-l}} |k_l\rangle \right]$$

$$= \frac{1}{2^{n/2}} \otimes_{l=1}^{n} \left[|0\rangle + e^{2\pi i j 2^{-l}} |1\rangle \right]$$

$$= \frac{(|0\rangle + e^{2\pi i 0.j_n} |1\rangle)(|0\rangle + e^{2\pi i 0.j_{n-1} j_n} |1\rangle) \cdots (|0\rangle + e^{2\pi i 0.j_1 j_2 \cdots j_n} |1\rangle)}{2^{n/2}}$$

这个乘积形式非常有用，可以用于构造 QFT 的量子线路，如图 11.2 所示。

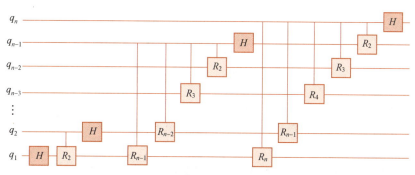

图 11.2 QFT 的量子线路

该线路图右端输入态为 $|j_1 j_2 \cdots j_n\rangle$，左端即为 QFT 之后对应的输出态（但输出顺序与输入顺序相反），将该线路作为一个模块，记为 QFT。其中，量子门 R_k 表示如下形式的酉变换。该变换起到相位翻转的作用：

$$R_k = \begin{bmatrix} 1 & 0 \\ 0 & e^{\frac{2\pi i}{2^k}} \end{bmatrix}$$

事实上，QFT 可以应用于对有限阿贝尔群求解隐含子群问题，求阶问题和离散对数问题都可以看作隐含子群问题的一些实例。

2. 相位估计与求阶

假设酉算子 U 对应于特征向量 $|\psi\rangle$ 的特征值为 $e^{2\pi i \phi}$，其中 ϕ 是未知量。相位估计算法的目标就是估计 ϕ 的值，该过程将利用到量子逆傅里叶变换。此处直接给出量子相位估计的算法。

输入：进行受控 U^j 操作的黑盒，其中 j 为整数，U 的一个具有特征值为 $e^{2\pi i \varphi}$ 的特征向量（本征态）$|\psi\rangle$，初始化为 $|0\rangle$ 的 $t = n + \lceil \log(2 + 1/(2\varepsilon)) \rceil$ 个量子比特。

输出：对 φ_u 的 n 比特近似 ϕ'_u。

运行时间：$O(t^2)$ 次操作和一个受控 U 的黑盒，成功概率至少为 $1-\varepsilon$。

算法过程：

1) 制备初态 $|0\rangle|\psi\rangle$。
2) 对前 t 个量子比特进行 Hadamard 变换，产生叠加态。
3) 作用量子黑盒受控 U^j 门。
4) 作用逆傅里叶变换 QFT^{-1}。
5) 测量前 t 个量子比特，得到估计值 ϕ'_u。

相位估计的量子线路如图 11.3 所示。

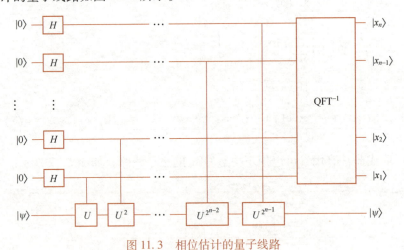

图 11.3　相位估计的量子线路

相位估计可以用于解决求阶问题，而因子分解问题又可归约为求阶问题。有了相位估计算法，就可以给出量子求阶算法。

输入：进行变换 $|j\rangle|k\rangle \to |j\rangle|x^j k \bmod N\rangle$ 的黑盒 $U_{x,N}$。其中 N 有 L 位，x 与 N 互素；初始化为 $|0\rangle$ 的 $t = 2L + n + \lceil \log(2 + 1/(2\varepsilon)) \rceil$ 个量子比特；初始化为状态 $|1\rangle$ 的 L 个量子比特。

输出：最小的整数 $r(r>0)$，使得 $x^r \equiv 1 \pmod{N}$。

运行时间：$O(L^3)$ 次操作，成功概率为 $O(1)$。

算法过程：

1) 制备初始状态 $|0\rangle|1\rangle$。

2) 对前 t 个量子比特作用 Hadamard 门，产生叠加态。
3) 作用量子黑盒受控 $U_{x,N}$ 门。
4) 对前 t 个量子比特作用逆傅里叶变换。
5) 对前 t 个量子比特进行测量，得到一个分数 s/r（s 未知）。
6) 应用连分数展开算法，求出 r。

3. Shor 算法

将因子分解问题归约为求阶问题的过程，主要分为以下两个步骤。第一步，证明若可以找到 $x^2 \equiv 1 \pmod{N}$ 的一个非平凡解 $x \neq \pm 1$，则可以计算出 N 的一个因子。第二步，证明一个随机选择的与 N 互素的 y 很可能有偶数的阶 r，使得 $y^{r/2} \not\equiv \pm 1 \pmod{N}$，因此 $x \equiv y^{r/2} \pmod{N}$ 是 $x^2 \equiv 1 \pmod{N}$ 的一个非平凡解。这两步的证明涉及数论的知识。

下面叙述 Shor 算法，它能以很高的概率返回任意合数 N 的一个非平凡因子。除了量子求阶算法以外，其他的所有步骤都可以在经典计算机上有效执行。重复这个过程，可以求得 N 的完整素因子分解。

输入：一个合数 N。

输出：N 的一个非平凡因子。

运行时间：$O((\log N)^3)$ 次操作，成功概率是 $O(1)$。

算法过程：

1) 若 N 是偶数，则返回因子 2。
2) 对于整数 $a \geq 1$ 和 $b \geq 2$，判定是否有 $N=a^b$。若存在，则返回因子 a。
3) 在 $1 \sim N-1$ 范围内随机选择 x，若最大公因数 $\gcd(x,N) > 1$，则返回因子 $\gcd(x,N)$。
4) 利用量子求阶算法，求出阶 $r = \mathrm{ord}_N(x)$。
5) 若 r 是偶数且 $x^{r/2} \not\equiv -1 \pmod{N}$，则计算 $\gcd(x^{r/2-1}, N)$ 和 $\gcd(x^{r/2+1}, N)$，若这两个数中有一个是非平凡因子，则返回该数，否则算法失败。

11.3 量子密钥分发

量子通信是量子密码学（Quantum Cryptography）的重要组成部分，其最著名的技术之一是量子密钥分发（Quantum Key Distribution，QKD）。该技术充分利用了量子力学的基本原理，它使通信的双方能够产生并共享一个随机的、安全的密钥，保障了私密信息的安全分发。目前已知的经典密码体制，其安全性都基于数学难题假设的计算安全。在经典通信中，人们是通过数学方法对信息进行加密的。但随着计算机计算能力的提升，特别是量子计算机的研制不断成熟，基于数学问题复杂性的经典密码遭受到严重威胁。与经典密码不同的是，量子密码的安全性不基于数学假设，而是由量子力学基本原理保证的，因此具有无条件安全性。任何对量子密钥分发过程的窃听，都有可能改变量子态本身，造成高误码率，从而使窃听被发现。QKD 技术自 1984 年被提出至今，研究已超过 30 年，取得了丰厚的成果。同时，世界各地 QKD 系统的应用，也标志着 QKD 技术向实用化迈进。

11.3.1 隐私放大与信息协调技术

在对称密码系统中，第一步就是密钥分发。假设通信双方 A 和 B 之间存在监听者 E，A 和 B 共享的密钥具有一定的缺陷，这意味着 E 对 A 和 B 共享的相关经典随机密钥 X 和 Y 的了解程度存在一个上界。对于这种密钥具有缺陷的情况，可以通过信息协调（Information Reconciliation）和隐私放大（Privacy Amplification）来逐步增大两个密钥 X 和 Y 的相关性，同时减少监听者 E 所得到的相关密钥信息。这两个操作将被用于量子密钥分发协议中。

信息协调指的是协调密钥 X 和 Y 之间的错误，以得到一个对于监听者 E 来说了解程度尽可能低的密钥 W。该操作之后，假设监听者 E 得到随机变量 Z（Z 与 W 部分关联），那么接下来的隐私放大会从一个小集合 S 中提取出 W，并保证 W 与 Z 的关联性低于一个我们期望的上界。实现隐私放大的基本方式之一，便是利用 Hash 函数。Hash 函数从形式上可以表示为一个映射 $h: F_2^* \to F_2^n$，表示任意长度的 0-1 向量经过 Hash 函数运算之后，会输出一个固定长度的 0-1 向量。它能够保证对于不同的 x_1、x_2，满足 $h(x_2)=h(x_1)$ 的概率至多为 $1/2^n$。

对于 Hash 函数，有如下定理。

定理 11.1 设 X 是字母表 $\mathcal{X}$ 上概率分布为 $p(x)$ 的随机变量，并且碰撞熵为 $H_c(x)$。碰撞熵（又称二阶雷尼熵）的定义如下：

$$H_c(x) = -\log\left[\sum_x p(x)^2\right]$$

令 h 为随机变量，表示从 $\mathcal{X} \sim F_2^n$ 的 Hash 函数族中随机选取的一个 Hash 函数，$h(X)$ 为 X 的 Hash 函数值，则有：

$$H(h(X)|h) \geq H_c(h(x)|h) \geq n - 2^{n-H_c(X)} \tag{11.3}$$

上述定理可以成为隐私放大的理论依据。A 和 B 公开选择一个 h，对 W 进行哈希，得到 $h(W)$ 作为密钥。在 E 已知 $Z=z$（与特定协议相关）的情况下，对 W 不确定性的限制则与碰撞熵有关，即 $H_c(W|Z=z) \geq d$。由式（11.3）可知：

$$H_c(h(W)|h, Z=z) \geq n - 2^{n-d}$$

当 n 选择得足够小时，$H_c(h(W)|h, Z=z)$ 几乎等于 n。这使得监听者 E 对密钥 $h(W)$ 的不确定性达到了最大值。

信息协调能进一步减少 A 和 B 可以获得的比特数，其所减少的比特数可以根据校验信息进行限定。通过对比特 X 计算奇偶校验后，A 得到包含校验信息的经典信息 u 并发送给 B，B 可以用其校验信息纠正自己含有的 Y，之后两个人得到相同的 W。这个过程需要发送至少 $k > h(W|Y)$ 比特的信息，碰撞熵则能增大到 $H_c(W|Z=z, U=u)$。在可能的信息协调 u 下，平均而言，该增长的一个下界有：

$$H_c(W|Z=z, U=u) \geq H_c(W|Z) - H(U)$$

式中，$H(U)$ 是 U 的香农熵。然而，这个界还不够强，因为这意味着：泄露信息 $U=u$ 致使 H_c 减少量不超过 $nH(U)$ 的概率，至多仅有 $1/n$。为寻求一个更强的下界，给出如下定理。

定理 11.2 设 X 和 U 分别是字母表 $\mathcal{X}$ 和 μ 上的随机变量，X 的概率分布为 $p(x)$，U 和 X 的联合分布为 $p(x, u)$。s 是一个参数，令 $s>0$。则：

$$H_c(X|U=u) \geq H_c(X) - 2\log|\mu| - 2s \tag{11.4}$$

由式（11.4）可知，U 取值为 u 的概率至少为 $1-2^{-s}$。将参数 s 称为安全系数，并将该定理应用于协调的协议中，可以得到一个结论：A 和 B 可以选择参数 s，使得 E 能够在已知 $Z=z$ 的情况下，将碰撞熵以大于 $1-2^{-s}$ 的概率限定为如下的范围内：$H_c(W|Z=z, U=u) \geq d - 2(k+s)$。通过信息协调与隐私放大，A 和 B 可以提取到 n 比特的密钥 $h(W)$，并且 E 所得到的信息少于 $2^{n-d+2(k+s)}$ 比特。

11.3.2 量子密钥分发协议 BB84

扫码看视频

量子密钥分发（QKD）协议可以用于双方在公共信道上建立共享密钥，并使用该密钥实现经典的对称密码系统，使双方能够安全通信。对 QKD 协议的要求是，在错误率低于某个上界时，量子比特可以通过公共信道进行通信。该密钥的安全性由量子信息的性质来保证，因此它的安全性是建立于物理学的基本定律之上的。

首先，根据量子不可克隆定理，E 不能克隆 A 的量子比特。其次，由内积在酉变换下的不变性可以证明：在任何区分两个非正交量子态的尝试中，信息的增加只能以对信号产生干扰为代价。A 和 B 在传输非正交量子态时，就利用了上述这一"信息增加必然干扰"的思想。通过检测传输状态的干扰情况，可确定信道中发生的任何噪声或窃听的上限。这些"校验"量子比特随机分布于数据量子比特之间，因此该上限也适用于数据量子比特。在检测之后，A 和 B 执行信息协调和隐私放大操作，以提取共享的密钥。因此，最大可容忍错误率的阈值将由最佳信息协调和隐私放大协议的有效性来决定。下面介绍的四状态量子密钥分发协议 BB84 便是以这样的方式进行工作的。

1) A 选择 $(4+\delta)m$ 个随机数据比特，该比特串记为 a。

2) A 选择一个随机的 $(4+\delta)m$ 比特的串 b，若 b 中相应比特为 0，则将数据比特编码为 $\{|0\rangle, |1\rangle\}$，否则将其编码为 $\{|+\rangle, |-\rangle\}$，编码的结果状态记为 $|\psi\rangle$。

3) A 将结果状态 $|\psi\rangle$ 发送给 B。

4) B 接收 $(4+\delta)m$ 个量子比特，宣布已接收的事实，并在计算基或贝尔基上随机测量每个量子比特，为选取基而随机生成的比特串记为 b'，其测量结果记为 a'。这一步，B 实际接收到的状态为 $\varepsilon|\psi\rangle$，其中，ε 描述信道和 E 动作的组合而产生的量子操作。

5) A 宣布比特串 b。

6) A 和 B 丢弃 $\{a, a'\}$ 中除了 b 和 b' 对应相同比特以外的所有比特。在 δ 足够大的前提下，有很大的概率使得至少 $2m$ 比特的信息得以保留。（若不足 $2m$ 比特，则中止协议）

7) A 选择 m 比特中的一个子集，作为对 E 干扰的检测，并告诉 B 选择了哪些比特。

8) A 和 B 发布并比较 m 个校验比特的值，选择参数 t。若超过 t 比特不一致，则中止该协议。这步测试操作的目的是确定 A 和 B 通信的过程中噪声或窃听的影响有多大。

9) A 和 B 对剩余的 m 个比特进行信息协调和隐私放大，以获得长度为 n 比特的密钥。

下面给出一个具体实例：A 和 B 事先约定好编码规则，例如令沿 45° 对角线方向 ↗ 偏振的光子和沿水平方向 ↔ 偏振的光子编码为 0，沿 135° 对角线方向 ↘ 和沿垂直方向 ↕ 偏振的光子编码为 1。用 × 表示偏振滤光器的方向为对角线方向，用 + 表示水平或垂直方向。量子密钥分发步骤如下（见表 11.2）。

1) A 随机地选择比特流。

0,1,1,0,1,1,0,0,…

2) A 随机地设置偏振滤光器的方向。

×,+,×,+,+,+,+,+,…

3) 按约定好的编码规则，A 向 B 发送光子流。

↗,↕,↘,↔,↕,↔,↔,…

4) B 随机设置偏振滤光器的方向。

$+, \times, \times, +, +, \times, \times, +, \cdots$

5）B 实际收到的比特流。

$1,1,1,0,0,0,\cdots$

表 11.2　一个具体的量子密钥分配协议

1. 量子传输																
1）A 随机地选择比特流	0	1	1	0	1	1	0	0	1	0	1	1	0	0	1	0
2）A 随机地设置偏振滤光器的方向	×	+	×	+	+	+	+	×	×	+	×	×	×	+	+	+
3）A 发送的光子流	↗	↕	↘	↔	↕	↕	↔	↔	↘	↕	↗	↕	↗	↕	↕	↔
4）B 随机设置偏振滤光器的方向	+	×	+	+	+	×	×	+	×	+	×	×	+	+	+	×
5）B 收到的比特流	1	1		1	0	0	0		1	1	1		0	1	1	
2. 公开讨论																
1）B 说明相关偏振滤光器的设置	+	×		+	+	×	+		+	×	×		+	+	×	
2）A 说明正确的偏振滤光器设置		OK		OK			OK			OK				OK	OK	
3）未窃听时可共享的比特流		1		1			0			1				0	1	
4）B 随机泄露若干位				1										0		
5）A 进行验证				OK										OK		
3. 协议结果																
最后生成的秘密共享比特流		1					0			1					1	

当 B 的设置与 A 的设置一致时，B 将得到正确的结果。当 B 的设置与 A 的设置不同时，B 将得到一个随机的结果，B 并不知道他所获得的结果中哪些比特是正确的。此外，光子可能会在传输中丢失，或者偏振滤光器等测量设备不够灵敏而没有检测到光子，致使 B 收到的光子脉冲会少于 A 发送的光子脉冲。

6）B 通过公开信道告诉 A 他收到的比特流所对应的偏振滤光器的方向。

$+, \times, +, \times, \times, +, \cdots$

7）A 通知 B 哪些偏振滤光器的设置与 A 的设置是一致的。

8）B 根据 A 提供的信息确定无窃听时可以共享的比特流为 $1,1,0,1,0,1,\cdots$。

9）为防止量子信道被窃听，B 随机地泄露部分可用的比特流以供检验。

10）如果 A 验证有误，则重新执行上述密钥分配协议。如果验证无误，则继续。

11）如果 A 验证无误，则无窃听，A 和 B 同意使用余下的未被泄露的比特流 $1,0,1,1,\cdots$ 作为 A 和 B 之间通信的共享密钥流。

B 随机设置的偏振滤光器与 A 的偏振滤光器相同的概率是 1/2，每次 A 向 B 发送 256 比特光子脉冲，如果量子信道无人窃听，则协议平均可以生成 128 个相同的比特，若使用 32 比特来检测是否有窃听，那么当检测到无窃听时，使用余下的 96 比特作为双方通信的密钥。

在窃听者存在的情况下，由于窃听者与发送者设置的偏振滤光器相同的概率是 1/2，因此对于一个比特来说，窃听行为不被检测到的概率是 $1/2+1/4=3/4$，窃听者的单个量子误码率是 1/4。当传输 n 个比特时，窃听行为不被检测到的概率为 $(3/4)^n$，被检测到的概率（即误码率）为 $1-(3/4)^n$。

任何攻击者的测量必定会带来对原来量子比特的扰动，而合法通信者可以根据测不准原理检测出该扰动，从而检测出窃听的存在与否。窃听者若要捕获并测量 A 发送的光子脉冲，再发送同样的光子脉冲给 B，但由于窃听者只能以 1/2 的概率猜对 A 的偏振滤光器的设置，因而一定会在发送给 B 的光子脉冲中引入错误，A 与 B 通过公开信道交换部分筛后的数据，比较误码率。如果误码率大于一定的阈值，那么 A 认为有窃听者存在。量子测不准原理和量子不可克隆定理保证了 BB84 协议的无条件安全性。

11.3.3 带纠错码的安全 BB84 协议

将量子信道发送私有信息能力的下限定义为量子相干信息 $I(\boldsymbol{\rho}, \varepsilon)$，其中，$\boldsymbol{\rho}$ 为量子态对应的密度矩阵。设 A 发送的量子态为 ρ_k^A，其中 $k=0,1,\cdots$，表示其可能发送的不同状态，对应的概率为 p_k。B 接收到噪声或窃听者 E 影响下的量子态，记为 $\varepsilon\rho_k^A = \rho_k^B$，由霍列沃界可知，B 的测量结果与 A 的互信息 $H_{B:A}$ 存在上界：

$$H_{B:A} < S(\boldsymbol{\rho}^B) - \sum_k p_k S(\rho_k^B)$$

其中，$\boldsymbol{\rho}^B = \sum_k p_k \rho_k^B$，$S(x)$ 表示对应密度算子 x 所描述量子态的冯·诺依曼熵。监听者 E 能得到与 A 的互信息也以霍列沃界为上界，记为 $H_{E:A}$，有下式成立：

$$H_{E:A} < S(\boldsymbol{\rho}^E) - \sum_k p_k S(\rho_k^E)$$

根据量子相干信息 $I(\boldsymbol{\rho}, \varepsilon) \equiv S(\varepsilon(\boldsymbol{\rho})) - S(\boldsymbol{\rho}, \varepsilon)$ 的定义式，即可计算出该信道所能保证的隐私下限。但该结果必须针对具体协议中信道 ε 的属性。

对 QKD 协议的证明基于这样的一个事实：在信息协调和隐私放大的过程中，最终获得的密钥率与在有噪信道 CSS 编码下可实现的量子比特传输率是一致的。CSS（Calderbank-Shor-Steane）编码是一种量子纠错码，它是一类重要的稳定子编码方法。安全性的证明需要解决的问题是：假设我们已经知晓 E 不会在 QKD 协议过程中引入超过 t 量子比特的错误，那么如果 A 可以用一个修正 t 个错误量子比特的量子码来编码其量子比特，则 E 所带来的干扰都可以通过 B 的解码来消除了。在这个假设中，需要确定 t 的上界和选择合适的量子码。关于 t 的上界确定，基于这样的一个经典条件下的随机抽样结论：对于 $2n$ 个校验比特中的 n 个随机测试，可以令 A 和 B 以极高的概率对未测试比特中的错误数设置一个上限。这一经典条件下的结论，在量子条件下也有相似的表述，可以概括为"随机采样可以为窃听信息增加上界"。而关于编码的使用，则选择 CSS 编码，再辅以一些简化处理操作，便可用 BB84 协议达到安全化的目的。

假设 C_1 和 C_2 分别是 $[n,k_1]$ 和 $[n,k_2]$ 的经典线性码，并且 $C_2 \subset C_1$，C_1 和 $C_2^\perp$ 都纠正 t 个错误比特，则定义一个指标为 $[n,k_1-k_2]$ 的量子编码 $CSS(C_1,C_2)$，称为 C_1 在 C_2 上的 CSS 编码，它能纠正 t 个量子比特的错误。其对应的错误探测和纠错步骤、编码和解码过程，都只需要应用规模为常数倍编码大小 n 的 Hadamard 门和 CNOT 门即可实现。

下面简述带 CSS 编码的 BB84 协议。

1) A 选择 $(4+\delta)n$ 个随机数据比特。

2) A 选一个随机的 $(4+\delta)n$ 比特的串 b，若 b 对应比特为 0，则将数据比特编码为 $\{|0\rangle, |1\rangle\}$，否则将其编码为 $\{|+\rangle, |-\rangle\}$。

3) A 将生成的量子比特发送给 B。

4) A 随机选择 $v_k \in C_1$，其中 v_k 表示由密钥 k 索引的向量，可看作 C_2 在 C_1 的 2^m 个陪集的一个代表。$m = k_1 - k_2$。

5) B 收到量子比特，并公布收到的事实，然后随机在计算基或 Z 基上进行测量。

6) A 宣布比特串 b。

7) A 和 B 丢弃步骤 2) 和步骤 5) 中基不同的量子比特，至少 $2n$ 比特的信息得以保留（若不足 $2n$，则中止协议）。A 随机选择 $2n$ 比特继续使用，随机选择其中 n 个作为校验比特，并宣布选择的结果。

8) B 与 A 公开比较他们的校验位，若超过 t 位不同，则中止此协议。此时 A 还剩 n 位字符串 x，B 还剩 $x+\delta x$ 位字符串。δx 表示信道中因噪声或 E 的干扰而出现的可能错误。

9) A 公布 $x-v_k$，B 将自己的结果减掉该数值，并用 C_1 进行校正，得到 v_k。

10) A 和 B 计算 C_1 中 v_k+C_2 的陪集，得到密钥 k。

需要注意的是，该证明仅适用于理想情况。在实际应用中，由于量子比特源本身的不完美性，以及 CSS 解码过程中对窃听具有一定的容忍度等因素，使得 BB84 协议的比特和相位的可接受误差率高达 11%。该结论基于经典计算机的编码与解码，若借助量子计算机进行编码及解码操作，则更高的误差率是可接受的。

随着 QKD 协议的提出及其信息论安全性的证明，量子密码有望成为抗量子攻击密码中的一个重要候选方案。目前，QKD 的实用化研究也有了新的进展。2021 年，中国科学技术大学潘建伟团队演示了一个基于"墨子号"量子卫星的集成的空对地量子通信网络。同年，中国科学技术大学的封召等演示了 10 m 水下信道基于偏振编码的 QKD 实验，安全密钥生成率超过 700 kbit/s。2022 年，中国科学技术大学郭光灿团队实现 833 km 光纤 QKD，向实现 1000 km 陆基量子保密通信迈出了重要一步。

从应用角度的研究而言，量子密码协议尚处于 QKD 协议"一马当先"、其他协议的安全性潜力尚未完全挖掘的状态，因此仍具有很高的研究价值。当下，将量子密码与经典密码结合使用是一个可考虑的选择。随着实用量子密码协议和与之相适配的经典密码技术日趋完善，量子密码会有更加广阔的应用空间。

11.4 后量子密码学

大多数的量子算法都是围绕着隐藏子群问题（Hidden Subgroup Problem，HSP）而提出的，许多问题都可以归约到 HSP。若群是有限的或可数的，那么因子分解和离散对数问题都可以归约到 HSP；若群是不可数的，那么 Pell 方程可以归约到 HSP。如果群是可交换的，则存在有效的量子算法能够解决 HSP。

很自然地，人们会好奇非交换的 HSP 问题是否具有量子安全性。目前尚无有效的量子算法能够对非交换的 HSP 问题进行求解，但目前仍不清楚如何基于非交换的 HSP 嵌入一个陷门，因而基于非交换的 HSP 的密码原语尚待研究。

考虑抵抗量子计算对密码的威胁，目前研究进展较好的是基于格的密码。本节将从格密码开始，对后量子密码学进行简要介绍。

11.4.1 基于格的密码

扫码看视频

1. 基本概念

记 $(x_1, x_2, \cdots, x_n)$ 是值为 $x_1, x_2, \cdots, x_n$ 的列向量，则定义一个格为 n 个线性无关向量 $b_1, \cdots, b_n \in \mathbf{R}^n$ 的一个整线性组合：

$$L(b_1, \cdots, b_n) = \left\{ \sum x_i b_i : x_i \in \mathbf{Z}, 1 \leq i \leq n \right\}$$

其中 $b_1, \cdots, b_n$ 称为格的一组基，它可以由基向量构成的列矩阵 $B = [b_1, \cdots, b_n] \in \mathbf{R}^{n \times n}$ 作为代表。使用矩阵符号，一个由矩阵 $B \in \mathbf{R}^{n \times n}$ 生成的格被定义为 $L(B) = \{Bx : x \in \mathbf{Z}^n\}$，其中 Bx 指矩阵与向量相乘。

不难看出，若 U 是一个幺模矩阵（即行列式绝对值为 1 的整数方阵），则基 B 和 BU 生成同样的格。（事实上，$L(B) = L(B')$，当且仅当存在一个幺模矩阵 U 使得 $B' = BU$）。任何格都有多个基的存在，且它们处于很多格密码应用的核心。

显然，$\det(L(B)) = |\det B|$，行列式的值依赖于基的选择，且与 $\mathbf{R}^n$ 中格点密度的逆成几何相关。$\mathbf{R}^n$ 中一个格的对偶记为 L^*，它是对于格中的所有向量 $x \in L^*$ 满足 $<x, y> \in Z$ 的所有向量 $y \in \mathbf{R}$ 构成的集合。可以看出，对于任何 $B \in \mathbf{R}^{n \times n}$，$L(B)^* = L((B^{-1})^T)$，有如下关系：$\det(L^*) = 1/\det(L)$。

q 模在格密码中是特别重要的。对于某些整数 q（可能是素数），这类格满足如下关系：$q\mathbf{Z}^n \subseteq L \subseteq \mathbf{Z}$，换言之，格 L 中的向量 x 的成员由 $x \bmod q$ 决定。这样的格与 $(\mathbf{Z}_q)^n$ 中的线性码是一一对应的。大多数基于格的密码构造都使用 q 模格作为它们的平均困难问题。大多数情况下，我们关注的是 q 比 $\det(L)$ 小很多的 q 模格。

对于给定整数 q、m、n，矩阵 $A \in (\mathbf{Z}_q)^{nm}$，定义两个 m 维的 q 模格：

$$\wedge_q(A) = \{y \in \mathbf{Z}^m : y = A^T s \bmod q, s \in \mathbf{Z}^n\}$$

$$\wedge_q^\perp(A) = \{y \in \mathbf{Z}^m : Ay = 0 \bmod q\}$$

第一个 q 模格由 A 的行向量生成；第二个包含与 A 模 q 正交的所有行向量。换言之，第一个 q 模格对应于 A 的行向量生成的编码，第二个对应于奇偶校验矩阵为 A 的编码。从定义可知，这些格互相对偶，合乎正规化。

最著名的一些格计算问题如下。

- 最短向量问题（SVP）：给定格的一组基 B，找到格 $L(B)$ 中的最短非零向量。
- 最近向量问题（CVP）：给定格的一组基 B 和一个向量 t（不需要在格里），找到最接近 t 的格向量 $v \in L(B)$。
- 最短独立向量问题（SIVP）：给定格的一组基 $B \in \mathbf{Z}^{n \times n}$，在该格中找到 n 个线性独立向量 $S = [s_1, \cdots, s_n]$（其中 $s_i \in L(B)$），使得 $\|S\| = \max_i \|s_i\|$ 达到最小。

在格密码中，主要考虑这些问题的近似变体，用 γ 表示近似因子。例如，SVP_γ 的目标就是找到一个范数至多是最短向量 γ 倍的向量。所有的问题都可以定义在任何范数上，但欧几里得范数（即 2-范数）是最为常用的范数。许多格密码基于的困难问题，基本上都可以归约到上述问题或其近似问题之上。下面将简要介绍两种基于格的公钥密码体制。

2. NTRU 密码体制

NTRU 是由 Hoffstein、Pipher 和 Silverman 提出的基于环的密码体制，它可以等价地描述为使用特定结构的格。记 T 是对输入向量进行循环移位的线性变换，用矩阵表示如下：

$$T_{n\times n} = \begin{bmatrix} \mathbf{0}^{\mathrm{T}} & 1 \\ I & \mathbf{0} \end{bmatrix}$$

定义 $T^*v = [v, Tv, T^2v, \cdots, T^{n-1}v]$ 为向量 $v \in \mathbf{Z}^n$ 的循环矩阵。NTRU 中使用的格称为卷积模格，它是一个 $2n$ 维格，满足两条性质。其一，在从向量 (x,y)（其中 x 和 y 是 n 维向量）到 (Tx,Ty) 的线性变换下它是封闭的，即对 x 和 y 坐标平行循环移位得到的向量仍在该格中。其二，它们是 q 模格，在某种意义上说，它们总是将 $q\mathbf{Z}^n$ 作为一个子格包含在内，且因此格中的成员 (x,y) 只依赖于 $(x,y) \bmod q$。这个系统的参数是一个素数维数 n、整数模 q、小素数 p 和一个整数权重 d_f。具体而言，假定 q 是 2 的幂，$p=3$。更一般的参数选取，读者可参考其他资料或 NTRU 密码体制的网站查看具体细节。NTRU 公钥密码体制如下。

1) 参数：素数 n、模 q 和整数界 d_f。为简单起见，小素数参数 $p=3$ 被设定为一个固定值，但其他选择也是可以的。

2) 私钥：向量 $f \in e_1 + \{p, 0, -p\}^n$ 和 $g \in \{p, 0, -p\}^n$，其满足 $f-e_1$ 和 g 正好有 d_f+1 个正值和 d_f 个负值（余下的 $n-2d_f-1$ 个值是 0），其矩阵 $[T^*f]$ 应该是模 q 可逆的。

3) 公钥：向量 $h = [T^*f]^{-1}g \bmod q$，$h \in \mathbf{Z}_q^n$。

4) 加密：原文编码为一个向量 $m \in \{1, 0, -1\}^n$，然后使用一个随机向量 $r \in \{1, 0, -1\}^n$，每一个都含有 d_f+1 个正值和 d_f 个负值。加密函数输出 $c = (m + [T^*h]r) \bmod q$。

5) 解密：对每一个输入明文 $c \in \mathbf{Z}_q^n$，输出 $([T^*f]c \bmod q) \bmod p$，其中模 q 和模 p 处理的向量坐标分别位于 $[-q/2, q/2]$ 和 $[-p/2, p/2]$ 内。

入选 NIST 后量子密码算法标准的 FALCON 签名算法，就是基于 NTRU 密码体制构造的。

3. 基于 LWE 的密码体制

容错学习（Learning With Errors，LWE）问题由 Regev 在 2005 年提出，该问题已经成为格密码学中广泛使用的密码学基。这个问题由 3 个参数 n、m、q 和 $\mathbf{Z}_q$ 上的一个概率分布来给出，特别是选取了一个"取整的"正态分布。输入一个 (A, v) 对，其中 $A \in (\mathbf{Z}_q)^{mn}$ 是均匀选取的。一种情况是 v 是在 $(\mathbf{Z}_q)^m$ 上均匀选取的，由此得到 Av；另一种情况是由均匀选取的 $s \in (\mathbf{Z}_q)^n$ 和通过正态分布 χ^m 选取的向量 $e \in (\mathbf{Z}_q)^m$ 得到 $As+e$。目标是以不可忽略的概率区分这两种不同的情况。这可以等价地描述为 q 模格上的有界距离解码问题：给定一个均匀选取的 $A \in (\mathbf{Z}_q)^{mn}$ 和一个向量 $v \in (\mathbf{Z}_q)^m$，我们需要区分 v 是从 $(\mathbf{Z}_q)^m$ 中均匀选取的，还是在 $\wedge_q(A^{\mathrm{T}})$ 中随机选取的点加上一个扰动 χ^m 得到的。直观地理解 LWE 问题，就是求解带噪声线性方程组。若没有噪声（即扰动向量 e），则使用高斯消元法即可解出；但现在有噪声存在，则求解该问题就变得困难了。LWE 问题可以看作是学习理论中一个问题的扩展，被称为机器学习问题中奇偶性学习问题的推广。同时，LWE 与编码理论中被认为是非常困难的解码问题是紧密相关的。目前已证明，最差条件下的格问题，如近似 SVP 和近似 SIVP 可以归约到 LWE 上，且该问题的归约涉及量子算法。换言之，破解这个密码体制（或找到一个有效求解 LWE 的算法）隐含了一个有效求解近似 SVP 问题的量子算法。而由于 SVP 目前是困难问题，因此可认为 LWE 是困难问题。

这个密码体制的参数由整数 n、m、l、t、r、q 和一个实数 $\alpha (\alpha > 0)$ 构成。对一个实数 $\alpha > 0$，记 Ψ_α 为 $\mathbf{Z}_q$ 上均值为 0、标准差为 $\alpha q / \sqrt{2\pi}$ 的一个正态变量样本分布，对结果进行与它最近的整数取整，然后模 q。参数 n 在某种程度上是主要的安全参数，它对每一个坐标乘以

q/t，然后与它最近的整数进行取整。我们也定义一个逆映射 f^{-1}，它将一个 $(\mathbf{Z}_q)^l$ 中的元素作为输入，输出一个 $(\mathbf{Z}_t)^l$ 中的元素，它通过对每一个坐标除以 q/t，然后对与它最近的整数进行取整得到。下面简述基于 LWE 的公钥密码体制，有关参数选取的原则及其证明则在此不展开说明。

1) 参数：整数 n、m、l、t、r、q 和一个实数 $\alpha(\alpha>0)$。

2) 私钥：均匀随机地选取 $\mathbf{S}\in(\mathbf{Z}_q)^{nl}$，私钥是 $\mathbf{S}$。

3) 公钥：均匀随机地选取 $\mathbf{A}\in(\mathbf{Z}_q)^{mn}$ 和 $\mathbf{E}\in(\mathbf{Z}_q)^{ml}$（其每个值都是通过 Ψ_α 选取的）。公钥是 $(\mathbf{A},\mathbf{P}=\mathbf{AS}+\mathbf{E})$。

4) 加密：给定原文空间中的一个元素 $\mathbf{v}\in(\mathbf{Z}_t)^l$、一个公钥 $(\mathbf{A},\mathbf{P})$，均匀随机地选取一个向量 $\{-r,-r+1,\cdots,r\}m$，然后输出一个密文 $(\mathbf{U}=\mathbf{A}^\mathrm{T}\mathbf{a},\mathbf{c}=\mathbf{P}^\mathrm{T}\mathbf{a}+f(\mathbf{v}))\in(\mathbf{Z}_q)^n\times(\mathbf{Z}_q)^l$。

5) 解密：给定一个密文 $(\mathbf{u},\mathbf{c})\in(\mathbf{Z}_q)^n\times(\mathbf{Z}_q)^l$ 和一个私钥 $\mathbf{S}\in(\mathbf{Z}_q)^{nl}$，输出对应明文 $f^{-1}(\mathbf{c}-\mathbf{s}^\mathrm{T}\mathbf{u})$。

入选 NIST 后量子密码算法标准的 CRYSTALS-KYBER 公钥加密算法和 CRYSTALS-DILITHIUM 签名算法，则是基于模的容错学习（Module Learning With Errors，MLWE）问题构造的。MLWE 问题集成了 LWE 问题的矩阵运算和 RLWE（Ring Learning With Errors，基于环的容错学习）问题的多项式乘法运算，不仅具有 LWE 问题的安全等级，也具有 RLWE 问题中运算的高效率。MLWE 采用 RLWE 中的环多项式替换 LWE 矩阵中的整数环参数，并增加了可变参数 k 控制公钥多项式矩阵的大小。在 KYBER 算法中，改变 k 是将安全性扩展到不同级别的主要机制。

11.4.2 基于纠错码的密码

基于纠错码密码体制的算法核心（基础性的单向函数）应用了一种纠错码 C，其主要特征是：添加一个错误到码字中，或根据码 C 的检验矩阵计算伴随式。

第一个这样的密码体制是一个公钥加密体制，它是由 Robert J. McEliece 在 1978 年提出的。这个密码体制的私钥是一个随机的二元不可约 Goppa 码，公钥是该码的生成矩阵被随机化处理之后的结果。密文是一个被添加了一些错误的码字，只有拥有私钥（Goppa 码）的人才能去除码字中的错误。近年来的研究表明，这个码的参数需要调整，但是尚没有一种攻击能够对它构成严重的威胁，即便是量子计算机也不能对它构成严重的威胁。

与其他密码体制一样，基于纠错码的密码也是在安全性和效率之间实现了折中。在这些码中，安全性和效率折中的思想被很好地理解和应用了，至少在 McEliece 密码方案中是如此。目前，基于纠错码的密码体制至今还没有得到实际的应用，其主要原因在于其公私钥对的生成比较慢，且公钥的规模太大（从 100 KB 到几兆字节），目前还没有找到适用于该特点的应用场景。不过，除了这些不足之外，McEliece 密码体制有许多很好的性质：首先，它能做到足够的量子安全性；其次，它的加解密复杂度很低，因而加解密过程十分快速。

原始 McEliece 公钥密码的私钥是 Goppa 码，这是因为采用其他纠错码的方案达不到预期的安全性。McEliece 公钥密码体制的陷门是所用纠错码的有效纠错算法（这种纠错算法可用于任何 Goppa 码）和一个置换。对 McEliece 公钥密码体制的概述如下。

1) 系统参数：$n,t\in N$，其中 $t\ll n$。

2) 密钥产生：对于给定的参数 n 和 t，产生下列矩阵。

$\mathbf{G}$：域 F 上的信息位数为 k，最小距离 $d\geqslant 2k+1$ 的码 C 的 $k\times n$ 阶生成矩阵。

S：$k×k$ 阶二元随机非奇异矩阵。

P：$n×n$ 阶二元随机置换矩阵。

然后计算 $k×n$ 阶矩阵 $G^{pub}=SGP$。

3）公钥：(G^{pub},t)。

4）私钥：(S,D_C,P)，其中 D_C 是码 C 的一个有效译码算法。

5）加密：对一个明文 $m\in F^k$，选择一个重量为 t 的随机向量 $z\in F^n$，计算如下密文：$c=mG^{pub}\oplus z$。

6）解密：要解密一个密文 C，首先计算 $CP^{-1}=(mS)G\oplus zP^{-1}$，然后用 D_C 对其译码，因为 CP^{-1} 是码的一个含有 t 个错误的码字，所以可以译码得到：

$$mSG=D_C(CP^{-1})$$

令集合 $J\subseteq\{0,1,2,\cdots,n\}$，则可以按如下式子计算出明文：

$$m=(mSG)_J G_J^{-1} S^{-1}$$

NIST 公布的第 4 轮后量子密码标准算法征集中，Classical McEliece 公钥加密算法就是建立在基于 Goppa 码的 McEliece 公钥加密体制上的。

11.4.3 基于 Hash 函数的数字签名方案

1. 基于 Hash 函数的一次性签名

数字签名算法可以看作非对称加密算法的对偶。在非对称加密中，公钥用于加密，私钥用于解密；而数字签名算法中的私钥用于加密，公钥用于解密。

利用 Hash 函数的单向性来构造数字签名，最早是由 Leslie Lamport 提出的。他提出的 Lamport 签名原理如下：假设需要签名的消息长度为 l，发送人首先随机选取 $2l$ 个互不相同的长度为 u 的比特串，分成两组 $A=\{A_1,A_2,\cdots,A_l\}$，$B=\{B_1,B_2,\cdots,B_l\}$。使用 Hash 函数 $F(x)$ 分别算出这些比特串的哈希值，并将所有哈希值作为公钥，将选取的比特串作为私钥。签名由 l 个比特串 $C_1,C_2,\cdots,C_l$ 组成。如果消息的第 i 个比特是 0，则 $C_i=A_i$，否则 $C_i=B_i$。消息接收人使用同样的 Hash 算法计算 C_i 的哈希值，并将它与公钥中的哈希值比对，即可验证签名。如果中间人篡改了消息中的某一个比特，比如将第 2 个比特从 0 改成了 1，那么 C_2 也必须从 A_2 变成 B_2。由 Hash 函数的抗原象性可知，在签名验证通过的情况下，消息被中间人篡改过的概率非常小。

Lamport 签名有两个缺陷：其一是公钥和私钥的长度太大，如果 Hash 函数 $F(x)$ 的输出长度为 256 比特（本节对基于 Hash 函数签名的讨论中持续采用这一假设），则公钥长为 $512l$ 比特，是被签名的消息长度的 512 倍；其二是每对公钥和私钥只能用一次，否则中间人可以利用前一条消息的签名伪造签名，从而篡改数据，所以 Lamport 签名又被称为一次性签名（One-time Signature）。后人提出的各种 Hash 签名算法，本质上都是试图改进 Lamport 签名的效率。Winternitz 一次性签名是一种简单的压缩 Lamport 签名长度的方法，其思想是让 2 个、4 个或 8 个比特共用一个哈希值，其公钥长度降至 $64l$。Winternitz 签名后来被进一步改进为 WOTS⁺ 签名，改进之处在于在签名中引入随机盐值，进一步增加了伪造签名的难度。

2. Hash 树签名

下面引入的几种构造可以把一次性 Hash 签名算法变成多次有限次签名算法。由于这些构造都是基于二叉树的，故称为 Hash 树签名。

1979 年，Ralph Merkle 提出了一个可以多次签名的方法，后被称为 Merkle 树签名。首

先确定一个伪随机数生成器和一个随机数种子，使用该种子可以构造出 2^h 个一次性密钥对。不需要将所有密钥保存下来，只需要保存好随机数种子就能随时算出这些密钥。构造一棵高度为 h 的二叉树，给树的每个节点都赋一个比特串值，树的叶节点的值是这些一次性密钥的公钥。如果一个非叶节点的两个子节点的值分别为 v_1 和 v_2，则该节点的值为 $F(v_1\|v_2)$，其中，$v_1\|v_2$ 表示将两个比特串拼接在一起。将根节点的值当作公钥，将随机数种子当作私钥。当要给一个消息签名时，首先从还没有用过的一次性密钥中随机选取一个，用该密钥给消息签名。然后找出该密钥对应的叶节点到根节点的路径，并记录路径上每个节点的兄弟节点的值，与一次性签名一起当作签名发布。接收人根据消息和签名，可以计算出一次性密钥的公钥，然后将该公钥与路径上的兄弟节点的值依次拼接后计算哈希值，并与根节点的值比较，即可验证签名。

Merkle 树签名的私钥和公钥长度都是固定的，与被签名的消息长度无关。但是其 Hash 树的高度会受限，且签名的计算速度不够理想。不过，若二叉树的每个叶节点都对应一个不同的一次性密钥，对每条消息都随机选取一个密钥签名，那么只要叶节点的数量足够多，两个签名用同一个密钥的概率仍是非常低的。Goldreich 从这一思路出发提出了另一种哈希树。

构造一棵高为 256 的二叉树，给树的每个节点都赋一个随机的一次性密钥对。不需要一次性算出所有密钥对，只要记住随机数种子就可以按需算出。叶节点用于给消息签名，而非叶节点则用来给其子节点的公钥签名。根节点的公钥被当作公钥，私钥是随机数种子。当要给一条消息签名时，首先计算出消息的哈希值，根据哈希值选择一个叶节点给消息签名；然后找出叶节点到根节点的路径，算出路径上每个节点及其兄弟节点的公钥，拼接后用它们的父节点密钥签名；最后，将消息签名连同所有这些路径签名和兄弟节点的公钥一起发布。接收者可以根据消息和签名算出叶节点的公钥，与兄弟节点的公钥拼接后，配合路径签名算出其父节点的公钥，以此类推，直到算出根节点的公钥，并与正确的根节点公钥比对。Goldreich 树签名解除了树高度的限制，但大大增加了签名长度，减缓了签名验证速度，很难在实际场景中应用。

3. SPHINCS⁺签名

入选 NIST 后量子密码算法标准的 SPHINCS⁺ 签名方案，采用了一种 Merkle 树和 Goldreich 树相折中的结构，称为 SPHINCS 超树。SPHINCS 超树的外层结构是一个 k 叉树，$k=2^{h'}$，共有 d 层。每个节点又是一个高度为 h' 的 Merkle 树，Merkle 树的每个叶节点都是一个 WOTS⁺密钥，用来给外层结构的子节点的公钥签名。外层结构的叶节点也是 Merkle 树，其叶节点用来给消息签名。

SPHINCS⁺的设计中还包含一种名为 FORS 的 Hash 树签名。FORS 签名介于一次性签名和多次签名之间，它可以反复使用五六次，但是每次使用之后安全性都会下降。一个 FORS 密钥由 k 个高度为 a 的二叉树组成，每个二叉树都是一个 Merkle 树，但是其叶节点的值不是一个 WOTS⁺公钥，而是一个随机比特串及其哈希值，二叉树的根节点的值被当作公钥。FORS 签名适用于长度为 ka 的消息，将消息分割为 k 段，每段对应一个二叉树。将每一比特段视作一个 $0\sim 2^a-1$ 之间的整数，根据这个整数选取二叉树中的一个叶节点，将这个叶节点的随机比特串以及叶节点到根节点的路径上每个节点的兄弟节点的哈希值放在一起，组成这一段的签名。

为抵抗因多次使用 FORS 密钥而可能产生的伪造攻击，SPHINCS⁺并不直接使用 FORS 签名消息，而是用它签名消息的哈希值的一部分。如此一来，对消息使用 FORS 签名替代一次性签名，则 SPHINCS 超树的高度可以大大减小，而不显著影响其安全性。

总结 SPHINCS⁺ 签名的原理如下。

1）确定一个伪随机数生成器和一个随机数种子。

2）构造一个层数为 d 的 SPHINCS 超树，每个节点都是一个高度为 h' 的 Merkle 树，其每个叶节点都是一个 WOTS⁺ 签名公钥。超树的非叶节点，其内层结构的叶节点用来给外层结构的子节点的公钥签名，而超树的叶节点用来给 FORS 密钥的公钥签名。记 $h = dh'$，则该超树支持 2^h 个 FORS 密钥，每个 FORS 密钥都含有 k 个高度为 a 的二叉树。

3）计算消息 m 的哈希值 $F(m)$，从中取出 h 个比特来决定使用哪一个 FORS 密钥签名，再取出 ka 个比特用 FORS 密钥签名。将 FORS 签名连同 SPHINCS 超树从叶节点到根节点的签名链一起作为签名发布。接收者依次验证签名链上的每个签名，便可验证消息。

11.4.4 基于多变量的密码

一个多变量公钥密码系统，通常由有限域上的一组二次多项式作为它的公钥映射。它的主要安全假设为：求解有限域上非线性方程组是 NP 困难性问题。具体而言，多变量二次映射的求逆等价于求解有限域上的一组二次方程，即如下问题。

MQ 问题：求解方程组 $p_1(\boldsymbol{x}) = p_2(\boldsymbol{x}) = \cdots = p_m(\boldsymbol{x})$，这里的每个 p_i 都是一个关于 $\boldsymbol{x} = (x_1, \cdots, x_n)$ 的二次多项式，并且所有的系数和变量均属于 q 阶有限域 $K = F_q$。一般而言，MQ 是一个 NP 困难问题。当然，一个随机二次方程组不存在陷门，因此也无法应用于一个多变量公钥密码系统之中，我们考虑的是存在特殊陷门的系统。故 MQ 问题的困难性，并不能保证多变量公钥密码系统的安全性，并且对于任意选择的陷门可能存在高效的攻击方法。关于如何设计安全的多变量陷门，便成了研究的重点。

Rainbow 签名方案作为基于多变量的签名算法，曾一度入选 NIST 的后量子密码标准算法的征集之中，但近年来，Ward Beullens 发布了破解 Rainbow 签名算法的论文，故该签名算法最终落选。"Rainbow 签名算法被破解"这一事实，或许会给多变量公钥密码带来不小的冲击。

11.5 思考与练习

1. 对于一个复合量子系统而言，将不能写成其分系统状态乘积的量子态定义为纠缠态。试判断以下状态是否为纠缠态。若该状态是纠缠态，则证明之，否则说明如何将其写为张量积的形式。

1）$2/3|00\rangle - 2/3|01\rangle + 1/3|11\rangle$

2）$1/2|00\rangle - i/2|01\rangle + i/2|10\rangle + 1/2|11\rangle$

3）$1/2|00\rangle + 1/2|01\rangle - 1/2|10\rangle + 1/2|11\rangle$

2. 运用一些恒等式来简化量子线路是有用的。证明以下关于量子门的 3 个恒等式：$HXH = Z$；$HYH = -Y$；$HZH = X$。

3. 令 $|\psi\rangle$ 和 $|\phi\rangle$ 为任意的单比特量子态，SWAP 表示交换门操作：$|x\rangle|y\rangle \mapsto |y\rangle|x\rangle$，给出如下量子电路（见图 11.4）：

1）假设对最顶端的量子位在计算基上进行测量，求测量结果为 0 的概率。

图 11.4 量子电路

2）若最顶端量子位的测量结果为 0，则剩余的量子位的状态是什么？

4. 元素区分问题：考虑一个黑盒函数 $f:\{0,1,\cdots,n\}\to S$，其中 S 是一个有限集。现给出 f 的量子 Oracle 访问，判断是否存在一对碰撞 $x,y\in\{0,1,\cdots,n\}$，使得 $f(x)=f(y)$？试给出使用 Grover 搜索解决该问题的算法，并分析该算法的量子查询复杂度。

5. 给出量子逆傅里叶变换的量子线路，从而得到完整的相位估计的量子线路。

6. （多选题）基于格理论的密码是重要的后量子密码技术之一。下述属于格理论困难问题的是（　　）。

A. 最短向量问题（Shortest Vector Problem，SVP）

B. 最近向量问题（Closest Vector Problem）

C. 容错学习（Learning With Errors，LWE）问题

D. 最小整数解（Small Interger Solution）问题

7. 验证 NTRU 密码体制中的解密步骤，即验证 $([T^*f]c\bmod q)\bmod p=m$ 成立。

11.6　拓展阅读：九章三号

中国科学技术大学中国科学院量子信息与量子科技创新研究院的潘建伟、陆朝阳、刘乃乐等组成的研究团队与中国科学院上海微系统所、国家并行计算机工程技术研究中心合作，成功构建了 255 个光子的量子计算原型机"九章三号"，再度刷新了光量子信息的技术水平和量子计算优越性的世界纪录。2023 年 10 月 11 日，国际知名学术期刊《物理评论快报》刊登了这一科研成果。

"九章三号"处理高斯玻色取样的速度比上一代"九章二号"提升了 100 万倍，"九章三号" 1 μs 可算出的最复杂样本，当前全球最快的超级计算机"前沿"（Frontier）约需 200 亿年方可算出。在激烈的国际竞争角逐中，"九章三号"的实现进一步巩固了我国在光量子计算领域的国际领先地位。

参 考 文 献

[1] SCHNEIER B. 应用密码学：协议算法与 C 源程序　原书第 2 版［M］. 吴世忠，祝世雄，张文政，等译. 北京：机械工业出版社，2013.
[2] 卿斯汉. 密码学与计算机网络安全［M］. 北京：清华大学出版社，2001.
[3] 曹天杰,张立江,张爱娟. 计算机系统安全［M］. 3 版. 北京：高等教育出版社，2014.
[4] 林东岱,曹天杰. 应用密码学［M］. 北京：科学出版社，2009.
[5] 冯登国,裴定一. 密码学导引［M］. 北京：科学出版社，1999.
[6] 谷利泽. 现代密码学教程［M］. 3 版. 北京：北京邮电大学出版社，2023.
[7] 杨波. 现代密码学［M］. 5 版. 北京：清华大学出版社，2022.
[8] 李子臣. 密码学：基础理论与应用［M］. 北京：电子工业出版社，2019.
[9] FIPS 197. Advanced Encryption Standard（AES）［EB/OL］.［2024－06－11］. https://doi.org/10.6028/NIST.FIPS.197-upd1.
[10] FIPS 186－5. Digital Signature Standard（DSS）［EB/OL］.［2024－06－11］. https://doi.org/10.6028/NIST.FIPS.186-5.
[11] FIPS PUB 202. SHA-3 Standard：Permutation-Based Hash and Extendable-Output Functions［EB/OL］.［2024-06-11］. http://dx.doi.org/10.6028/NIST.FIPS.202.
[12] 曹天杰,张凤荣,汪楚娇. 安全协议［M］. 2 版. 北京：北京邮电大学出版社，2020.
[13] 陈鲁生,沈世镒. 现代密码学［M］. 2 版. 北京：科学出版社，2008.
[14] NIELSEN M A, CHUANG I L. 量子计算和量子信息（二）：量子信息部分［M］. 赵千川，等译. 北京：清华大学出版社，2005.